鉱 物 図 鑑

パワーストーン百科全書

331

ENCYCLOPEDIA 331

中央アート出版社

◎

　人は、いしを前にした時、何を思うのでしょうか……。
「いし（石）は……………。」
「いし（鉱物）は……………。」
「いし（宝石）は……………。」

　ところで、私たちの祖先である古代の人々は、石を超常的な存在や、神と結び付けました。
　ヨーロッパ西部やアフリカの旧石器時代の人々は、神聖な石の顔料で洞窟壁画を描き、赤鉄鉱の粉末で肌に儀式用のボディ・ペインティングを施しました。また、オーストラリア先住民のアボリジニは、水晶を空の神が地上に放り出した尊い石だとし、祈祷師の聖なる能力が高まるように力を貸してくれるものだと信じていました。
　古代中国では、母なる大地で成長した石を人間の生命の創造と関連づけて考え、北アメリカのオジブワ族は、川の岸壁に見られる、蛇のようにうねった白い石英の鉱脈を、その地の精霊の姿になぞらえるのでした。
　いずれにしても、昔の人々に語られる石は、時代や地域、あるいは民族を超えて、――大自然の神の創造物であり、神聖にして侵すことのできない「原生命の主体」である――と意味付けられ、継承されてきました。

　彼らは、石の中に永遠にして無限の神的なものを見い出し、そしてそれを、万物の根源であり全体である、神秘なる宇宙の象徴としてとらえるのでした。

　本書は、そのような先達の叡知にならい、331種の石に様々な角度から光を当て、そこに照らし出される「大自然の神性」が示す真実を、ひたむきに追求するための参考読物です。
　ちなみに、その輝かしい光とは、古くから語り継がれてきた神話や伝承であり、経験史実に基づいて書かれた著述書であり、歴史を超えて研究され続けた鉱物学であり、そして、その全体イメージを表現する写真などのことを指しています。

時は今、まさに西暦2000年となり、間もなく20世紀を終えようとしています。
　思えば、この1000年の間に、私たちはたくさんのものを得たかのごとく誇ります。また、この100年では、特に科学分野において、目覚ましい進歩を遂げたと高ぶります。中でもとりわけ大きな成果をあげ、20世紀最大の科学理論と評されたものに「相対性理論」があります。
　現代の科学者は、この理論を駆使して、それまでは私たち人類が永遠の謎だとしてきた宇宙の起源を、「ビックバン」と称する巨大な爆発現象から始まったと説明したのです。それは、今から150億年前、無限に小さな点からとてつもない大爆発がおこり、あらゆる方向に物質を拡散させて、現在でも拡大を続ける宇宙を創造したというものです。
　ところが、この理論もあくまで仮説であり、もうあと1000年もすれば、この話も20世紀が生んだ科学時代の神話として、後世に語り継がれることになるのかも知れません。

　最後にここで、もう一つだけ触れておきましょう。
　先の相対性理論を提唱したのは、現代理論物理学者のアルベルト・アインシュタインですが、その彼をも謙虚にし、真摯に讃嘆させたものは「人知を超えた存在の聖なるもの」であり、そして、生涯を通じて探究したのは、ほかならぬ宇宙の深奥にある崇高な真理だったと言われています。

331種の石を前にして

　地球が誕生したのは46億年前。そして、その地球に人類が生まれて400万年が経ち、また、その人類が地球の一部の石を道具として使い始めたのは、今から約250万年前のことだと言われています。

　思えば、私たち人間は、それからずっと石とのかかわりを持ち続けてきたことになります。人の歴史は石と共に歩んできたと言うこともでき、また文字通り、その石を礎として私たちの祖先は、この地球上に数々の文明と文化を築いてきたとも考えられるのではないでしょうか。

　ここでは、そうして興された様々な文明と文化を年表上で眺め、私たち人間と石とのかかわりの歴史を辿りながら、そこに遺されている多くの石譜が語る「石について」の言葉に耳を傾けてみようではありませんか。

文明の中の「石」の存在 ※年表参照

①最古の芸術作品が示すもの

　古代の穴居人は、粘土やチョーク、木炭、骨などを混ぜて作った顔料を用いて、洞窟に野獣や抽象的紋様などを描きました。
　ヨーロッパ西部に残る洞窟壁画は、古いものでは約3万年前の作品とみられ、そのタッチはおおらかで豊かさに溢れ、自然の神性とみなぎる生命力の賛美を感じさせるものでした。

②最古の文明発祥地メソポタミア

　南メソポタミアのシュメール人は、紀元前4000年から3000年にかけて、世界最初の都市国家を築きました。
　彼らは、食物や家畜の所有物の記録を残すために人類最古の文字を創り出し、ヨシの筆記具で粘土板に単純な絵記号のいわゆる象形文字を刻んで、ジプサム（Gypsum）「石膏」などの石で作った円筒印章でサインをしたと思われます。
　ウルクやウルなどの都市国家には、外壁がめぐらされて、頂上を神殿とするジッグラトと呼ばれる階段状のピラミッドが建てられています。ウルの城壁内には、紀元前2500年頃の墓群があり、中にはラピス・ラズリ（Lapis lazuli）「瑠璃」やカーネリアン（Carnelian）、ゴールド（Gold）「金」などで作られた装飾品や、当時の人々の様子が描かれた木箱などの財物が副葬された墓などがあります。発掘されたこれらの副葬品からは、シュメール人の持つ豊かな芸術性がうかがわれ、また、肥沃な大地と自然を与え賜うた神への崇敬の念と、そこでの日常的な営みを聖性ととらえる純粋さが感じとられます。
　また、彼らシュメール人は、夜空の星の規則的な運行を見い出したとされ、月の運行をもとにした「太陰暦」や、現在でも時間を表す「60進法」を考案、それに伴って天体神を中心に多くの神々を崇拝して、後のバビロニア神話の誕生に大きな影響を与えたと言われています。

③古代エジプト

　紀元前3000年頃にその基礎が築かれたとされる古代エジプト文明ですが、ファラオと呼ばれる王の支配下で、肥沃なシルト土壌がもたらす豊富な穀物によって莫大な物資に恵まれ、それを統制してピラミッドなどの建設事業に注ぎ込みました。
　人の死後も来世で生きると信じた古代エジプト人は、遺体に防腐処理を行ってミイラとして棺に納め、これには様々な副葬品が添えられました。中には、ラピス・ラズリ（Lapis lazuli）「瑠璃」やカーネリアン（Carnelian）、ベリル（Beryl）「緑柱石」、トパーズ（Topaz）、アンバー（Amber）「琥珀」やターコイズ（Turquoise）「トルコ石」、またジェダイト（Jadeite）「ヒスイ輝石」、タイガー・アイ（Tiger's eye）「虎目石」、クリソベリル（Chrysoberyl）「金緑石」やサーペンチン（Serpentine）「蛇紋石」と、多数の石で作られた護符や装飾品などが発掘されています。このような石は、個人の装飾品だけではなく、盃や楯、武器、家庭用

品などにも使われ、これを交易品として金銭的価値をも生み出しました。

このように、護符から日用品まで、あらゆるものに石を用いてきた古代エジプト人ですが、それにもう一つ、治療薬としての使用例も加えることを忘れてはいけません。その一例は、1862年にテーベの古代墳墓で発見された「パピルス・エーベルス」に見ることができます。それは、世界最古の医学百科だとされ、紀元前1500年に記録されたものだと言われています。このパピルスの中には、ラピス・ラズリやヘマタイト（Hematite）「赤鉄鉱」、アズライト（Azurite）「藍銅鉱」など多くの石や、ゴールド、シルバー（Silver）「自然銀」、コッパー（Copper）「銅」などの金属が様々な病気の治療剤として指定されています。そして、このパピルスでもう一つ注目すべきことがあります。それは、ここで述べられている治療法が、旧約聖書中にも見られることです。ということは、旧約聖書の著者が、この知識をイスラエルに移したのだとも考えることができます。

④バビロニア帝国

メソポタミアの中心にあるバビロンを首都として栄えた大帝国で、ここに建設された都市国家は文化的にも非常に高いレベルを示し、中には、世界の七不思議の一つに数えられている「バビロンの空中庭園」なども見うけられます。

バビロニア人は、数学や占星学にも優れていて、バビロンを中心とした世界観を表した粘土板などを遺しています。また、彼らの好んだ石は、アメジスト（Amethyst）「紫水晶」やエメラルド（Emerald）、カーネリアン（Carnelian）、ガーネット（Garnet）「柘榴石」、そしてサファイア（Sapphire）「青玉」やジャスパー（Jasper）「碧玉」、トパーズ（Topaz）、ルビー（Ruby）「紅玉」などで、これらは発掘物の中に多数見ることができます。

神話や伝説でも、シュメール人が崇拝していた天体神のそれぞれに、より明確な意味づけをして、一週間をサイクルとする7日間に神々をあてはめて、バビロンの都市壁や神殿、宮殿、門などに、それぞれの神の名にちなんだ名前を付けました。例えば、北側の「イシュタル門」は愛と官能の女神の名をとったもので、他にはバビロニアの主神で創造の神のマルドゥク、太陽神で生命と光を表すシャマシュ、月神のシン、火星神ネルガン、水星神ネボ、土星神アダルなどです。また、これらの神々を表すシンボルを石に刻んで、所有地を明示する境界石として使用していました。

天体観察に長けていたバビロニア人は、夜空の星に羊や牛、魚など身近な動物の姿をあてはめていましたが、その中で、太陽が規則的に通る道（黄道）に12の星座を選び、これを占いに利用することを考えました。そして、その12の星座と先の7つの天体神を結び付けて、占星術を大いなる位置にまで高めることに成功したのです。

⑤古代ギリシャ

古くから山や洞窟、樹木や泉など、自然物への信仰心のあった古代ギリシャ人ですから、もちろん石に対しても特別な思い入れがあり、特に好まれたのは、アクアマリン（Aquamarine）、アゲート（Agate）「瑪瑙」、アメジスト（Amethyst）「紫水晶」、アンバー（Amber）「琥珀」、エメラルド（Emerald）、ガーネット（Garnet）「柘榴石」、

そしてサファイア（Sapphire）、ジャスパー（Jasper）「碧玉」、トパーズ（Topaz）などの石です。

そして、そんな彼らの自然物への崇拝心を発展させ、紀元前11世紀以降、ギリシャ半島に居住するアーリア人は、たくさんの神々や架空の生き物、英雄などを登場させた冒険話や物語を作りました。それが、ギリシャ神話として後のヨーロッパの文学や美術に大きな影響を与えることにもなるのですが、その中にも数多くの石の名前が出てきます。ここでは、その中からオニキスと珊瑚が出てくる話を簡単に紹介します。

◎キューピットが、睡眠中のヴィーナスの爪をその鋭い矢で切る遊びをしていたところ、その爪がインダス川に落下して、オニキスになった。

◎アルゴン王の一人娘ダナエと全能の神ゼウスの間に生まれたペルセウスが、妖怪メドゥーサを退治してその首を切り取り、それを持って空飛ぶサンダルで空を駆け出した時、メドゥーサの首から飛び散った血が天馬（ペガサス）になり、地中海に滴り落ちた血は珊瑚になった。

もともとが、素朴な土着的信仰から発展して生まれたギリシャ神話ですが、その根底に流れるものは、太古の人々の思いと同じ、人間の原初的な心性と、偉大なる自然の神への畏敬の念だったのではないでしょうか。

このように、自然物に対しての始原とその意義を知ろうとする思いは、古代ギリシャの自然哲学者たちを育てた時代（紀元前7世紀から5世紀）をつくり、やがてそれは、本格的哲学者として今日あるプラトンやアリストテレスの時代（紀元前5世紀から4世紀）へと移り変わっていきます。

ところで、そのアリストテレス（紀元前384〜322年）ですが、彼は「現象は脈絡のない事件の生起ではない。万物はその機能を通じて、永遠に活動する神的理性によって支配されている。世界はこういう生きた善美なる全体である」という観念のもとに、ギリシャ哲学を集大成した賢人ですが、その偉大なるアリストテレスが著したとされる鉱物書があります。

● 『アリストテレスの鉱物書』

それは、自然の崇高さの前に謙虚に威儀を正すという、彼の姿勢が表れている部分も見うけられるものですが、その著書のギリシャ語原典の写本はなく、紀元11世紀にセラピオンの編纂によるアラビア語訳のものが残っているとされ、このアラビア語訳からヘブライ語訳ができ、さらにラテン語訳が作られたとされています。だが、その内容から推察して、これはアリストテレスが著したものではなく、850年頃にシリアの万物博士のフナイン・イブン・イサクが、当時の一大イスラム圏共通語であるアラビア語で書いたものだと判明しました。すなわち、これは、アリストテレスの弟子のテオフラストスの鉱物論を基礎として、ヒポクラテスやディオスコリデスの医学的見知やアレクサンダー大王のインドなどへの大遠征時に得た鉱物知識で組み立てたもので、さらにまた、エジプトやペルシャ、ギリシャ、ローマ、インド、中国の錬金術的思考の影響を受けて、その200年後に改纂されたものだとされています。現存する主な写本のうち、パリ写本として知られるJ・ルスカの『アリストテレスの鉱物書』（アラビア語訳・1912年）には、アリストテレスが著したとされる700種の鉱物の中から、

72種が抜粋されています。本書でも、その中のいくつかは、『アラビア鉱物書』からとして掲載しています。

● 『リティカ』(石の本)

ところで、ここでもう一つ、古代ギリシャ語で書かれた「石の本」を紹介することにしましょう。それは、4世紀後半に著され、文章は全774行の詩の形をとる、『リティカ』(石の本)と呼ばれる古代ギリシャの代表的な宝石讃美書のことです。著者は定められていなかったのですが、12世紀に、東ローマ帝国(ビザンチン帝国)のツェツェスによって『オルフェウスの詩』と名付けられ、以後は、『オルフェウスの石について』と呼ばれるようになりました。内容は、古代ギリシャのオリュンポス神話を背景に、神々や英雄たちが織りなす32種の宝石物語を、叙事詩の形をとりながら展開するもので、それゆえツェツェスは、ギリシャ神話に登場する太陽神アポロンと叙事詩の女神カリオペの間に生まれたオルフェウスの名前を、この著者の呼び名に選んだのかも知れません。

「災い遠のく神ゼウスの賜物を人間たちに授けるようにと命ぜられ、／マイアの息子である恵みの神がその賜物を持ってやってきた。／様々な辛苦に対し、われわれが正しい加護を得られるようにと考えて。／死すべき者たちよ、喜んで受け取るがよい──私は賢い人たちにこそ語ろうと思う。／善良な心をもって神々の命に従う者たちにこそ──。」で、話が始まる『リティカ』は、この冒頭詩文にもあるように、善良な心の持ち主(オリュンポス神を信仰し、知識探究と労苦を惜しまない知恵の持ち主)にだけ授けられる、黄金よりも遥かにすばらしい宝(宝石)について、全詩篇中で謳い上げています。その、偉大な神からの賜物の中のいくつかについては、本書でも触れていますのでご覧ください。

⑥古代ローマ

紀元前509年、自らの国王を倒して共和制を樹立したローマ人ですが、その後数世紀の政情不安と内乱の時期を経て、紀元前27年、初代皇帝にアウグストゥスを迎えてからは平和を回復し、その後の450年間で広い属州を治めて、ローマは西方世界では最大の、人口100万人以上を擁する都市にまで発展していきました。

ローマ帝国は、地中海地域とヨーロッパの大部分に交易と繁栄を拡大させ、また、自国の威力を示すために、神殿や競技場、公共浴場など、数多くの巨大な公共施設を築きました。

食料の大半は輸入品で、特に穀類はエジプトや北アフリカからの調達となり、また、輸入品の中にはイギリス、ドイツおよび近東から運ばれた野生動物や、極東からの絹や香辛料などが見られます。これに対して、ローマから輸出されるものには、アクアマリン(Aquamarine)、アゲート(Agate)「瑪瑙」、アメジスト(Amethyst)「紫水晶」、エメラルド(Emerald)、ガーネット(Garnet)「柘榴石」、ムーンストーン(Moonstone)「月長石」、ラピス・ラズリ(Lapis lazuli)「瑠璃」、ルビー(Ruby)「紅玉」など、様々な石をあしらった宝飾品や美しい壺、青銅の水差しなど、ローマの職人の手になったものが多かったように見うけられます。

● プリニウス『博物誌』

さて、このように、地中海に大帝国を築き、栄えた古代ローマですが、その繁栄から誕生した優れたローマ文化のすべてを文

献化した人物がいます。

それが、大博物学者のプリニウス（23〜79年）です。彼は、イタリアの富裕な家に生まれ、青年時代に軍隊に入ってからは、生涯を軍人として過ごし、その間に地中海に面した国々をくまなく旅行して、見聞を広めたとされています。また、彼は稀に見る勉強家で、規則正しく物を書き、その旅行中も常に一人の書記に筆記用具を持たせて同行させ、一瞬たりとも無駄にしなかったと言われています。

そんなプリニウスが、ギリシャ・ローマ時代の約二千巻の著作を読み、それに彼自身の意見や見解を加筆して、二万項目を37巻にまとめた『博物誌』を著しました。その内容は、天文、地文、気象、地理、人種、人類とその発明、動物、植物、農業、造林、金属、絵画と顔料、岩石、宝石など、生活に結びついたあらゆる分野が扱われ、人類初の百科事典として77年頃にでき上がりました。

当時はまだ印刷術が行われず、書物は手で書いて伝えられていたために、この本のごく一部を抜粋したものが3、4世紀に作られただけで、その全体が伝えられたのは印刷術発明以降となり、1536年までの80年間に43種もの復刻本が刊行され、博物学のバイブルとして広く読まれるようになりました。

この『博物誌』中での鉱物論は、第33巻（金属）から第37巻（宝石）まで続き、三百数十種類にもおよぶ石についての特徴や効能などについて、著されています。そもそもが、「万物は人間が活用するために存在する」という考え方のプリニウスは、この本を後世の人々の生活に役立つようにと、あらゆるものに備わった医療的な効能や不思議な力についての、古くからの言い伝えやデータを集め、それが彼自身滑稽だと思えても、本には収録して書き残しました。ところで、こうした見解はある意味では本書と重なる部分があり、古代民族の歩んできた歴史をふまえた上で、そうした彼らが語り継いだものから真理を探ろうとする姿勢といい、大自然を崇敬し、その創造物である石を通して神の知恵の永遠性に触れる歓びを感じとることといい、たくさんの共通項を見ることができます。彼、プリニウスは、『博物誌』全37巻のうちで、宝石論を最終巻に置きました。その理由を彼自身、「自然の崇高さが一番高い段階で表れているのは宝石においてであり、宝石こそは自然の美しさの要約だからである」としているからです。

こうした、物事の隅々まで根気よく集めた資料を引用しての著述は、こと「鉱物」に関しての知識向上の面から見ても、大きな貢献をしたと誰もが認めています。

それではここに、プリニウス以外で、当時石について語っていた人たちをあげてみましょう。

●ソリヌス『地理書』紀元3世紀

カイウス・ユリウス・ソリヌスは、紀元250年頃に活動していた地理学者で、石について、その不思議な効能はプリニウスから出ているとされ、また、鉱物学的な見地は、彼自身で集めた諸国の民俗伝承を加えて述べているとされています。

●ディオスコリデス『薬物誌』（マテリア・メディカ）紀元1世紀

また、国は違いますが、
●アザリアス『宝石論』紀元前1世紀（バビロニア）
●ガレノス『医学書』紀元2世紀（ギリシャ）
●パウサニアス『ギリシャ巡回記』紀元2

世紀（ギリシャ）
- ルキアノス　紀元2世紀（ギリシャ詩人）
- 聖エピファニウス　紀元4世紀（コンスタンティアの司教）

以上の著作に、石についてのことが述べられています。

⑦　聖書に見られる石

キリスト教の聖典とされる聖書はまた、古代西洋の文化史を物語るものとしてとらえることもでき、そして、石の文化史を見る上でも重要な資料となり、当時の人々の石に対する思いなどを知る手がかりとしても、大きな意義を見い出すことができます。

そもそも聖書は、ヘブライ語で書かれた旧約とギリシャ語で著された新約からなりますが、その中に、石について触れている箇所は実に200以上もあり、そのどの箇所からも、神の創造物としての意味を石を通して示していることがうかがい知れます。

ここでは、聖書中に石の名前が出てくる最初の2ヶ所と最後の2ヶ所について、記してみます。

- 最初　創世紀2,12

その地の金は良く、またそこはブドラクと、しまめのうを産した。

- 2番目　創世紀19,24-25

主は硫黄と火とを主の所すなわち天からソドムとゴモラの上に降らせて、これらの町と、すべての低地と、その町々のすべての住民と、その地にはえている物を、ことごとく滅ぼされた。

- 最後から2番目　ヨハネの黙示録21,18-21

城壁は碧玉で築かれ、都はすきとおったガラスのような純金で造られていた。都の城壁の土台は、さまざまな宝石で飾られていた。第一の土台は碧玉、第二はサファイア、第三はめのう、第四は緑玉、第五は縞めのう、第六は赤めのう、第七はかんらん石、第八は緑柱石、第九は黄玉石、第十はひすい、第十一は青玉、第十二は紫水晶であった。十二の門は十二の真珠であり、門はそれぞれ一つの真珠で造られ、都の大通りは、すきとおったガラスのような純金であった。

- 最後　ヨハネの黙示録22,1

御使はまた、水晶のように輝いているいのちの水の川をわたしに見せてくれた。

ちなみに、この最後から2番目の箇所は、聖都エルサレムについて述べられているところです。

天から降りて来た、高貴な宝石のように輝く都には、高い城壁があって、十二の門があり、それらの門には、十二の御使いがいて、イスラエルの子らの十二部族の名が書いてあったと記されています。

聖なる神の都には、聖なる神の宝石がふさわしいとされ、都の城壁の土台を飾った十二種の宝石は、今日で言う誕生石の基になったと言われています。

ところで、聖書の中にはもう1ヶ所、十二種の石について書かれているところがあります。旧約聖書の出エジプト記28,15-30で、ユダヤ教大祭司たちがつける「高僧の胸当て」とも言われる胸飾りについて記されている箇所です。

イスラエルの子らの十二の部族の名を彫った十二種の宝石が、三個ずつ四段に縫い込まれているもので、紅玉髄、貴かんらん石、水晶の列を第一列とし、第二列はざくろ石、るり、赤縞めのう。第三列は黄水晶、めのう、紫水晶。第四列は黄碧玉、縞めのう、碧玉だ

と記されています。

このように、イスラエル人の神話をまとめたとされる旧約聖書の中で語られている石は、聖なる神、永遠なる神を表すと同時に、その神秘性と美しさを崇め、それに加えて、当時のユダヤ人の広い世界観をも物語っているとも考えられています。

⑧　中世のヨーロッパ

　地中海地域とヨーロッパの大部分で繁栄を極めた大ローマ帝国ですが、ゲルマン民族の大移動で各々の国ができたり、また、十字軍の東方遠征などによって、その勢力にもかげりが見えてきました。

　そんな折に、十字軍は東方より様々な文化を持ち帰り、特に今までに見たことのないめずらしい東方産出の宝石は、ヨーロッパ各地の王侯貴族の心を虜にして放しませんでした。

　中世ヨーロッパの宝石に対する認識は、物理的性質はほとんど知られていません。もっぱらその神秘的、魔術的な力と医療性に対する興味が高められ、それに十字軍がやはり東方よりもたらした占星術を取り入れて、石のもつ不思議な力についての探究心は、よりいっそう強められていきました。

　それは、一方で錬金術の発展に大きく貢献し、また、その人気は貴族だけにはとどまらず、広く中産階級の間にも浸透していくことになりました。

　そのような気運の中、次々に宝石に関する著述が誕生しました。中世の文化の中心地、イタリアで書かれた宝石誌は、ヨーロッパの主要国で次々に翻訳され、金細工師や宝飾品商が、自分の製品の価値を高めるために利用しました。と言っても、15世紀の半ばに印刷術が発明されるまでは、書物はすべて筆で写していましたので、資料はあまり残されていませんが、そんな中でも、特に本書に引用が多いものに限って、いくつかを取り上げてみることにします。

● マルボドゥス『石について』

　マルボドゥスは、フランス人マルブフのラテン名で、1067年から1081年まで、フランス北西部のアンジューの僧院の学寮長をしていましたが、その最後の年にレンヌの司教になりました。

　この『石について』は1061年から1081年にわたって書かれたもので、中世では最も古く、また、中世を代表する宝石誌としてよく知られています。原文はラテン語の詩篇で、61章732行からなり、60種の宝石が取り上げられています。

　現在はその筆写本が百種以上残っていて、これをフランス語、プロヴァンス語、デンマーク語、ヘブライ語、スペイン語に訳したものが見られます。印刷術の発明後は、1511年から1740年までに14種の印刷本が現れ、その後も刊行が続きました。

　「アラビアの王エヴァックスは、アウグストゥスについで、この町の支配者となったネロに、宝石にはどれほどの種類があり、どんな名前で、どんな色をしているかについて、またどの国からそれが現れ、それぞれの力がいかに偉大であるかを書き送った」で序詩が始まりますが、その序全体としての内容は、「石の力について語ることが神秘の事柄であり、この神の秘密を守ることができる価値ある習慣を持ち、誠実な生活を送るマルボドゥスの3人の友人だけに、今回の詩篇を見せようと思った」というものです。つまり、石に備わる神秘の力を知ることができるのは、信仰心のある、心清らかで誠実な人であり、そのような人たちこそが、美しい宝石の永遠性に触れることが

許されるのだと語っています。そして、この序の最後の行は、「植物に与えられた力はとても大きいが、宝石の力はそれにもまして遥かに大きい」と書かれています。

いずれにせよ、マルボドゥスは、この詩篇全体を通じて、ユダヤ・キリスト教的信仰思想に基づいた宝石讃美を繰り広げています。本書でも声高々と謳い上げている、そうした石の讃美歌を掲げていますので、どうぞ耳を傾けてみてください。

● ヒルデガルト『フュシカ（自然学）』

聖女ヒルデガルト・フォン・ビンゲン（1098〜1179年）は、ドイツのベネディクト会の修道女となり、ルーペト山に女子修道院を建てて、宗教活動のみならず、芸術、自然科学、医学、政治など、多方面で才能を発揮したことで知られています。

彼女は3歳の頃より幻視体験が始まり、8歳で修道女となってからは、その特異な能力はいっそうエスカレートしていきます。ヒルデガルトの幻視は、正確な意味での接神体験とは言えず、幻視や幻聴の中に見出したものは神のヴィジョンであり、霊の活動だと言われています。

1141年、42歳の時に突然、「ヴィジョンを公開せよ」との天上の声に従って、神、宇宙、聖霊などについての神のヴィジョンを『スキウィアス（主の道を知れ）』にまとめ上げ、その後、「石の本」を含む『フュシカ（自然学）』と『病因と治療』を著作（1151〜1158年）しました。著作といっても、彼女が自動的に神の啓示を書き留めたものを、修道士がラテン語で書き写したとされています。

『様々な自然の被造物の緻密さ』という表題の自然学的な著作に含まれる『フュシカ』は、植物（230種）、元素またはドイツの河川（14種）、樹木（63種）、石（25種＋α）、魚類（36種）、鳥類（73種）、動物（45種）、爬虫類（18種）、金属（8種）の9つのジャンルに分けて説明されています。

「石はすべてが火と水分を含んでいる」を序文として始まる「石の本」ですが、全体を通しても、彼女の自然学である4元素（火、空気、土、水）、4基本性質（温、冷、乾、湿）、4体液（血液、胆汁、黒胆汁、粘液）の全体把握を基本にして、独自の神秘的体験、霊視に即した語り口で、25種＋αの石について述べています。そして、それはいつも、「全能の主なる神」を敬虔に崇拝する浄化された魂から発せられる、真理の言葉だと考えられています。

本書でも、そんな彼女の純真無垢な心をもって接した、石についての著述に触れていますので、ご覧ください。

● アルベルトゥス・マグヌス
　『秘密の書』『鉱物書』

「偉大な（マグヌス）」アルベルトゥス（1193？〜1280年）には、若い頃マリアを幻視したり、後に、"話をする機械"を作って、弟子である聖トマス・アクィナスを恐がらせたり、はたまた魔力で真冬の庭園に花を咲かせたりなど、数々の逸話があります。

ドミニコ会の高僧であり、また、アリストテレス派の哲学者でもあったアルベルトゥスは、キリスト教の信仰と科学との間に生じた矛盾を解決しようとした最初の人でもありました。「全科博士」の尊称通り、彼の広範囲な知識は、神学ばかりでなく、生物学、博物学、地質学などの自然科学におよび、それに伴って著した作品も膨大なものとなりました。

そんな彼の著作を題材にして、誰かが書き綴った民間流布本があり、名称を『神秘的秘密の書』略して『秘密の書』と言い、13世紀末にラテン語で出されました（鉱物

篇では45種類の鉱物を扱っています）。

　そして、もう一つ。こちらは正真正銘アルベルトゥスが著作したとされる鉱物書があります。ラテン語で書かれた『鉱物書』の中の宝石篇には、96種の石についての著述がなされ、これには彼自身の経験や実見したところの偽らざる見解が、実に堂々と述べられています。それは、以下に示すこの著書の冒頭部からも理解できます。
「ではまず、いろいろな宝石の名称とそれら宝石のもつパワーといったものを、実際の知見や著作者たちの書物によってわれわれに伝えられてきたことに従いながら、次に記述していこう。ただし、学に役立つものでなければ、それらについて述べられているすべてのことを報告することはないであろう。というのも、自然学とは、物語られた事柄を単純に認めることではなく、自然物において諸原因を探究していくことだからである」
　こうして、アルベルトゥス自身の実見に基づいた博識の成果は、本書の中でもあげられています。

●ベノニ・ラビ
　ユダヤ人で神秘家のベノニ・ラビは、石についての様々な神秘的、魔力的な力と効能を、占星術と絡み合わせながら述べています。

●バルトロマエウス『不思議な力』
　バルトロマエウス・アングリクスは、1495年にロンドンで『不思議な力』を出版しました。

●レオナルドゥス『宝石の鏡』
　カミルス・レオナルドゥスは、イタリア人の医師で、カミロ・レオナルドのラテン名です。
　中世がルネッサンスに移った1502年、当時知られていたほとんどの鉱物についてを『宝石の鏡』という著書にして出版し、中世の代表的な宝石書として広く読まれるようになりました。
　レオナルドゥスはチェザーレ・ボルジアの侍医でしたが、この『宝石の鏡』は、その人にささげられたものだと言われています。このチェザーレ・ボルジアという人物は、政治家でローマ教皇領を拡張して枢機卿となり、ロマニア公となりましたが、非常に残忍な政治を行って毒を使うことでも有名で、レオナルドゥスは、この君主が毒を除く宝石についての知識を持つために、この本を献じたと述べています。
　内容については、279種の鉱物をアルファベット順におさめ、石のもつ魔力や効能はもとより、天体の神秘と人間の運命を結び付けた占星術にまつわる知識も盛り込まれた、当時としては非常に価値の高い著書として、多くの人々の支持を得ることとなりました。

●パラケルスス（1493～1541年）
　テオフラストゥス・フィリップス・アウレオルス・ボムバストゥス・フォン・ホーエンハイムが本名で、パラケルススは1529年から使用したペンネームです。
　医師である父のもと、スイスの山村アインジーデルンに生まれ、後にケルンテンの鉱業の町フィラッハへ移り住みます。彼は父親について、器具や薬品の扱い方、薬草の採集や調合などを実地で学び、自然の中に隠された力を発見する直観と、その秘義を探究する知的好奇心を養っていきました。
　青年時代は、イタリアのいくつかの大学で特に医学を中心に学び、その後は、ヨーロッパ各地はもとより小アジアにまでおよぶ地域を広く旅して、医術についての正しい技術を確実にかつ体験的に研究しまし

た。その経験によって得た知識を『ヴォルーメン・パラミルム』にまとめて、従来の医学解釈とともに、人間の健康に役立つ医薬を精製するための「錬金術」的思考に基づいた医学について述べています。

1527年に、バーゼル大学医学教授兼市医として招かれますが、大学側の意向と合わずに1年足らずでこの地を去り、再び放浪生活に入ります。各地に逗留しながら意欲的に執筆活動を行い、『パラグラヌム』『大外科学』『大天文学』『ケルンテン三部作』など多くの作品が書かれました。こうして、神秘宗教、哲学的傾向、錬金術的思考もさることながら、実証的医学教育には化学が必要だとし、これは医学史において決定的な意味をもつことになりました。

それでは、本書でも取り上げてある、石について語った彼の言葉に、以下に示したパラケルスス自身の言葉を重ね合わせながら、耳を傾けてみましょう。

「医師は自然の僕であり、神は自然の主である。従って、医師が人を健やかにするわけではない。ただ、神が医師にその代行を命ずるのである」

- ジョバンニ・バチスタ・デッラ・ポルタ『自然の魔術』（1561年）
- ガルシアス・アブ・ポルタ『香料史』（1563年）
- カルダヌス（ジロラモ・カルダー）『宝石誌』（1585年）
- モラーレス『宝石について』（1604年）
- トマス・ニコルズ『宝石の小筐』『正直な宝石細工人』など（17世紀中頃）

⑨マヤ人

古代アメリカ文明の一つのマヤ文明は、250年から900年頃にかけて最盛期を迎えた高度な文明で、中央アメリカ地域一帯に分布しました。

大きな都市には、石造りの宮殿や、頂上に神殿を奉った階段状のピラミッドが建てられていました。

マヤ社会は身分階梯制で、王や貴族、武人といった高い身分の者は、色彩豊かな羽飾りの被り物や、ジェダイト（Jadeite）「ヒスイ輝石」、アゲート（Agate）「瑪瑙」、エメラルド（Emerald）、オニキス（Onyx）、ジェット（Jet）「黒玉」、ターコイズ（Turquoise）「トルコ石」などでできた、ビーズやネックレス、ブレスレットなどを身に着けていました。

マヤの人たちの暮らしは、太陽や月、雨などの自然とかかわりの深い神々によって支配され、その神への供物として人間の血を必要とし、そのために人身御供、流血供犠は欠かせないものだったと言われています。

また、マヤ人は高度な天文学や数学の知識を持ち、独自の複雑な暦を考案し、ものを書き残す手段として絵文字を使用しました。

⑩アステカ人

1200年頃よりなるアステカ文明は、15世紀には広範囲にわたってメキシコを支配するようになり、1521年にスペイン人に征服されるまで栄えました。

武力によって隣国を征服しては、貢ぎ物を得るために戦争を行って、その、自称「太陽の戦士」たちには報償として、捕らえた捕虜の数を示す豪華な衣服や、ジェダイト（Jadeite）「ヒスイ輝石」、ターコイズ（Turquoise）「トルコ石」、サードオニクス（Sardonyx）「赤縞瑪瑙」、アゲート（Agate）「瑪瑙」、ジェット（Jet）「黒玉」、コーラル（Coral）「珊瑚」、その他の石でできたネックレスなどが与えられました。

アステカ王国の首都テノチティトランは湖上都市で、市の中心には大神殿が築かれて、その頂上には供犠場が備わり、ここで自然界や武軍を司る神々の生贄として、捕虜の心臓や生皮が捧げられました。

アステカ人もまた、マヤ人と同様に天文学に優れ、複雑な暦法をもっていた他、スペイン人の命によって作成されたメンドサ絵文書のような、美しい書き物を残しました。

⑪インカ人

アンデス地方最大の国だったインカ帝国は、都市や橋、新しい道路を建設し、よく訓練された軍隊によって勢力を拡大していきました。

太陽やジャガー神を信仰して、山頂に対する崇敬の念と人身御供の風習をもち、また、天文学に対する知識も豊富で、複雑な独自の暦も考案しました。

首都クスコの「太陽の神殿」からは、「セケ」と呼ばれる41本の想像上の線が放射状に伸び、また、クスコ周辺には全部で328の「ワカ」があり、これはインカの暦の日数と一致しています。この「セケ」には天文学的な意味のあるものもありますが、多くは儀式の時に生贄にされる人々が歩いた道だとも言われています。巡礼たちは、毎年冬、南東に伸びる線を辿ったとされ、その方角に、夏至の太陽と320km彼方のチチカカ湖の太陽の島があります。

インカ人は、支配下の職人たちを使って様々なものを作り出しました。美しい文様を精細に表している織物や、人間、動物、神などを描いたり形にしたりした陶器、ターコイズ（Turquoise）「トルコ石」、ジェダイト（Jadeite）「ヒスイ輝石」、サードオニクス（Sardonyx）「赤縞瑪瑙」、エメラルド（Emerald）、ジェット（Jet）「黒玉」、オニキス（Onyx）、アゲート（Agate）「瑪瑙」などの石を用いて作られた精巧な金細工品などに、当時のインカ帝国の特色を見ることができます。

⑫北アメリカ人

北アメリカの南西部で、1世紀から15世紀にかけて、いずれもメキシコ文明の影響を受けた、ホホカム、モゴヨン、アナサジの三つの先史時代文明が栄えました。

ホホカム族は、優れた農耕民でアリゾナ南部の灌漑に成功し、また、弱酸性のサボテン樹液を使って貝殻を食刻する装飾術も最初に考案しました。

モゴヨン族は、ニューメキシコの山間部を中心に竪穴住居に住み、ミンブレス土器と呼ばれる特色ある土器を創り出しました。これらには同じような破損が多く見られ、これは、所有者の霊が死から免れるように行う儀式の際に生じたものだと思われます。

このモゴヨン文明は1300年頃、さらに高度なアナサジ文明に吸収され、ユタ、アリゾナ、コロラド、ニューメキシコの各州にまたがる地域にまで発達することになりました。さて、このアナサジ文明が生んだ代表的なものにプエブロがあります。これは、峡谷の壁に張りつくようにして築かれた多層の住居のことで、幾列にも部屋が並び、時には数階建てにも達する複雑なものもありました。どのプエブロにも「キヴァ」と呼ばれる儀式を行う円形半地下室があり、また、岩室の壁には、動物や人間の絵、幾何学模様などが描かれ、後世、この地に住んだナヴァホ族は、上下の廃墟の中に石棺を安置したようです。ところで、このナヴァホ族はもとより、それ以前のホピ族、ズ

ーニー族といった農耕を営むインディアンたちは、病気の治療の際に、砂や花粉、灰の粉を使って砂絵を描き、水晶を手に持って神聖なる動物や星の精に向かって、祈祷を捧げる風習があったそうです。

その他のアメリカ先住民族たちも含めて、彼らと石とのかかわりについては、数多くの資料があり、本書でも取り上げてありますのでご覧ください。

⑬古代インド人

紀元前2500年から2000年頃にかけて、インダス河上流のモヘンジョダロやハラッパーで開かれた古代インド文明は、その後、悠久の歴史を経て今日に至りますが、それはまた、古代インドの人たちのもつ宇宙観、哲学観に基づいた宗教的思想を根底にして発展した文明だとも言うことができます。

そのインドを代表する宗教の一つにヒンドゥー教があります。起源は古代にまでさかのぼり、もともとは複合的な宗教で、信者の間でも多彩な信仰や慣習が見られました。ヒンドゥー教徒は、肉体が滅びると魂は他の肉体に再生するという「輪廻転生」を信じ、解脱によって、誕生、死、再生の循環から解放されるまでこの輪廻は続くとされました。また、彼らの信仰する神々は数多く、包括的な神シヴァをはじめ、その息子で象の頭を持つガネーシャ、化身や権化として表現されるヴィシュヌ、シヴァの神妃パルヴァティー、などがあげられます。神々は、伝統的な構造をもつ壮大な寺院に祀られ、寺院全体を取り囲むように、豪華な彫刻が施された周壁と山門が築かれました。

『マハーバーラタ』

さて、上でその名があげられた大神ヴィシュヌが登場するお話があります。

「ヒンドゥー教の神々の間で不死の甘露を手に入れる相談があり、ヴィシュヌ神に尋ねると、『マンダラ山を攪拌棒にして大海をかき混ぜよ』との答え。そして、大亀に変身しての協力のもと、かき混ぜた海水は乳状の色をした不死の甘露に変わり、多くの宝物が現れました」

これは『マハーバーラタ』にある宝石の誕生伝説が登場する、「乳海攪拌の話」の一節です。

インドでは、古代から様々な宝石が産出し、これを不老不死、長寿の秘薬として用いていたのですが、その宝石類とヒンドゥー教の神々とを絡み合わせて作られた神話、伝説が、先の『マハーバーラタ』です。

これは、紀元前数世紀に口伝されたものを、紀元4世紀の中頃にまとめられたと言われ、バラタ国の王位継承をめぐる同族間の争いを主題にしたインドの宝石伝説で、本文18篇、10万シュローカの本編と付随する1万6千シュローカを加えると、世界最大の長編となる叙事詩だとされています。

このように、たくさんの神々を登場させて、大自然の中、様々な物語を展開させた叙事詩『マハーバーラタ』中で述べられている石についてのいくつかは、本書でも取り上げていますので、ご参照ください。

⑭古代中国

黄河および揚子江流域で発祥した文明は、遥かな時を経て花と開き、古代中国の人々の間で発展していきました。

それまでは多数の国家が分立していた紀元前221年、秦の始皇帝がこれらを統一して、強力な中央集権国家へと生まれ変わらせました。

そして紀元前206年、秦王朝に代わって漢王朝が政権を握り、それからおよそ400年間は、平和と繁栄の時代を過ごすこととなります。当時の貴族は、ネフライト（Nephrite）「軟玉」をはじめ、様々な石で作られた、死後の世界で使う品々と共に手厚く墓に葬られ、青銅の鏡は世界を象徴的に表し、また、絹の幡には、地下界、地上界、天上界といった三界にまつわる中国の神話伝説的昇天図が描かれていました。

古来から中国では、不老不死、長寿の思想から、植物、鉱物、動物など、自然界のものをそれらに役立たせようとする考え方がありました。その思想は、紀元前5世紀頃から、いわゆる中国の錬金術として、「健康、長寿、不死」を与える賢者の石（錬丹）作りとなり、それに養生法や仙人術などが加わって、「不老長寿の秘薬」に多大な関心が寄せられました。

それらの経過などについては、重要な中国医薬文献『神農本草経』をまとめた陶弘景（451～536年）が述べていますが、その中で、4世紀には葛洪（280～361年）によって、「鉛や水銀を材料として超自然の力を獲得する試みがなされた」とあります。

ところで、この葛洪は東晋の思想家で、著作に『抱朴子』、『神仙伝』などがあります。ちなみに、この『神仙伝』は古今の神仙の伝記を集めたものですが、ここにその中の「石髄の話」の一節を紹介して、当時の中国の人たちの求めた「生命、精神の神的永遠性」を垣間見ることにしましょう。

「王烈は字を長休といって、邯鄲の人であった。いつも黄精や鉛を服用していて、齢は338歳になっていたが、まだ若々しく、山へ登り、険しい道を行っても、飛ぶように速かった……」

⑮古代日本

紀元4世紀から5世紀にかけて、それまでいくつにも分かれていた小国家が、一人の支配者のもとで統合され、その後の300年間で、「天孫降臨」神話をはじめとする多くの記紀神話に象徴される支配のイデオロギーや、巨大古墳の築造に見られる強い帝統が確立され、同時に日本固有の宗教である神道の土台が形づくられていきました。

ところで、この惟神（かんながら）の道に基づく日本固有の宗教「神道」ですが、その中心理念は、「自然への深い崇敬の念」にあると言われています。神道では、神は森羅万象に宿るとされ、山は山の神の住み家であると同時に、神の化身であり、石や岩はその神霊の宿る標識だとされていました。

このように、人間の認識を遥かに超えた創造性、和合性を備えた神道から、先にも述べたようにたくさんの神話が生まれ、それらは『古事記』、『日本書紀』などにも見ることができます。そして、その中には、石にまつわる話もいくつか登場してきます。

当時は、石などの陸の宝を「玉」、珊瑚など海の宝を「珠」と呼び、真珠は「白玉」、「アワビ玉」などの呼び名で貴重なものとされてきました。ところが、その真珠が、日本最古の書物（712年）『古事記』の編者である太安万侶の墓から4粒見つかったのは1979年のことで、多大な注目を集めました。また、その『古事記』より8年遅れて舎人親王が編纂したとされる『日本書紀』にも、真珠について述べられているところがあります。

「允恭天皇の14年9月、天皇が淡路ノ島に狩りに行ったが、島の神が怒って獲物がとれない。占ってみると、島の神は『海底にある真珠をとって我を祠れ』とおっしゃる。そこで、付近の海人を集め、白水郎に真珠

を取らせることにした。阿波の国の男狭磯という優れた白水郎が、腰に縄をつけて潜り、深いところに大蝮を見つけ、それを取って上がってきた。彼は海上で息絶えたが、その大蝮の中からは、立派な真珠が見つかった」

というお話で、これも、世界中のどの神話にも共通の、大胆かつ勇敢さをもって偉業を成し遂げ、大いに賞賛されたという結末になっています。

⑯中世後期からのヨーロッパ

10世紀頃に、アラビア世界から伝わってきた錬金術に、ヨーロッパ各国の人たちは大いに興味をいだきました。そして、12世紀以降、多くの国は、錬金術を正当な学問として扱うようになりました。ところが、その評価は両極端で、一方では、王の命によって研究される最も高尚な学問とみなされ、他方では、悪党やペテン師の職業と見下されもしました。

そもそも、錬金術とは「変成」の術であり、簡単に言ってしまえば、「卑金属を金に変えること」なのです。具体的には、実験器具を使って化学変化を起こさせることも含みますが、それは錬金術の一面にしかすぎません。「卑金属」に手を加えて「金」を作り出すことは、人間が自分自身を探究し、高める道筋とも言えるからです。真の錬金術は、肉体と精神を総合した探究の道であり、そのどちらか一方を取り上げたり、あるいはどちらか一つを欠いても、錬金術の全体としての真価は失われてしまうのです。

14世紀から16世紀にかけて、そのことに気付いたヨーロッパ各国の人々は、「黄金作り」から次々と脱却していき、やがて私たち人間の健康に役立つ、鉱物薬剤に重点を置くようになりました。このように、鉱物学の中にあって冶金学も発達していき、やがて、この冶金学に関する本が一冊、16世紀のドイツに登場します。

それは、ゲオルグ・アグリコラ（1494～1555年）によって著された『デ・レ・メタリカ』（金属のことについて）というもので、これは、当時の新しい鉱物書として、大いに評価を得ることとなるのです。

また、1648年には、イタリア人のボロニア大学教授、ウリッセ・アルドロヴァンディが『金属の博物館』という鉱物書を著し、スイス生まれのイエズス会士アタナシウス・キルヒャーの『地下世界』が1664年にアムステルダムで刊行されました。

その他にも、デンマークではステノ（1638～1686年）が「面角安定の法則」を発見し、フランスではアウイ（1743～1822年）が結晶の原子の世界にまでもおよぶ「結晶構造」について研究し、また、硬度計を考案したことでも知られるモース（1773～1839年）の名前さえも聞くことになります。

こうして、鉱物を研究する学問である鉱物学が発達していき、18世紀から19世紀にかけては、現代に使われている鉱物の名前のほとんどが付けられ、また、それと相前後して、これも今用いられている化学元素が発見され、命名されていったのです。

では、ここで、その時に付けられた92種の化学元素名の語源について、簡単に述べておきます。ご覧ください。

◆化学元素名の由来

① 水素　Hydrogenium（H）
「水をつくる素材となるもの」ということから、ギリシャ語で「水」の意味のヒュドールと、「生む、つくる」の意味のゲンナオーの語根ゲンを語源とします。

② ヘリウム　Helium（He）
初めは、「太陽の中にだけあるもの」と考えられていたことから、ギリシャ語で「太陽」の意味のヘーリオスを語源とします。

③ リチウム　Lithium（Li）
ギリシャ語で「石」の意味のリトスを語源とします。

④ ベリリウム　Beryllium（Be）
ギリシャ語でベーリュロス「緑柱石」と呼ばれた鉱石の分析によって得られたことに由来します。

⑤ ホウ素　Boron（B）
「白い」を意味するアラビア語のbūraq、ペルシャ語のbūrahを語源とし、これは、アラビア語でbauracon、borachなどと発音される「硼砂」（Borax）を指す言葉からきています。

⑥ 炭素　Carboneum（C）
ラテン語で「石炭、木炭、炭」の意味のcarbōを語源とします。

⑦ 窒素　Nitrogenium（N）
ギリシャ語で「天然ソーダ、アルカリ塩」を意味するニトロンと、「生む、つくる」の意味のゲンナオーの語根ゲンを語源とします。

⑧ 酸素　Oxygenium（O）
ギリシャ語で「鋭い、すっぱい、酸性の」の意味のオクシュスと、「生む、つくる」の意味のゲンナオーの語根ゲンを語源とします。

⑨ フッ素　Fluorum（F）
ラテン語で「流れる」の意味のfluōを語源とし、これは、ある物質にフローライト（Fluorite）「螢石」を加えると融点が下がって「液化」しやすくなり、その結果、この元素の単離に成功したことに由来します。

⑩ ネオン　Neon（Ne）
ギリシャ語で「新しい」の意味のネオスを語源とし、これは、この元素が発見された時に、「新しく」興味をひく美しい赤色だったことに由来します。

⑪ ナトリウム　Natrium（Na）
ギリシャ語で「天然ソーダ、アルカリ塩」の意味のニトロンを語源とします。そのニトロンは、古代エジプト語で「ナトロン、ソーダ」を意味する言葉に起源をもつと言われています。

⑫ マグネシウム　Magnesium（Mg）
ギリシャ語で「マグネシアの石」の意味のマグネーシア・リトスを語源とします。マグネシアの町は、ギリシャのテッサリア地方と小アジアに同名の町としてありますが、「そこに産する石」ということから命名されました。

⑬ アルミニウム　Aluminium（Al）
ラテン語で「ミョウバン」の意味のalūmenを語源とします。

⑭ 珪素　Silicium（Si）
ラテン語で「火打ち石、かたい小石」の意

味のsilexを語源とします。

⑮ リン　Phosphorus（P）
この元素が発光しやすい性質をもつことから、ギリシャ語で「光り」の意味のフォースと「もたらす」の意味のフォロスを語源としています。

⑯ イオウ　Sulphur,sulfur（S）
ラテン語で「硫黄」の意味のsulpur、sulphur、sulfurを語源とします。硫黄は、天然に遊離の形で火山地方に多く産出するため、古くから知られていました。

⑰ 塩素　Chlorum（Cl）
この元素は、褐石を塩酸で処理している際に発見され、その気体が特有の黄緑色を示すことから、ギリシャ語で「黄緑色の」を意味するクローロスを語源とします。

⑱ アルゴン　Argon（Ar）
この元素の特性に、気体が何物とも化合しない「不活性ななまけ者」というところがあり、従って、語源もギリシャ語で「働かない、怠惰の」の意味のアルゴスにあるとされています。

⑲ カリウム　Kalium（K）
アラビア語で「焼く」を意味する qalajを語源とします。この元素の別名は Potassiumで、これはヨーロッパ語の「壷の灰」、すなわち壺の中で植物をむし焼きにしてできた灰の汁（カリ成分）を示し、これに由来すると言われています。

⑳ カルシウム　Calcium（Ca）
この元素は、石灰石の中に化合物として広く含まれているために、ラテン語で「石灰」を意味するcalxを語源とします。

㉑ スカンジウム　Scandium（Sc）
ラテン語で「スカンジナヴィア半島」の意味のScandinaviaを語源とします。

㉒ チタン　Titanium（Ti）
ギリシャ語で「巨神チタン族の一員」の意味のティーターンを語源とします。チタン族とは、天と大地とから生まれた巨神で、オリュンポス神族と戦って敗れ、地下深く閉じ込められた神族のこと。この元素が、高温では活発で不活性なものとも結合し、単体として遊離することが困難な特性をもつことからの命名だと言われています。

㉓ バナジウム　Vanadium（V）
スウェーデン産の鉄鉱石中にこの元素が発見されたため、古代ノルウェー語で「スカンジナビア神話上の女神で『愛と実りの女神』」の名Vanadisを語源とします。

㉔ クロム　Chromium（Cr）
この元素の化合物が、赤、黄、緑などの美しい色を示すところから、その色を特徴づける意味で、ギリシャ語の「色」を表すクローマを語源としました。

㉕ マンガン　Manganium（Mn）
ギリシャ語で「マグネシアの石」の意味のマグネースを語源とします。マグネシアの石は、不思議な磁気を帯びているということで古くからよく知られ、magnet「磁石」という意味もそれに由来しています。

㉖ 鉄　Ferrum（Fe）
ラテン語で「鉄」を意味するferrumを語源とします。

㉗ コバルト　Cobaltum（Co）
ドイツ語で「山の精、妖怪、悪鬼」の意味

のkoboltを語源とします。中世のドイツの鉱山師の間で、うまくいかない時には「地下の悪い精koboltが、鉱石に何かいたずらをしかけた」と考え、その種の鉱物の中でガラスと融解させると美しい青色を呈するものがあり、それがコバルト鉱で、その鉱石からこの元素が発見されたことに由来します。

㉘ ニッケル　Niccolum（Ni）
ドイツ語で「銅のように見えるニッケル」の意味のKupfernickelを語源とします。ニコライト（Nicolite）「紅砒ニッケル鉱」は、外観は銅鉱のように見えますが、実際には銅を含んでいないことに由来します。

㉙ 銅　Cuprum（Cu）
ギリシャ語で地中海東部の島、「キュプロス」を語源とします。

㉚ 亜鉛　Zincum（Zn）
ドイツの近代高地語で「亜鉛」の意味のZinkenを語源としますが、この金属は炉の中でギザギザ型になって現れることから、ドイツ語で「のこぎりの歯、ギザギザのもの」の意味のZackeの関連語とも考えられます。

㉛ ガリウム　Gallium（Ga）
ラテン語で「フランス」の古名を表すGalliaを語源とします。フランス人のルコク・ドゥ・ブワボードランが、スファレライト（Sphalerite）「閃亜鉛鉱」の中からこの元素を発見し、祖国の古名にちなんで命名したと言われています。

㉜ ゲルマニウム　Germanium（Ge）
ラテン語で「ドイツ」の古名を表すGermaniaを語源とします。ドイツ人のヴィンクラーが、銀鉱石の中からこの元素を発見し、祖国の古名にちなんで命名したとされています。

㉝ 砒素　Arsenicum（As）
この元素が、金属その他に対して「はげしい作用」をもつことから、「男」を連想させ、そのためにギリシャ語で「男」の意味のアルセーンを語源とします。

㉞ セレン　Selenium（Se）
ギリシャ語で「月」を意味するセレーネーを語源とします。この元素は〈㊷テルル〉（地球にちなむ）の分離時に発見され、性質もよく似ているため、「地球」の衛星の「月」にちなんで命名されました。

㉟ 臭素　Bromum（Br）
地中海の海水の「にがり」の中から発見された元素で、その特有の臭気から、ギリシャ語で「悪臭、臭気」を意味するプローモスを語源とします。

㊱ クリプトン　Krypton（Kr）
ギリシャ語で「隠れた」の意味のクリュプトスを語源とします。この元素を発見するにあたっては、丹念な分別の調べのもと、「隠れていた」ものをやっと見つけたことに由来します。

㊲ ルビジウム　Rubidium（Rb）
ラテン語で「赤みがかった、暗赤色の」の意味のrubidusを語源とします。この元素の発見時に、スペクトル分析で特有な赤い輝線を出したことに由来します。

㊳ ストロンチウム　Strontium（Sr）
英語で「スコットランドの町ストロンチア

ン」の意味のStrontianを語源とします。この元素が、ストロンチアンの鉱山から出るストロンチウム炭酸塩中から発見されたことに由来します。

㊴ イットリウム　Yttrium（Y）
スウェーデン語で「スウェーデンの町イッテルビー」の意味のYtterbyを語源とします。この元素が発見されたのは、スウェーデンの小さな町イッテルビーで見つけられたガドリナイト（Gadolinite）という鉱石中からで、これにイッテルビア（後にイットリア）という名前を付けました。

㊵ ジルコニウム　Zirkonium（Zr）
ペルシャ語で「輝く金色」の意味のzargunを語源とします。zargunとは宝石の一種のジルコン（zircon）と思われますが、セイロン産のこの鉱石中から、この元素が発見されたことに由来して、この名前となりました。

㊶ ニオブ　Niobium（Nb）
ギリシャ語で「ギリシャ神話上のタンタロスの娘で悲劇の女主人公の名」ニオベーを語源とします。この元素は〈㊼タンタル〉（ギリシャ神話上で不幸な目にあった人物タンタロスにちなむ）と大抵一緒になっていて、性質や分離しにくい点などがよく似ているために命名されました。

㊷ モリブデン　Molybdenum（Mo）
ギリシャ語で「鉛」の意味のモリュブドスを語源とします。

㊸ テクネチウム　Technetium（Te）
ギリシャ語で「人間の技術によって作られた、人工的な」の意味のテクネートスを語源とします。この元素が発見されたのは、カリフォルニア大学のサイクロトロンのモリブデン製デフレクター板中からで、モリブデンがサイクロトロンから高速度に出る重陽子に当たったため、「人工的に」つくられた結果となり、語源の由来になりました。

㊹ ルテニウム　Ruthenium（Ru）
ラテン語で「ロシアの古名」のRutheniaを語源とします。この元素が、ロシア人によって白金鉱中より発見されたために、祖国の古名にちなんで命名されました。

㊺ ロジウム　Rhodium（Rh）
ギリシャ語で「バラ」の意味のロドンを語源とします。この元素は、白金鉱中から発見され、塩類の水溶液の色が「バラ色、紅色」を示すことにちなんでの命名です。

㊻ パラジウム　Palladium（Pd）
ギリシャ語で「ギリシャの都アテネの守り神であるアテナ女神の別名」のパラスを語源とします。この元素が発見される2年前に発見された小惑星Pallasにちなんで命名されました。

㊼ 銀　Argentum（Ag）
ラテン語で「銀」の意味のargentumを語源とします。この語根は、ギリシャ語で「光り輝く、白い」を表す言葉とされ、古代インドのサンスクリット語でも「白い」はarjunasで、「銀」はrajatamとなります。

㊽ カドミウム　Cadmium（Cd）
ギリシャ語で「菱亜鉛鉱」を表すカドメイアと呼ばれた鉱石中から発見されたことに由来します。

㊾ インジウム　Indium（In）
ギリシャ語で「インダス川、インド人」の意味のインドスを語源とします。インドスが中性名詞化して「藍色染料」を表すインジゴ

ーとなり、この元素のスペクトル線の色がその色を示すためにこう名付けられました。

(50) スズ　Stannum（Sn）
ラテン語で「銀と鉛の合金」を表すstannumを語源とします。その語根はケルト語だと言われています。

(51) アンチモン　Stibium（Sb）
ラテン語で「アンチモン」を表すstibiumを語源とします。stibiumはstibiまたはstimmiとも言われ、ギリシャ語の「アンチモン粉末、化粧墨」を意味する言葉に通じていたようです。

(52) テルル　Tellurium（Te）
ラテン語で「地球」の意味のtellūsを語源とします。この元素の確認者が、われわれにとって最も親しみのある「地球」という星にちなんで命名されました。

(53) ヨウ素　Iodum（I）
ギリシャ語で「スミレ色の」の意味のイオーデースを語源とします。この元素は、海草の灰でつくられたソーダ中から発見されましたが、この母液に硫酸を注ぐとスミレ色の蒸気を出すことにちなんで命名されました。

(54) キセノン　Xenon（Xe）
ギリシャ語で「見知らぬ、なじまぬ」の意味のクセノスを語源とします。ゼロ族元素（ヘリウム、アルゴン、クリプトン、ネオン）の発見の行程で、最も不揮発な部分から「なじまない」元素が姿を現したことにちなんでの命名です。

(55) セシウム　Cesium（Cs）
ラテン語で「灰青色の、青空色の」の意味のcaesiusを語源とします。この元素の発見時に、スペクトル分析で灰青色の輝線を出したことに由来します。

(56) バリウム　Barium（Ba）
ギリシャ語で「重い」の意味のバリュスを語源とします。この元素を含む鉱石バーライト（Barite）「重晶石」が「重い」ことから、それにちなんで命名されました。

(57) ランタン　Lanthanum（La）
ギリシャ語で「気付かれない、隠れている」の意味のランタノーを語源とします。この元素が含まれているとされた金属の酸化物（セル土）が発見されてから約30年後に、やっと還元遊離されたことから、長い間セル土中に「気付かれずに隠れていた」ことにちなんで命名されました。

(58) セリウム　Cerium（Ce）
ラテン語で「農業の女神ケレース、サトゥルヌス神の娘」の名のCerēsを語源とします。この元素が発見される2年前に発見されて話題になった、小惑星Ceresにちなんで名付けられました。

(59) プラセオジム　Praseodymium（Pr）
ギリシャ語で「ニラ色の、淡緑色の」の意味のプラシオスと、「二重の、双子の」の意味のディデュモスを語源とします。〈(57)ランタン〉で触れたセル土は他にジジムも含み、そのジジムはさらにネオジムとこの元素に別れ、その後者を指して「淡緑色」の塩類を有することにちなんで名付けられました。

(60) ネオジム　Neodymium（Nd）
ギリシャ語で「新しい」の意味のネオスと、「二重の、双子の」の意味のディデュモスを語源とします。〈(59)プラセオジム〉で見たよ

うに、ジジムから別れたさらに「新しいジジム」ということにちなんで名付けられました。

(61) プロメチウム　Promethium（Pm）
ギリシャ語で「ギリシャ神話上の偉大な悲劇の主人公」の名の、プロメーテウスを語源とします。この元素は、プラセオジムとネオジムから人工的に原子炉を用いてつくられたもので、その核エネルギーの放出が、天の火を盗んで人間に与え、人間文化創造の英雄神になったというプロメーテウスの火の神話を思い起こさせることにちなんで名付けられました。

(62) サマリウム　Samarium（Sm）
ロシアの鉱山技師「サマルスキー」Samarskiを語源とします。彼に見い出された鉱石サマルスキー石（Samarskite）の中に、この元素を発見したことにちなみます。

(63) ユーロピウム　Europium（Eu）
ギリシャ語で「ギリシャ中央部を指すことから、ギリシャ本土、さらにヨーロッパ大陸全体を指す」意味のエウローペーを語源とします。サマリウムの複塩から分別結晶で発見されたこの元素に、特定の国ではなく、ヨーロッパ全体の地にちなんだ名前が付けられました。

(64) ガドリニウム　Gadolinium（Gd）
〈(62)サマリウム〉で触れたサマルスキー石の中から発見されたこの元素に、フィンランドの鉱物化学者「ガドリン」Gadolinの名にちなんだ名前が付けられました。

(65) テルビウム　Terbium（Tb）
スウェーデンの町イッテルビー（Ytterby）を語源とします。〈㊴イットリウム〉で触れたイットリアには他に二つの新元素も含まれ、母体となったイットリアがYttriumとなり、他は次の‘t’を頭文字にしたTerbium、次の‘e’を頭文字にしたErbiumとなっていきます。

(66) ジスプロシウム　Dysprosium（Dy）
ギリシャ語で「近づき難い」の意味のデュスプロシオーンを語源とします。この元素は、〈(67)ホルミウム〉の中に含まれていたものですが、なかなか見つかりにくかったことにちなんでこの名が付きました。

(67) ホルミウム　Holmium（Ho）
スウェーデンの首都ストックホルムのラテン名Holmiaを語源とします。〈(66)ジスプロシウム〉で触れたホルミウムは、酸化エルビウムを分離して得た二つの元素、〈ホルミウム〉と〈(69)ツリウム〉のうちの一つで、付近から多くの希土類元素が出る、ストックホルムにちなんでその名が付きました。

(68) エルビウム　Erbium（Er）
〈(65)テルビウム〉で触れたいきさつにちなみ、命名されました。

(69) ツリウム　Thulium（Tm）
ギリシャ語で「この世界の最北端にある島の名」のツーレーを語源とします。ここで言うツーレーは、「スウェーデン」があるスカンジナビア半島かと思われ、〈(67)ホルミウム〉で触れたいきさつによって命名されたようです。

(70) イッテルビウム　Ytterbium（Yb）
スウェーデンの町イッテルビー（Ytterby）を語源とします。この元素は酸化エルビウムの分別結晶によって発見され、イットリ

ウムとエルビウムの各酸化物の中間性質ということで、イット（リウム）・エルビウムからイッテルビウムとなりました。

⑦ ルテチウム　Lutetium（Lu）
現在の「パリ」を指すラテン名Lutetiaを語源とします。この元素は、フランス人のウルバンがイッテルビウムの中から発見したもので、故国のパリのラテン古名から名付けられました。

⑦ ハフニウム　Hafnium（Hf）
デンマークの首都「コペンハーゲン」のラテン名Hafniaを語源とします。この元素は、デンマークのボーア研究室でジルコン（Zircon）「風信子石」の中から発見され、その国の首都にちなんで命名されました。

⑦ タンタル　Tantalum（Ta）
ギリシャ神話上の人物タンタロスを語源とします。主神ゼウスの子のタンタロスは、父神の秘密をもらした罰として、地獄で飢えと渇きに苦しんだとされ、この元素を含む酸化物が、酸に溶けずにたえず渇いていることにちなんで命名されました。

⑦ タングステン　Wolframium（W）
ドイツ語で「ひどい煤煙、油煙、不純物」などを指す軽蔑語のWolfrahmを語源とします。16世紀の鉱夫たちの間で、精錬が上手に仕上がらないようなものをヴォルフラムと呼び、18世紀のヴォルフラムはウルフラマイト（Wolframite）「鉄マンガン重石」中に発見されました。一方、同じ年にタングステン石と呼ばれる、今日のシェーライト（Scheelite）「灰重石」中からもこの元素が見い出されましたが、Wolframはドイツ語のWolfrahmからきていると言われています。

⑦ レニウム　Rhenium（Re）
この元素の確認者のタッケの故郷であるライン地方にちなんで、ライン川のラテン名Rhēnusを語源とします。

⑦ オスミウム　Osmium（Os）
この元素の酸化物が特有の臭気をもつことから、ギリシャ語で「臭気、香気」を表すオスメーを語源とします。

⑦ イリジウム　Iridium
この元素の塩類が虹のような美しい多くの色を示すことから、ギリシャ語で「虹」の意味のイーリスを語源とします。

⑦ 白金　Platinum（Pt）
スペイン語で「ピントのプラチナ」の意味のplatina del Pintoを語源とします。platinaはplate（銀）の縮小語で、「品質は銀におとるが銀に似たもの」の意味で、Pintoはこの鉱物が初めて発見された川の名前。

⑦ 金　Aurum（Au）
ラテン語で「金」を表すaurumを語源とします。また、ラテン語で「光るオーロラ」の意味のaurōraや、サンスクリット語で「燃える」を表すushなどを関連付けて考えると、「明るい輝きをもつ鉱石」が思い描かれます。

⑧ 水銀　Hydrargyrum（Hg）
ギリシャ語で「水」の意味のhydorと「銀」の意味のargyrosの合成語を語源とします。ラテン語では、「生きている銀」の意味のargentumvivumと言っていました。

⑧ タリウム　Thallium（Tl）
この元素の炎色反応が緑色を示すことから、ギリシャ語で「緑色の若々しい枝」の

意味のタロスを語源とします。

⑧② 鉛　Plumbum（Pb）
ラテン語で「鉛」の意味のplumbumを語源とします。これは、ギリシャ語で「鉛」の意味のモリュブドスがラテン語化されてmlumbumとなり、Plumbumになったのではないかとも考えられています。

⑧③ ビスマス　Bismutum（Bi）
ドイツ語で「蒼鉛、ビスマス」の意味のWismutを語源とします。これが近代ラテン語化されてWismutumとなり、さらにBismut（h）umとなりました。

⑧④ ポロニウム　Polonium（Po）
ポーランドのラテン名Poloniaを語源とします。フランスのキューリー夫妻は、ウランの鉱石ピッチブレンド中から二種の放射性元素を発見し、その一つに夫人の生まれた故国ポーランドにちなんだ名前を付け、他を〈⑧⑧ラジウム〉と命名しました。

⑧⑤ アスタチン　Astatin（At）
ギリシャ語で「不安定な」の意味のアスタトスを語源とします。この元素は、バークレーのサイクロトロンを用いて人工的に得たもので、それが極めて不安定だったことにちなんで命名されました。

⑧⑥ ラドン　Radon（Rd）
この元素が、「ラジウム」（Radium）の「放出、放射」（emanation）物質によることから、Rad（ium.emanati）onとなりました。

⑧⑦ フランシウム　Francium（Fr）
この元素の発見者、ペリーの祖国「フランス」（France）にちなんで命名されました。

⑧⑧ ラジウム　Radium（Ra）
ラテン語で「放射する光線」の意味のradiusを語源とします。〈⑧④ポロニウム〉で触れた行程により発見された元素で、その化合物が一種の特有な光線を出すことにちなんで命名されました。

⑧⑨ アクチニウム　Actinium（Ac）
ギリシャ語で「放射する光線」の意味のアクティースを語源とします。ピッチブレンドから単離した新元素で、その化合物が一種の特有な光線を出すことにちなんで命名されました。

⑨⓪ トリウム　Thorium（Th）
スウェーデン語で「スカンジナビア神話中の雷神の名トール」Thorを語源とします。この元素は、ノルウェー産の鉱石中から発見されたために雷神トールにちなんだ命名となり、従ってその鉱石もトーライト（Thorite）「トール石」となりました。

⑨① プロトアクチニウム　Protactinium（Pa）
ギリシャ語で「最初の」の意味のプロートスと「放射光線」の意味のアクティースを語源とします。この元素は、α線を出して壊変しActiniumになるため、「最初のアクチニウム」という意味からこう命名されました。

⑨② ウラン　Uran（ium）（U）
ギリシャ神話上の天空神の名前ウーラノスを語源とします。この元素の発見される8年前に、Uranus（天王星）と命名された太陽系の新惑星が発見されたことにちなんでこの名前が付きました。

⑰そして今、331種の石を前にして……

　石と、私たち人間が、西暦2000年を迎えた現在、この地球上には3000種以上の鉱物が存在しています。今回、本書で取り上げたのは、その1割程度と限られてしまいましたが、その分、できるだけ理解しやすいように、一つ一つの石について、詳しく解説することに努めました。それでは、以下に、本項の見方について解説します。

並べ方　50音順としました。

名前　初めに石の英語名をカタカナで、次に（　）内に英語名をアルファベットで、「　」内には日本名をそれぞれ表記しました。

成分　化学組成式。石は、単一の元素か、いくつかの元素から成り立つ化合物です。従って、すべて化学組成式で表しました。

硬さ　モース硬度。①滑石②石膏③方解石④螢石⑤燐灰石⑥正長石⑦石英⑧トパーズ⑨コランダム⑩ダイヤモンドを基準にした硬度順位です。なお、0.5は2分の1ではなく、ほぼ中間という意味です。

産地　本書の写真撮影に使用した石の産地名です。

結晶系　等軸、正方、六方、斜方、単斜、三斜の6つの結晶系に分類しました。また、「擬」という字が付くものは、外見上はその結晶系ですが、厳密にはわずかにずれている場合などのものを言います。

晶癖　結晶の外形に現れる目立つ特徴を言います。晶癖を示す用語には、柱状、針状、樹枝状、刃状、腎臓状、塊状などがあります。

色　石の、自然光による外観色を言います。

条痕　石の粉末の色のこと。うわぐすりのついていない磁器製タイルの表面に、標本をこすりつけて得ます。また、非常に硬い石の場合は、ハンマーで少しかき取るか、硬い物質の表面にこすりつけるかして得ます。

透明度　石の標本が光を通す程度のことで、石の原子の結合の仕方によって決まります。石を通して物が見えれば透明、光は通っても物が見えなければ半透明、石をいくら薄くしても光が通らなければ不透明と言います。

光沢　石の表面の光の反射の仕方を言います。光沢の種類は、にぶい光沢、金属光沢、真珠光沢、ガラス光沢、油脂光沢、絹糸光沢、ダイヤモンド光沢（金剛光沢）などがあります。

劈開　石の結合の弱い一定の結晶面に、平行に剥離することを言います。剥離する劈開面は、原子層の間、もしくは原子結合が最も弱い部分です。劈開は、完全、明瞭、不明瞭、なし、に分類されます。

断口　石を、地質調査用のハンマーでたたき、それが割れて粗い面や不平坦な面が残ることを言います。断口は、その特徴に応じて、不平坦状、貝殻状、針状、多片状などと呼ばれます。

その他　石に関連した付記事項に触れています。なお、その場合は、前出した歴史的史実や文献上で示されたものを資料としてあります。

　さて、あなたは、次のページからの331種の石を前にして、何を思うのでしょうか。

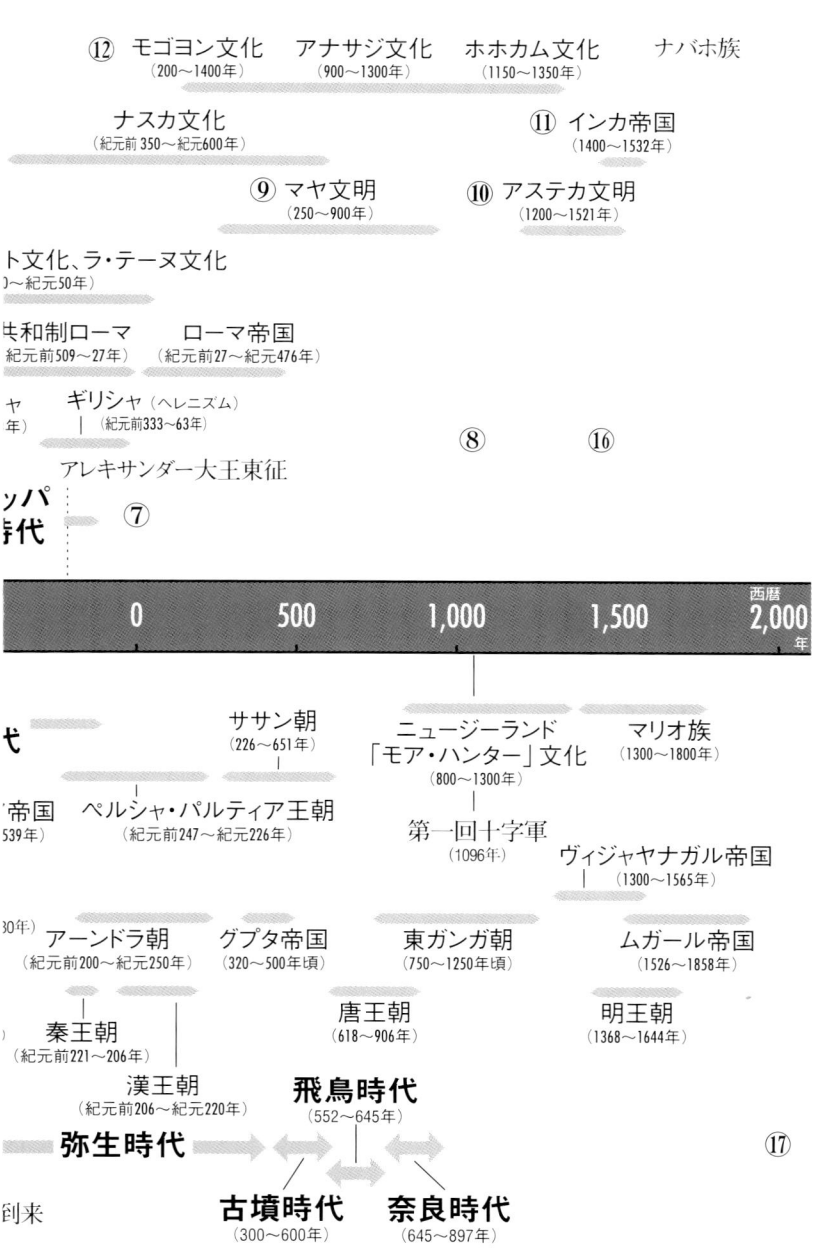

POWER STONE 331

[1] アイアン
（Iron）「鉄」

成分：Fe
硬さ：4
産地：ロシア

　最も普通の金属元素で、硫化物や酸化物などの化合物として産出することが多く、単体の鉄としては、玄武岩中や蛇紋岩の細脈中に細かい粒子状で見ることができます。
　等軸晶系ですが結晶体では見られず、色は鉄黒色で靱性および磁性がとても強い鉱物です。
　宝石学上から見る鉄は、宝石の着色に関係のある主な8つの遷移元素の一つで、多かれ少なかれ各種の宝石に含有されていますが、往々にして本来の宝石の色を濃色か暗色にするマイナスの要因になっています。鉄分着色の宝石は、アクアマリン（Aquamarine）、トルマリン（Tormaline）「電気石」、クリソベリル（Chrysoberyl）「金緑石」、ジェダイト（Jadeite）「ヒスイ輝石」、アメジスト（Amethyst）「紫水晶」、ペリドット（Peridot）「橄欖石」、アルマンディン（Almandine）「鉄ばん柘榴石」などです。
　太古の昔から砂鉄や隕石の形で知られていたと思われ、紀元前500年頃までには鉄の生産がかなり広く普及したと言われています。
　古代エジプト人によって破壊の神のセトと、また、古代ギリシャの歴史家ヘロドトスによっては「人間の苦痛」とそれぞれ結び付けられていました。
　「古代の七金属」とされるものの一つで、占星、錬金術上では火星に配せられます。
　精神的な成長を促し、理論的かつ独自性のある決断で、直面した問題も難なく解決するよう導く力があるとされています。
　貧血などの血液の不調や不眠症、神経の病気や骨折などの治療に用いられていたようです。

[2] アイオライト
（Iolite）「菫青石」
別名　コーディエライト
　　　（Cordierite）

成分：$Mg_2Al_4Si_5O_{18}$
硬さ：7〜7.5
産地：インド

　鉱物学上ではコーディエライト（Cordierite）と言い、これはこの鉱物の研究者でフランスの地質学者のP.L.A.Cordierの名前にちなんで命名されました。

花崗岩質の岩石中や安山岩の孔隙中、接触粘板岩中または結晶片岩中などの火成作用の産物として見られる鉱物。

斜方晶系に属した短柱状結晶体や双晶などで発見される他、塊状や粒状などでも産出します。

色は、紫青色や青色、帯褐青色など濃淡各種の青色を示しますが、90°ほど方向を変えるとその軸色が菫色に変色する、いわゆる多色性が顕著に見られる鉱物です。

そのため名称も、英名ではギリシャ語で紫色の意味のionと石の意味のlithosに由来し、日本名も菫青石と名付けられました。

その昔、バイキングはこの鉱物を航海の際に携え、日光に向けて回すと色が変わるという特性を利用して、羅針盤の方角を算定するのに使用していたため、別名「海のサファイア」とも呼ばれていたそうです。

目標に向かって正しい方向への前進を促し、霊的能力を高める働きがあると言われています。

目や歯ぐきの病気の治療などに用いられる他に、余分に蓄積してしまった体脂肪を減らす効果があると伝えられています。

[3]
アカンサイト
（Acanthite）「針銀鉱」

成分：Ag_2S
硬さ：2〜2.5
産地：メキシコ

熱水鉱脈で、シルバー（Silver）「自然銀」やプルースタイト（Proustite）「淡紅銀鉱」などと一緒に生成する硫化鉱物の一つです。

アルゲンタイト（Argentite）「輝銀石」とは同質異像鉱物で、これは、結晶のできる温度が173℃を境として、それ以上の温度でできるものをアルゲンタイトと呼び、それ以下の温度でできるものをこの鉱物としています。また、アルゲンタイトの結晶は等軸晶系ですが、この鉱物の結晶は斜方晶系となり、従って、常温ではアルゲンタイトの結晶の形は残っていても、すべてこの鉱物に変わってしまい、反射顕微鏡で見ると多くが葉片状で見られます。

通常は、糸状や針（acantha）状の結晶で、色は鉛灰色や鉄黒色のものなどがあり、条痕は黒色です。

この鉱物は、古くは5〜6世紀頃にドイツからブリテン島に侵入していった部族が、身を守る幸運の石として使用していたもの。

災いを防ぐ知恵を授かり、それを根気よ

く実行して、幸運へと転じることができるようになるとされています。

洞察力を高めてくれるとも言われています。

頭脳各部の細胞組織の再生力を高めて、正常な状態に保ち、ビタミン不足を補う働きもあるようです。

[4]
アキシナイト
(Axinite)「斧石」

成分：$Ca_2Fe^{2+}Al_2BSi_4O_{15}(OH)$
硬さ：6.5〜7
産地：U.S.A.

アキシナイトとはグループ名のことで、成分によって4種類に分類されていますが、一番普通に産出されるフェロアキシナイト（Ferro-axinite）「鉄斧石」を指してアキシナイトとするのを通常にしています。

接触変成作用を受けた石灰岩中に生成します。

三斜晶系に属する稜の鋭い結晶や卓状の結晶をつくり、他には塊状や葉片状のものもあります。

色は、帯赤褐色や黄色、無色、青色、紫色、灰色などで、条痕は無色です。

透明ないし半透明で、ガラス光沢をもちます。

劈開は良好、断口は不平坦状を示します。

名称は、この鉱物の結晶の形が斧に似ているところから、ギリシャ語で斧の意味のaxineに由来します。

昔から、困難な問題に遭遇しても、それから逃げることなく、正面から立ち向かう勇気を与えてくれる鉱物とされています。

あらゆる努力を惜しまず、継続できるよう導く力があるそうです。

洞察力も高まると言われています。

骨や、そのまわりの筋肉を強める効果があり、また、身体の屈伸が上手にできるよう働きかける力があるとされています。

[5]
アクアマリン
(Aquamarine)「藍玉」

成分：$Be_3Al_2Si_6O_{18}$
硬さ：7.5〜8
産地：ブラジル

ベリル（Beryl）「緑柱石」の一種で、淡い青色から深い青色までの海水青色のものを言います。

ペグマタイトや花崗岩、一部の広域変成岩中に生成し、六方晶系に属する長柱状結晶体や短柱状結晶体などで発見されます。

この鉱物の青色は、中に混入された鉄元素の作用によって着色されたもので、条痕は白色です。

透明または半透明でガラス光沢をもち、劈開は不明瞭です。

産出原石のほとんどは、緑色味を除いて良い青色とするための色改善の熱処理が行われます。

名称は、ラテン語で水の意味のaquaと海の意味のmarinusに由来し、神話では「海底の美しい海の精の宝物が、浜辺に打ち上げられて宝石になった」とされています。

古くは、古代ローマの漁夫たちが、海難防止と「豊漁の石」としてお守りにし、また、職人たちは指輪やイヤリングなどの装飾品を作り、エジプト王家の墓からは、この石の数珠が発見されています。

持つ人の精神を鎮めて、穏やかで平和な気持ちに導くと言われ、幸福、健康、富を象徴して幸せな結婚をさせ、夫婦を和合させる力もあると伝えられています。

目の不調の改善や視力回復を図り、リンパ腺およびリンパ管の病気の治療に使用された他、歯の強化にも用いられたそうです。

[6] アクチノライト
(Actinolite)「緑閃石、(陽起石)」

成分：$Ca_2(Mg,Fe^{2+})_5Si_8O_{22}(OH)_2$
硬さ：5〜6
産地：U.S.A.

アンフィボール(Amphibole)「角閃石」グループの一種で、塩基性火成岩が変成作用を受けた片岩や角閃岩中に生成します。

単斜晶系に属して、輝石よりも長い柱状の結晶体で発見されたり、針状、繊維状の結晶の平行集合体で見られたりします。なお、その繊維状集合体の繊維が顕微鏡的な微小のスケールになり、肉眼的に緻密な塊状となったものをネフライト(Nephrite)「軟玉」と言っています。

色は、淡緑色や濃緑色、黒色のものなどがあり、条痕は白色です。

半透明で鈍いガラス光沢をもちます。

名称は、この鉱物の形状が放射状集合体を示すことから、ギリシャ語で光線の意味のaktisに由来します。

古くから、広範囲の国々で、様々な使用例を見た鉱物の一つとされています。

悪霊や災難から身を守る力があると言われ、護符や儀式の際の道具として用いられた他、鎮静作用や解毒作用が強い石として、粉にして治療薬にしていたそうです。

優柔不断さをなくして粘り強い精神を養い、直感的な知恵を授ける力があるとされています。

新陳代謝を活溌にして細胞の再生を促し、胃の不調を改善する力があると言われています。

[7]
アゲート
（Agate）「瑪瑙」

成分：SiO_2
硬さ：6.5〜7
産地：ブラジル

　岩石の空隙中に層状に沈殿したり、また、その崩壊によって生じた砂礫中に産出する鉱物。

　石英の顕微鏡的な結晶が集まって塊状になっているものをカルセドニー（Chalcedony）「玉髄」と言い、その中でも、珪酸沈殿の状態で組織に粗密ができて縞模様になったり紅色になったものをこの鉱物としています。

　潜晶質のために着色処理が可能で、赤色、緑色、青色、黄色、黒色など様々な色に着色されます。

　名称の由来ですが、英名は、この鉱物がイタリアのシチリア島から多く発見され、そこの古い川の名前アカテスからアケートとなり、さらにAgateになり、日本名は、その産状が腎臓状で馬の脳のようだったところから命名されました。

　古くから装飾品や護符に用いられた鉱物で、治療薬としても、古代エジプトやギリシャ、ローマ、果てはアフリカや中東など、広範囲の地域の人々の間で使用されていました。

　農民にとっては豊作を、また、その他の人には長寿や富、健康をもたらす力があると言われています。

　家庭内のいざこざを防いで競技者を不敗にし、勇気と行動力を養って、対人関係によっておこる失敗や不幸を防ぐ力があるそうです。

　古代では、クモやサソリの毒を消す力があると言われた鉱物で、他には血管の衰えを改善して、皮膚病やそれに伴うかゆみを防ぐ力があるとされています。

[8]
アストロフィライト
（Astrophyllite）「星葉石」

成分：$(K,Na)_3(Fe^{2+},Mn)_7Ti_2Si_8O_{24}(O,OH)_7$
硬さ：3
産地：U.S.A.

　アストロアイト（Astroite）、アストライト（Astrite）とも言い、類似した6種を含んだグループ名でもあります。

　火成岩、とくに中性の粗粒岩である閃長石の空洞に生成します。

　三斜晶系に属する柱状や刃状、葉片状などの結晶体で見られ、それらが放射状に集合して星のように見えることもあります。

　色は、古銅黄色ないしは黄金黄色のもの

があり、条痕は淡い帯緑褐色を示します。

薄片状のものは透明感があり、やや金属光沢ないし真珠光沢をもっています。

劈開は、マイカ（Mica）「雲母」と同様の一方向に完全で、層の一枚一枚がはがれ、しかしその薄い裂片は脆弱です。

名称は、ギリシャ語で星の意味のastro-と葉の意味のphyllonに由来します。

知性、創造を象徴として、また、この石のもつ特性から、希望、輝きなどを表すとも言われています。

客観性や論理性を育み、高ぶった感情を鎮めて理性に基づいた判断を下せるよう導く力があるとされています。

正常な細胞組織の再生力を高め、体内への細菌の侵入を防ぐ力があると言われています。

[9]
アズライト
（Azurite）「藍銅鉱」

成分：$Cu_3^{2+}(CO_3)_2(OH)_2$
硬さ：3.5〜4
産地：モロッコ

銅鉱床の酸化帯に、リモナイト（Limonite）「褐鉄鉱」およびマラカイト（Malachite）「孔雀石」を伴って産出する鉱物。また、そのマラカイトとは、よく混合して見られることがあり、それをアズロマラカイト（Azuromalachite）と呼んでいます。

単斜晶系に属する柱状や卓状結晶体で発見され、他には塊状や団塊状、鍾乳状、土状の晶癖をもつものもあります。

色はたいてい藍青色（アズール・ブルー）で、条痕は淡青色を示します。

透明から不透明で、ガラス光沢か、にぶい光沢をもちます。

劈開は一方向に完全で、断口は貝殻状を示します。

日本では昔から、岩絵具の紺青色として使用されてきました。

名称は、ペルシャ語で青色の意味のlazwardに由来します。

古くは、紀元前15世紀頃のエジプトやギリシャ、マヤなど、多くの古代文明時代から神聖視されてきた鉱物で、祈祷や予言の際によく使用され、また、様々な病気の予防薬や治療薬としても用いられていたと言われています。

霊的能力、洞察力を高めると共に意識も向上させ、肉体と精神を浄化する力があるとされています。

古くから、目や胆嚢の病気の治療に用いられ、また、脳障害の症状を軽くして、体内にたまった疲労を取り除く働きがあると言われていました。

[10]
アタカマイト
（Atacamite）「アタカマ石」

成分：$Cu_2Cl(OH)_3$
硬さ：3〜3.5
産地：チリ

　塩分のある乾燥地帯で、銅鉱の酸化によってできる二次鉱物。砂漠の銅鉱床中の上部や、火山の溶岩の表面などに産出します。
　斜方晶系に属する細柱状の結晶体や、それらが放射状に集合したものなどで多く見られ、その他には塊状や粒状でも発見されることもあります。
　色は、含有された銅の作用で、輝緑色や緑色、暗緑色となり、条痕は淡緑色を示します。
　透明のものと半透明のものがあり、金剛光沢に近いガラス光沢をもっています。
　劈開は一方向に完全で、断口は貝殻状です。
　名称は、主産地のチリのアタカマ砂漠にちなんで命名されました。

　活力に満ち、元気になりたい時に持つと良いとされる鉱物。
　何事にも積極的に取り組んでいこうという意欲が湧き、また、その結果が多少うまくいかなくても、もう一度挑戦してみようという気持ちにさせてくれるようです。
　行動力を高める力があると言われています。

傷口にある細菌や毒素を捕らえて、これに対する免疫抗体を作り出す働きがあるとされています。

[11]
アダマイト
（Adamite）「アダム石」

成分：$Zn_2(AsO_4)(OH)$
硬さ：3.5
産地：メキシコ

　鉱脈の酸化帯に、カルサイト（Calcite）「方解石」やリモナイト（Limonite）「褐鉄鉱」、マラカイト（Malachite）「孔雀石」などと一緒に生成します。
　斜方晶系または単斜晶系に属して、多くは柱状、板状、貝殻状、放射状などの集合体となり、また、一個一個の結晶で見られることもあります。
　色は無色や青緑色、黄緑色のものがあり、稀には赤紫色のものが発見されることもあります。また、銅を含むものは輝緑色、コバルトを含むものは菫色ないしバラ色を示し、条痕は白色です。
　この鉱物の名称は、研究用の標本石を最初に提供した、パリの鉱物学者、G.Adamにちなんで命名されたもので、主にメキシコ産のものが立派で美しいとされています。

希望、前進、高揚を象徴する鉱物とされています。

いつも前向きな方向へと考えを導き、雑念や邪気に惑わされることなく、不屈の精神を貫けるよう促す力があると伝えられています。

新しい物事に挑戦しようとする気持ちを高め、情緒面と思考面の両方を強化する力があると言われています。

気管支および呼吸器官の炎症による不調を改善する時に使用されたようです。

---

[12]
アデュラリア
（Adularia）「氷長石」

成分：$KAlSi_3O_8$
硬さ：6
産地：スイス

オーソクレース（Orthoclase）「正長石」の一種で、第三紀火山岩に伴う鉱脈の金、銀鉱の脈石として産出することが多い鉱物。

単斜晶系に属した菱面体によく似た小結晶体で見られ、それが、時には数センチメートルから10センチメートルを超える立派な結晶のものもあります。また、単結晶もありますが、双晶ではマネバッハも発見されています。

白色で透明なものが多く、時には真珠のような光沢をもって、カルサイト（Calcite）「方解石」と間違われることがありますが、それよりもずっと硬いので区別がつきます。

この鉱物の中から最初に発見されたムーンストーン（Moonstone）「月長石」などに見られる光の効果を称して、「アデュラレッセンス」と言われます。

名称は、この鉱物がスイスのAdular山地から産出されたことにちなんで命名されました。

古くは、生真面目さと控えめな愛を表す鉱物とされています。

あらゆる事柄に対していつも前向きに対処し、おのずと正しい方向に進めるよう導く力があるそうです。

自分自身をはじめ、それを取り囲む家族や友人などすべての人たちに、愛をもって接することができるようになると言われています。

自律神経系統に効果的とされ、心臓に対しては抑制的に、胃腸器官に対しては促進的に働きかける力があるとされています。

---

[13]
アナテース
（Anatase）「鋭錐石」

成分：TiO_2
硬さ：5.5〜6
産地：U.S.A.

　変成岩、とくに片岩と片麻岩中に生成し、母岩中のTiO_2が熱水によって分泌されたもので、クォーツ（Quartz）「石英」、ブルッカイト（Brookite）「板チタン石」、ルチル（Rutile）「金紅石」、アデュラリア（Adularia）「氷長石」、ヘマタイト（Hematite）「赤鉄鉱」などと一緒に見られることが多い鉱物。

　正方晶系に属した錐状の結晶体で発見される他には、板状結晶体や粒状などでも見ることができます。

　色は、青色や淡黄色、赤色、灰色、褐色、黒色で、条痕は無色か白、淡黄色。透明か不透明に近く、金剛光沢をもちます。

　結晶の大きさが数ミリ程度と小さく、色も濃くて透明度が稀少なため、カット石として用いられることはほとんどありません。

　名称は、結晶体の錐面が尖っていることから、ギリシャ語で伸びるの意味のanataisに由来します。

　かつては、憂鬱を解消して心に平穏を招く力があるとされた鉱物。

　洞察力や直感力に恵まれ、未来の幸福な自分の姿が見えるようになると言われています。

　創造性を高め、これを維持したい時にも役立つそうです。

　免疫力を高めて身体の抵抗力を増し、アレルギー体質を改善して神経組織の再生を図るのに効果的とされています。

[14]
アナルシム
（Analcime）「方沸石」

成分：$NaAlSi_2O_6 \cdot H_2O$
硬さ：5〜5.5
産地：U.S.A.

　ゼオライト（Zeolite）「沸石」の一族で、玄武岩質の火成岩中に産し、ソーダライト（Sodalite）「方ソーダ石」やネフェリーン（Nepheline）「霞石」が変質してできたものと考えられています。

　等軸晶系の偏六面体の結晶で見られることが多く、その他には塊状や粒状などでも発見されることがあります。

　色は、無色や白色、灰色、帯黄色、ピンク色のものなどがあり、条痕は白色、ガラス光沢をもつ透明ないしほぼ不透明石として産出します。

　小さな無色透明石がファセット・カットされますが、大きなものはごく稀だとされています。

　名称は、摩擦によって弱い電気を生じることから、ギリシャ語で弱いの意味のanalkisに由来します。

　なお、この鉱物は、ゼオライトグループの中でも1801年、3番目に記載されたものです。

　誠実、清浄を象徴する鉱物とされています。知性を身に着け、自己形成の際にも力を

発揮してくれると言われています。
　聡明さと豊かな愛を育み、持つ人が信仰深くなるよう導く力があるとされています。

　体内の蛋白質を保持し、血液の酸化に伴う組織の老化防止に効果的と言われています。

---

[15]
アニョライト
（Anyolite）

成分：$Ca_2Al_3(SiO_4)_3(OH)$
硬さ：6～6.5
産地：タンザニア

　ゾイサイト（Zoisite）「ゆうれん石」の緑色不透明の塊状のものを言います。よく、ルビー（Ruby）の結晶を含むので、ルビー・イン・ゾイサイトとも呼ばれます。
　変成岩の成分をなす他には、石英脈やペグマタイト、数種の鉱床中などに産出します。
　斜方晶系に属し、劈開は一方向に完全で、光沢はあまり認められません。
　吹管では膨張して熔融し、白色から暗色の泡のある塊となりますが、球状にはなりません。
　なお、ルビー・イン・ゾイサイトは、装飾品用の石材としてよく使用されています。
　名称は、この鉱物の産地がタンザニアで、現地のマサイ族の言葉で緑の意味のanyoliに由来します。

　昔、アジアの各国では、儀式と治療の両面に使用していたとされる鉱物。
　今まで抱いていた意識の改革を図り、心を開いて、どんな人とでも上手に意思の疎通ができるよう導く力があると言われています。
　不屈の精神力を養い、あらゆる困難をも乗り越えていこうという積極的な気持ちにしてくれるそうです。

　心肺の各組織に働きかけてそれらの機能を活発にし、身体に不足していたエネルギーを補給する力があるとされています。

---

[16]
アパタイト
（Apatite）「燐灰石」

成分：$Ca_5(PO_4)_3F$
硬さ：5
産地：ブラジル

　アパタイトはグループ名で、中でも、普通に見られるものは燐酸カルシウムに弗素が加わったもので、正式には「弗素燐灰石」（Fluor apatite）と言います。また、弗素の代わりに塩素を含んだ塩素燐灰石もあり、この両者はよく混溶しています。
　火成岩と変成石灰岩に生成して、広範囲の固溶体系列をつくります。
　六方晶系の柱状や板状の結晶体で発見さ

れることが多く、他には球状や腎臓状、塊状などでも見ることができます。

色は、本来は無色や白色ですが、含有される微量のマンガンなどの作用で、赤色や褐色、黄色、菫色、緑色など様々な色となり、条痕は白色を示します。

名称は、この鉱物が様々な形状で産出し、晶癖が一定していないことから、ギリシャ語でごまかし、トリックの意味のapateに由来します。

古くから、様々な国の人たちに、信頼、自信を表す鉱物として語り継がれたとされています。

固定概念や、周りを取り巻く環境などに惑わされることなく、自己を主張することができるようになるそうです。

根源的な愛を実感するよう導く力があると言われています。

口腔および味覚にかかわる器官の不調を改善して、肥満を防ぐ効果もあるとされています。

[17]
アベンチュリン
(Aventurine)「砂金石」

成分：SiO_2
硬さ：7
産地：インド

本来は、和名を砂金石と言い、ヘマタイト（Hematite）「赤鉄鉱」やゲーサイト（Goethite）「針鉄鉱」の細片結晶のインクルージョンによってキラキラ輝くアベンチュレッセンスを示す赤色や赤褐色のクォーツ（Quartz）「石英」を指し、いわゆるアベンチュリン効果の名称は、この鉱物名より由来しました。

しかし現在では、本来のアベンチュリン水晶の産出が少ないので、単にアベンチュリン・クォーツと言う時は、産出量の多いフックサイト（Fuchsite）「クロム雲母」の微小結晶インクルージョンによって、緑色となったグリーン・アベンチュリン・クォーツを指します。

主産地がインドで、翡翠に似ているため、インド翡翠などとも呼ばれ、装飾品によく使われています。

高い意識を持続させたい時に持つと良いとされる鉱物。

古代チベットでは「洞察力を高める石」として崇められ、仏像の目にあたるところを、この石で飾りつけたと言われています。

精神面のバランスを保って感情を安定させ、情緒を豊かにする効果もあるそうです。

腎機能を高める力があり、体中の老廃物を排除して、水分などの量を正常に保つ働きがあると言われています。

[18]
アホイト
(Ajoite)「アホー石」

成分：$(K,Na)Cu_7^{2+}AlSi_9O_{24}(OH)_6 \cdot 3H_2O$
硬さ：7
産地：南アフリカ共和国

　銅を含有した珪酸塩鉱物で、銅鉱床の酸化帯から発見されます。
　三斜晶系に属した板状結晶で見られることもありますが、その長さは1mmより小さい結晶体で、多くは塊状で産出します。また、ロック・クリスタル（Rock crystal）「水晶」やヘマタイト（Hematite）「赤鉄鉱」、リモナイト（Limonite）「褐鉄鉱」、パパゴアイト（Papagoaite）「パパゴ石」などの中にファントムとして存在するものもあります。
　色は、淡緑色や淡空色のものなどがあり、また青緑色を示すものもあります。
　劈開は一方向に完全です。
　名称は、産地であるアメリカのアリゾナ州にあるアホーの地名にちなんで命名されました。

　あらゆるものに対して浄化作用が強く、妬みや恨みに満ちた心を純粋で愛情に溢れたものに変え、なおかつ、それを維持することができるようになると言われています。
　自分自身の心のうちを上手に言葉にでき、自己表現の方法もスムーズに見つけられるよう導く力があるとされています。

　各細胞を活性化して血液を浄化し、体内の毒素を排除して、総合的な健康体となるように補佐する力があると言われています。

[19]
アポフィライト
(Apophyllite)「魚眼石」

成分：$KCa_4(Si_4O_{10})_2(F,OH) \cdot 8H_2O$
硬さ：4.5〜5
産地：インド

　カリウム、弗素、水酸基を含むカルシウムの珪酸塩鉱物。
　通常は、玄武岩またはそれに類似した岩石中の空隙から、各種のゼオライト（Zeolite）「沸石」類などと一緒に、また、花崗岩や片麻岩の空洞中などに産出します。
　正方晶系に属した正方錐形または柱状の結晶体で発見され、柱面には上下に走る条線が確認できます。この柱の方向から見ると、ぼんやりと白く光って見えるところから、日本名が「魚眼石」となったとする説もあります。
　色は、無色や白色、灰色などのものが多

く、また、時には緑色、黄色、バラ色のものなどがあり、条痕は白色を示します。

名称は、この鉱物が、吹管分析すると葉状に剥離するところから、ギリシャ語で離れるの意味のapoと葉の意味のphyllonに由来します。

古くは「霊力を授ける石」として崇められ、精神修行や儀式の際によく使用されたそうです。

自己を解き放って精神的に自由になり、直感力、洞察力を増強する力があると言われています。

大きく持った目標に向かって、突き進む勇気を与えてくれるとされています。

頭脳各部の組織細胞の再生を促してこれらの活性化を図り、また、目の疲労を取り除く効果もあるそうです。

[20]
アマゾナイト
（Amazonite）「天河石」

成分：$KAlSi_3O_8$
硬さ：6～6.5
産地：U.S.A.

マイクロクリン（Microcline）「微斜長石」の一種で、火成岩、特に花崗岩やペグマタイト、閃長岩中に生成します。

三斜晶系に属した四角柱状の結晶体、特にカルルスバット式双晶をなすものが多く見うけられます。

色は、含有した微量の鉛の作用で、緑色や空青色、青緑色のものがあり、これを熱すると白色になります。時として巨大なものも産出しますが、一様に緑色のものは少なく、だいたいは白色の部分が混じっています。また、緑色のものは翡翠によく似た石として、アマゾン・ジェードの名で呼ばれることもあります。条痕は白色。

透明から半透明でガラス光沢ないし真珠光沢をもち、劈開は二方向に完全で、断口は不平坦状を示します。

名称の由来は、アマゾン川からですが、実際にはその流域（ブラジルは除く）からは産出しません。

古くは、「希望の石」として珍重された鉱物だと言われています。

ストレスを解消して精神と肉体の強化を図り、思考力、創造力などを増強する働きがあるとされています。

天と地、肉体と精神など、両局面をもつものに対して、各々の良い面を伸ばしながら両者を統合し、良いエネルギーで満たす力があると伝えられています。

カリウム不足によって引き起こされる様々な不調を改善し、筋肉を強化する時に用いると効果的とされています。

[21]
アメジスト
(Amethyst)「紫水晶」

成分：SiO_2
硬さ：7
産地：ブラジル

　日本名の紫水晶の通り、紫色を帯びた水晶で、その発色の原因は、微量の鉄イオンが含まれているためとされています。
　六方晶系に属した六角錐の集形でよく見られ、大きな結晶で発見されるのは稀で、紫色の均一なものも少ないと言われています。
　加熱すると淡色に変わり、高熱を与えると緑色になって、なお一層加熱すると250℃で無色となります。また、日光で褪色するので、保有する時は直射日光を避けて黒い布などをかけておくと良いでしょう。
　昔は日本でも多少採れたようですが、現在ではほとんど見られず、主産地はブラジルやウルグアイ、南アフリカ共和国などです。
　名称は、ギリシャ語で酒の意味のmethyと否定辞のa、つまり「酒に酔わない」、「この石でできた盃で酒を飲めば、悪酔いしない」に由来すると言われています。

　この石の示す紫色が、宗教的、霊的権威の高い色とされていたために、昔から様々な分野の多くの人々に使用されてきた鉱物。古代エジプトでは装飾品や護符として、また、ユダヤの祭司の胸当てに飾られ、キリスト教世界では「司教の石」として、全員がこの指輪をはめたと言われています。
　精神的不調を緩和し、また、隠された能力、魅力を引き出して高度なものへと導く力があり、恋愛成就にも効果があるとされています。

　血液を浄化して解毒、解熱作用を高め、また、皮膚病の治療や不眠を解消するのにも用いられたそうです。

[22]
アラゴナイト
(Aragonite)「霰石」

成分：$CaCO_3$
硬さ：3.5〜4
産地：U.S.A.

　カルサイト（Calcite）「方解石」と同じ成分の鉱物。
　変成岩や堆積岩、石灰岩の洞窟、鉱脈、温泉地帯などに生成します。
　斜方晶系に結晶して、それが針状や粒状、腎臓状、サンゴ状などで発見され、中には霰にそっくりな形のものもあり、これを「豆石」と呼んでいます。また、斜方晶系のものが六方晶系に見えるのは、結晶が3個集まって双晶をなしているためです。
　色は、無色や白色、褐色、黄色、淡紫色

のものなどがあり、条痕は白色です。

透明ないし不透明でガラス光沢をもちます。

名称は、この鉱物の六角錐状の立派な結晶が、スペインのAragon地方に産出したことにちなんで命名されました。

古くは紀元前4000年頃、メソポタミアのシュメール人は、この石で作った円筒に絵を刻んで印章とし、楔形文字の手紙などの「サイン」として使用していたそうです。

集中力を高めて感情のバランスを保ち、自分の能力を十分に発揮できるよう導く力があるとされています。

頭髪や皮膚の不調を改善して、粘膜組織の再生を促す働きがあると言われています。

....

[23]
アラバスター
（Alabaster）「雪花石膏」

成分：$CaSO_4・2H_2O$
硬さ：2
産地：U.S.A.

ジプサム（Gypsum）「石膏」の一種で、鉛や亜鉛鉱に伴って第三紀火山岩中に黒鉱鉱床を作ったり、また、これらより少し離れて単独に塊状の鉱床をなしたりする鉱物。

単斜晶系に属した微粒子状のものが、緻密な塊に集合しているものなどで産出します。

色は、無色や白色、灰色のものなどがあり、時には黄色のものなども見ることができます。また、それらが縞目に現れているものもあります。

半透明ないし不透明で、ややガラス光沢もしくは真珠光沢をもちます。また、透光性にすぐれているために、エジプト、ギリシャ、ローマなどの古代彫刻品の材料として、広く用いられていました。

名称は、エジプトの産地Alabastro町に由来したという説と、ギリシャ語の軟膏入れの壺の意味のalabastrosからとする説とがあります。

古代では、この石の冷たさを利用して芳香性の軟膏を保存する香油入れにして用いたり、死体を悪臭から防ぐ墓碑としたり、また、その光り輝く白色が「勝利をもたらす」として護符にしたり、様々なものに使用されてきました。

イライラした感情を鎮めて集中力を高め、また、友情を長続きさせる力があると言われています。

血管の収縮によって起こる様々な不調を改善し、また、それに伴う不安感も解消する力があるとされています。

[24]
アルゲンタイト
（Argentite）「輝銀鉱」

成分：Ag_2S
硬さ：2〜2.5
産地：メキシコ

　銀の最も主要な鉱石で、第三紀火山岩に伴う浅熱水石英金鉱脈に産出することが多く、高温でできた鉱脈にはほとんど含まれません。
　等軸晶系に属した八面体もしくは六面体の結晶で発見されることが多く、その他には樹枝状や塊状で見られ、糸状や針状のものはアカンサイト（Acanthite）「針銀鉱」と呼んで区別しています。
　いずれにしても、この鉱物は、石英中に微粒子として拡散していますが、その結晶も一辺が数ミリメートルに達するものもあり、丸味を帯びて軟らかく、ナイフでたやすく切ることができます。
　色は、鉛灰色や鉄黒色で、条痕は灰色を示し、強い金属光沢をもつ鉱物です。
　名称は、ラテン語で「銀」を意味するargent-に由来します。
　昔から、直感力や洞察力を高めて、邪悪なものから身を守る力があるとされ、また、治療薬を作る上での調合剤としても利用されていたと言われています。
　単体でも良いのですが、他の鉱物と一緒に持つと、お互いの良さを引き出して、数倍の効果が得られるようになるとされています。
　骨や脊柱の不調を改善する力があり、また、解毒作用および細胞組織の再生を促す働きがあると言われています。

[25]
アルセニック
（Arsenic）「砒」

成分：As
硬さ：3.5
産地：U.S.A.

　熱水鉱床の鉱脈中に、パイライト（Pyrite）などと共産します。
　六方晶系菱面体半面晶族に結晶しますが、結晶として見られることは稀で、多くは粒状集合体、または、しばしばブドウ状、鐘乳状をなし、同心円状の構造を示します。
　色は、条痕とも銀白色ですが、すぐに酸化し、黒色に変化してしまいます。
　不透明で金属光沢をもち、劈開は一方向に完全で、断口は不平坦状を示します。
　熱すると炎を上げて燃え、ニンニクのようなにおいを発します。
　名称は、この鉱物がはげしい作用をもつことから、「男」を連想させ、そのためにギリシャ語で「男」の意味のアルセーンを語源とします。
　紀元前4世紀から紀元1世紀にわたる、

古代ギリシャのアリストテレスやテオフラストス、ディオスコリデスなどの文献中にはアルセニコンという言葉で見られますが、これは顔料用のリアルガー（Realgar）「鶏冠石」を指していると思われます。

思考力を高めて内面に秘めた強さを発揮し、感情の乱れを調節する働きがあると言われています。

決断力も強めるそうです。

古くは歯を良くする力があると言われ、他には肝臓の病気の治療にも用いられたようです。

[26]
アルチナイト
（Artinite）「アルチニ石」

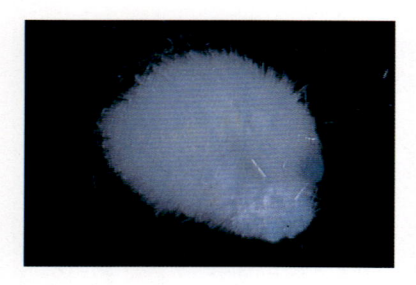

成分：$Mg_2(CO_3)(OH)_2 \cdot 3H_2O$
硬さ：2.5
産地：U.S.A.

蛇紋岩化と呼ばれる、岩石に浸透した溶液による変成作用によって、酸化した超塩基性火成岩中に産します。

単斜晶系に属する微細な針状の結晶が、一面に吹きつけたように並んだり、繊維状の集合体を作ったりします。それは、多数放射状に集合して球体となったり、または皮膜状などで発見されます。

色は、無色や白色のものが大多数で、条痕は白色を示します。

透明で、結晶はガラス光沢を、繊維状の集合体は絹糸光沢をもっています。

劈開は完全ですが認めにくく、断口は不平坦です。

名称は、イタリアの鉱物学者、E.Artiniの名前にちなんで命名されました。

攻撃的な性格を直したい人が持つと良いとされる鉱物。

精神を浄化して静寂に保ち、落ち着きと安定をもたらしてくれると言われています。

インスピレーションが湧いてアイディアも豊富になり、社会的な活動に活発さが増してくるとされます。

声帯や腺のバランスを保ってこれらを強化し、痛みを伴った炎症を押さえるのに効果的と言われています。

[27]
アルバイト
（Albite）「曹長石」

成分：$NaAlSi_3O_8$
硬さ：6〜6.5
産地：ブラジル

プラジオクレース（Plagioclase）「斜長

石」の一種で、ペグマタイト中に産出するのが典型的です。

三斜晶系に属した双晶などで発見されることが多く、これは集片双晶の一種で、薄片状の各部が双晶面と接面を同じくして、何回も繰り返されているもので、特にこの鉱物によく見られることから、アルバイト式双晶と呼ばれています。

色は、無色や白色、黄色、ピンク色、灰色、帯緑色のものなどがあり、条痕は白色です。

半透明ないし透明で、ガラス光沢を放ち、二方向に完全な劈開があって、その二つの劈開の角度は約86°となります。

名称は、産出する多くが白色のために、ラテン語で白いの意味のalbusに由来します。

目標に向かって、前進する勇気を与えてくれる鉱物とされています。

その目標が、将来において重要なものかを見分け、また、それを現実の自分自身に一番合った方法で、実現させるように力を与えてくれると言われています。

エネルギー不足を補い、日常を有意義なものにしてくれるそうです。

視力の回復を促して精神面との調和を図り、細胞をみずみずしく保つ働きがあるとされています。

[28]
アルマンディン
(Almandine)「鉄ばん柘榴石」

成分：$Fe^{2+}_3Al_2(SiO_4)_3$
硬さ：7〜7.5
産地：U.S.A.

ガーネット（Garnet）「柘榴石」グループ中の一種で、鉄とアルミニウムを主成分とするものを言います。

片岩などの広域変成岩中に生成します。

等軸晶系に属した斜方十二面体や偏菱二十四面体などの結晶で発見されることが多く、他には粒状や塊状などでも見ることができます。

色は、赤色、暗赤色、帯紫赤色などのものがあり、条痕は白色です。

透明または半透明のものは、宝石として用いられ、また、昔は研磨材としてもよく用いられていました。

名称は、この鉱物の産地のアジア大陸西部、黒海、地中海、エーゲ海に囲まれた半島にあるAlabandaがAlabandicusとなり、後にAlmandineとなったことに由来します。

古くから世界各地の広範囲の人々の間で、「神聖な石」として崇められてきた鉱物。また、この石の示す色が一族の血の結束を象徴するとして、中世のドイツのハブスブルグ王家の紋章「双頭の鷲」には、416カラ

ットのこの石が使用されています。

　忠実さや貞節を守り、身体中に活力を行きわたらせる力があると言われています。

　血液の流れをスムーズにして、身体の各部分に酸素を送り、また、体内の老廃物を排出する力があると伝えられています。

---

[29]
アレキサンドライト
（Alexandrite）「アレキサンドル石」

成分：$BeAl_2O_4$
硬さ：8.5
産地：ブラジル

　クリソベリル（Chrysoberyl）「金緑石」の変種で、酸化クロムを含有するために、昼光下では緑色のものが、人工光線によって赤色に変色するものを言います。

　ペグマタイト中や雲母片岩中などに産出し、また、稀には苦灰岩中から発見されることもあります。

　斜方晶系に属しますが、双晶によって六角板状となったり（擬似六角形）、六方車輪状で見られたりします。その場合、結晶面上には、接合のへこみや三方向への条線が確認できます。ごく最近、アフリカで発見された双晶やトリプルの結晶体のものは、特に稀少品とされています。

名称は、この鉱物がウラル山脈のトコワヤ付近で最初に発見された日が、後に皇帝アレキサンドルⅡ世となる、ロシア皇子の18歳の誕生日だったので、その名前にちなんで命名されたそうです。

　この石の特徴である、色変化を起こすところから、よく二面性が語られる鉱物。

　知性に溢れながらも情熱的で、神秘性に富むと同時に現実的だったりと変わり身の早さを象徴とし、また、不滅の信心を表しているとも言われています。

　邪悪なものや悪霊から身を守る力があるとされています。

　古くは、神経系統や、脾臓、膵臓を強化したい時に用いられ、また、細菌に対する抵抗力を高めるとも言われています。

---

[30]
アングレサイト
（Anglesite）「硫酸鉛鉱」

成分：$PbSO_4$
硬さ：2.5〜3
産地：モロッコ

　鉛鉱脈の酸化帯に生成し、通常はガレーナ（Galena）「方鉛鉱」の酸化によって生じ、セルサイト（Cerussite）「白鉛鉱」と一緒に産出されることの多い鉱物。随伴鉱物としては、

その他にミメタイト（Mimetite）「ミメット鉱」、パイロモルファイト（Pyromorphite）「緑鉛鉱」、サルファー（Sulfur）「硫黄」、リナライト（Linarite）「青鉛鉱」、ジプサム（Gypsum）「石膏」などがあります。

斜方晶系に属した板状や柱状、または結晶軸の方向に伸長した結晶などで見られることもありますが、多くは塊状や細粒状、緻密質などのもので発見されます。

色は無色ないし白色で、しばしば灰色や黄色の螢光を発するものがあります。

名称は、最初の発見地、イギリスAnglesey島に由来します。

多面性を象徴する鉱物とされ、二つのことが同時にできる才能を与えてくれると言われています。

意識が目覚め、精神的自立を促し、その意識を他者に伝達することが上手にできるよう導く力があると言われています。

優しい感情に満ち溢れ、どんな人にも愛をもって接するようになれるそうです。

血液中の酸素不足による不調を改善し、呼吸器官の再生および活性化を促す力があるとされています。

[31] アンソフィライト
（Anthophyllite）「直閃石」

成分：$(Mg, Fe^{2+})_7Si_8O_{22}(OH)_2$
硬さ：5.5～6
産地：フィンランド

結晶質の片岩、片麻岩中に生成する鉱物。

斜方晶系に属しますが、結晶体は稀で、ほとんどは葉片状や針状、繊維状の塊で発見されます。

色は、成分としてマグネシウムが多く含まれると無色や白色となり、鉄の多いものは暗緑色や褐色となります。条痕は無色か灰色です。

透明ないし半透明で、ガラス光沢をもちますが、劈開面は多少真珠光沢があります。

日本名の直閃石の「直」は、偏光下で直消光を示すことを表しています。従って、この鉱物の鑑定には、偏光装置を使って直消光性を確認する方法がとられています。

吹管にてようやく熔融して、黒色磁性のガラスを作り、酸には侵されません。

寛容、豊かな愛を表す石として、古くから人々の間で珍重されたと言われる鉱物。

自分に厳しすぎる人が持つと効果的とされ、自分勝手な思い込みから解放されて、完璧を望むことはやめ、ほどほどをわきまえた行動が取れるよう導く力があるとされています。

胃腸の働きを助け、胆嚢の機能回復を図り、痩せすぎの人に程よいエネルギーを与える力があると言われています。

[32] アンダリュサイト
(Andalusite)「紅柱石」

成分：Al_2SiO_5
硬さ：6.5〜7.5
産地：U.S.A.

　花崗岩やペグマタイト、多くの変成岩中にも生成する、アルミニウムの珪酸塩鉱物。
　斜方晶形に属する長柱状の結晶体でよく見られ、その他には塊状のものなどで、稀に発見されます。また、その両端が柱に直角に切れた面をなして、方向によってバラ色や黄色に変化する「多色性」を見せる性格があります。
　色は、無色や白色、黄色、灰色、紅色、帯褐赤色のものなどがあり、また、炭素のインクルージョンを含んだ黒色不透明柱状結晶で、柱状の断面に十字架模様を示すものがあり、キャストライト（Chiastolite）「空晶石」と呼んでいます。
　名称ですが、英名は産地のスペイン、アンダルシア（Andalucia）にちなんで、また、日本名は紅色で柱状の結晶鉱物のために、各々命名されました。

　この石が、微妙な三色を示して多くの彩光を放つことから、希望や成長、一族の繁栄を象徴する鉱物だとされています。
　集中力や洞察力を高め、新しい出会いを叶える力があると言われています。
　ストレスを解消して、自然の恵みを感じ取れるよう導く力があるそうです。

　手足の筋肉組織の萎縮による不調を改善し、また、痛みを伴う歩行の治療に用いられていたようです。

---

[33] アンチゴライト
(Antigorite)「板温石」

成分：$(Mg,Fe^{2+})_3Si_2O_5(OH)_4$
硬さ：2.5
産地：パキスタン

　サーペンチン（Serpentine）「蛇紋石」の一種で、超塩基性火成岩に由来する蛇紋岩中に生成します。
　単斜晶系に属する小さな薄片状の結晶をなして、容易に鱗片に剥離するものや、塊状、繊維状、葉片状の晶癖のものなどがあります。
　色は、白色や黄色、褐色のものがあり、条痕は白色です。
　樹脂光沢ないし真珠光沢をもち、半透明から不透明のもので発見されます。
　底面に完全な劈開があり、断口は、貝殻状または多片状を示します。
　外観が翡翠に類似していて、パキスタン

が主産地であることから、パキスタン・ジェードとも呼ばれています。

　人生における正しい方向性を示してくれる石として、古くから信じられていたそうです。
　間違った考え方や行動に気付き、これを正しい方向に軌道修正するよう導く力があると言われています。
　今までの固定観念を消し去り、新しい考えのもと、自由な発想ができるよう働きかける力があると伝えられています。

　昔は、腰痛の治療に用いられていたそうで、その他には、新陳代謝を活発にして体の各組織の活性化を図り、免疫力を高める力もあるとされます。

[34]
アンチモニー
（Antimony）「自然アンチモン」

成分：Sb
硬さ：3～3.5
産地：フィンランド

　砒素やシルバー（Silver）「自然銀」、ガレーナ（Galene）「方鉛鉱」、スファラライト（Sphalerite）「閃亜鉛鉱」、パイライト（Pyrite）「黄鉄鉱」などと、熱水鉱脈中に共産します。

　六方晶系の偽六面体や卓状の結晶体で見られ、双晶を示すこともあります。他にも塊状や薄片状、粒状、針状などで発見されることもあります。
　色は、淡い銀白色で灰色の縞があり、条痕は灰色です。
　不透明石で、明るい金属光沢をもちます。
　底面に完全な劈開があり、断口は不平坦状を示します。
　熱すると空気中で白煙を上げて燃え、炎を青緑色に変えます。
　古くからアンチモンと言われて来たものは、成分Sb_2S_3のスティーブナイト（Stibnite）「輝安鉱」で、イオウ（S）を含んでいました。この鉱物を還元してアンチモンを単離することは、15世紀に入って行われるようになりました。

　古くは11世紀、サレルノのコンスタンチヌス・アフリカヌスの文献にantimoniumと著されていた鉱物で、宗教上のセレモニーや司祭の装飾品などに使用されたと言われています。
　強いエネルギーのもとに意識を高いところにまで導いて、邪悪なものから身を守る力があるとされています。
　霊的能力も引き出せるそうです。

　古くは伝染病の治療薬として使用され、その他には体内の毒素を排除する力があり、炎症や感染を防ぎたい時にも用いられたようです。

[35]
アンデジン
（Andesine）「中性長石」

成分：$(Na,Ca)Al(Al,Si)Si_2O_8$
硬さ：6〜6.5
産地：オーストラリア

プラジオクレース（Plagioclase）「斜長石」の一つで、安山岩質溶岩や角閃岩などの中性火成岩や、多くの変成岩中に生成します。カルシウムの多いアノーサイト（Anorthite）「灰長石」とナトリウムの多いアルバイト（Albite）「曹長石」のほぼ中間に位置する鉱物。

三斜晶系に属する卓状の結晶体で見られ、双晶のものも多く発見されます。その他には、塊状や緻密、粒状などで産します。

色は、白色や灰色、ピンク色のものなどがあり、条痕は白色です。

透明から半透明で、新しい結晶面はガラス光沢を示します。

アメリカやコロンビア、アルゼンチン、ノルウェー、イタリア、ドイツ、インドなど各地で産出しますが、宝石種となるものは多くありません。

名称は、産地のアンデス山脈に由来します。

洞察力や直感力に恵まれる石と言われ、古くからお守りとして用いられたとされる鉱物。

感情の高ぶりを抑えて、冷静で沈着な考え方となり、粘り強く一歩ずつ進む根気と勇気を与えてくれると言われています。

災いを退け、危険なものには近づかないように予知する力も養われるそうです。

血液の流れを規制し、歩行に障害をもたらす病気や高血圧症の治療に用いられたようです。

[36]
アンドラダイト
（Andradite）「灰鉄柘榴石」

成分：$Ca_3Fe^{3+}_2(SiO_4)_3$
硬さ：6.5〜7.5
産地：U.S.A.

ガーネット（Garnet）「柘榴石」グループの一種で、中でも一番ポピュラーに見られるためにコモン・ガーネット（Common garnet）「普通柘榴石」とも呼ばれています。

接触鉱床中などに産出し、よくマグネタイト（Magnetite）「磁鉄鉱」を伴っています。

等軸晶系に属した斜方十二面体結晶や、偏菱二十四面体結晶でよく見られます。

色は、褐色系や暗緑色系のものが多く、他には、淡黄色透明のトパゾライト（Topazolite）「黄柘榴石」や緑色で光沢のあるデマントイド（Demantoid）「翠柘榴石」、純黒色のメラナイト（Melanite）「黒柘榴石」などがあります。

透明ないし不透明石で、ガラス光沢またはやや金剛光沢をもちます。

名称は、ポルトガルの鉱物学者J.B.Andradaの名前にちなんで命名されました。

昔から、その神秘性が多くの人たちの間で語り継がれ、実行力、変わらぬ思いを象徴する鉱物だとされています。

一人の人間に忠誠を尽くして、その思いは岩をも貫き、予想以上の成果を上げることができるようになると言われています。

隣人愛にも恵まれるそうです。

血液の循環を良くして体内のミネラルバランスを保ち、肝臓や、腎臓の活性化を助けて、不調を改善してくれると言われています。

―――――――――――――――

[37]
アンナベルガイト
（Annabergite）「ニッケル華」

成分：$Ni_3(AsO_4)_2・8H_2O$
硬さ：1.5〜2.5
産地：ギリシャ

ニッケル鉱脈の変質帯に生成する鉱物で、赤紫色のエリスライン（Erythrine）「コバルト華」とは類質同像鉱物です。

単斜晶系に属する扁平な柱状結晶で見られることがあり、その結晶面には深い条線があります。

また、その結晶は極めて小さく、通常は、微細結晶の皮殻状または土状で産出します。

色は、淡リンゴ緑色のものが多く、その他にはピンク色、灰色のものなどがあり、いずれも条痕はそれよりも淡色となります。

透明ないし半透明で、弱い金剛光沢をもちます。

この鉱物は、緑色の銅鉱物によく似ていますが、磁性の熔球を生じる点で異なり、クロムを含む緑色鉱物は吹管で還元して金属球にならないので、区別がつきます。

名称は、この鉱物がドイツのアンナベルグ産のために、その地名にちなんで名付けられました。

未来、希望、自由を表す鉱物とされています。

自分の中にある潜在的な能力に気付き、これを上手に引き出すよう導く力があると言われています。

直感力、想像力を高めて、斬新な発想ができるよう養う力があるそうです。

血管細胞の再生を促してその働きを強め、また、体内に水分と酸素を補給して、細胞をみずみずしくする働きがあると言われています。

[38]
アンバー
（Amber）「琥珀」

成分：C,H,O＋H_2S
硬さ：2〜2.5
産地：ロシア

　第三紀時代の松柏科植物の樹脂の化石化したものですが、地中から採取されるために、便宜上鉱物として取り扱っています。
　色は、主に黄色ですが、他にも赤色や褐色、白色、帯青黄色のものなどがあります。
　その成因上、インクルージョンとして、小虫や植物の破片があるものもあります。
　比重がとても低いために海水に浮き、それが海岸に打ち上げられたものをシー・アンバーと言い、陸上の鉱山から採掘されるものをピット・アンバーと言っています。
　150℃で軟化し、250℃〜300℃で溶解します。小片材料を加熱溶解して固めたものは、アンブロイドまたはアンブレイドと呼ばれています。

　旧石器時代の頃から、すでに装飾品や治療薬として使用され、古代エジプト、ギリシャ、ローマでは、祈祷師たちがセレモニーの際に身に付ける「神聖なお守り」として崇められ、東洋ではこれの焼いたものを伝染病を防ぐ薬として用い、中国では香にしていたとの言い伝えがあります。

高ぶった感情を鎮めて、精神を安定させる効果もあるそうです。

　甲状腺や喉にかかわる病気の治療に用いられ、また、内分泌系の不調を整えて、流産を防止する働きがあるとされています。

[39]
アンハイドライト
（Anhydrite）「硬石膏」

成分：$CaSO_4$
硬さ：3〜3.5
産地：メキシコ

　蒸発岩、とくに岩塩ドームに、ドロマイト（Dolomite）「苦灰石」、ハーライト（Halite）「岩塩」、シルビン（Sylvine）などの蒸発鉱物や、カルサイト（Calcite）「方解石」と共に生成します。稀に熱水鉱脈中に、クオーツ（Quartz）「石英」やカルサイトと共産することもあります。
　斜方晶系に属する板状や柱状の結晶体で見られることもありますが、多くは塊状や粒状、繊維状になっています。
　色は、無色や白色、灰色、帯青色、淡紅色、帯紫色のものなどがあり、条痕は白色です。
　互いに直交する三方向に完全な劈開があり、光沢は底面の方は真珠光沢、他の面はガラス光沢をもちます。
　名称は、結晶水を含まないために、ギリ

シャ語で無水の意味のan（否定辞）hydros（水）に由来します。

古くから、心の豊かさと困難に立ち向かう勇気を与えてくれる石として崇められ、自由、希望、個性的な生き方を象徴する鉱物だとされています。

周りに対して気配りを十分にしてお互いの信頼関係を築き、人を引きつけて、どんな集団の中でも中心的人物となるよう導く力があると言われています。

扁桃腺や喉の炎症を抑えて、痛みによる不快感を改善するのに用いられたそうです。

[40]
アンブリゴナイト
(Amblygonite)「アンブリゴ石」

成分：(Li,Na)Al(PO$_4$)(F,OH)
硬さ：5.5〜6
産地：ブラジル

他のリシウム鉱物と一緒に、粗粒の花崗岩などペグマタイトを含む火成岩中に生成します。
モンテブラサイト（Montebrasite）とは類質同像鉱物で、成分中F＞OHのものをこの鉱物、OH＞Fのものをモンテブラサイトと言っています。

三斜晶系の短柱状の結晶をつくりますが、劈開しやすい塊状のものもあります。
色は、無色や白色、淡緑色、黄色、淡ピンク色などのものがあり、透明ないし半透明で、ガラス光沢や絹糸光沢をもちます。ブラジル産の黄色石やナミビア産のライラック色石は、透明でファセットに適しています。他にも、ミャンマーやアメリカ産のものなどもファセットカットされています。
名称は、その結晶体の形が不明瞭で、劈開の角度が鈍角のところから、ギリシャ語で鈍いという意味のamblyと角度の意味のgoniaに由来します。

昔は神聖とされた鉱物で、不滅の力を与えてくれると信じられていました。
感情が高ぶって普段の自分に戻れなかったり、自分と違った価値観の中に身を置いたりした時にも、より広い視野をもって理解を示し、短所を補って平和な気持ちになるよう導く力があると言われています。

交感神経の不調を改善し、神経細胞組織の再生を促すのに用いたとされています。

[41]
イオスフォライト
(Eosphorite)「曙光石」

成分：$Mn^{2+}Al(PO_4)(OH)_2 \cdot H_2O$
硬さ：5
産地：ブラジル

　成分中のMn^{2+}がFeに置換すると、チルドレナイト（Childrenite）「チルドレン石」$FeAl(PO_4)(OH)_2 \cdot H_2O$となります。
　単斜晶系の柱状結晶や、時には双晶で発見されるものもあります。
　色は、無色や淡ピンク色、淡黄色、淡褐色、帯赤褐色、黒褐色のものなどがあります。
　透明ないし半透明で、ガラス光沢ないし樹脂光沢を放ちます。
　劈開は不完全で、断口はやや貝殻状ないし不平坦状を示します。
　名称は、この鉱物がよくピンク色で見られることから、ギリシャ神話の暁の女神eosまたはギリシャ語で夜明けの意味のeosphorosに由来します。

　自信、決断、勇気などを表す鉱物とされています。
　一度決定したことについては、如何なる状況になろうとも変更せず、一心に貫き通すような固い意志を授けるそうです。
　曖昧な態度や、ぐらついた言動にならないよう導く力があり、また、そのための勇気づけにも効果があると言われています。

　免疫力を高めて身体を活性化させ、細菌による感染症を防ぐ力があるとされています。

[42]
イルバイト
（Ilvaite）「珪灰鉄鉱」

成分：$CaFe^{2+}_2Fe^{3+}Si_2O_7O(OH)$
硬さ：5.5〜6
産地：U.S.A.

　マグマが貫入した岩石や溶岩と接触した岩石中に生成する、接触変成鉱物です。また、閃長岩など火成岩中にも産します。
　斜方結晶に属する柱状の結晶をつくり、その柱面には垂直な条線が見られます。その他には、塊状や円柱状、緻密な晶癖をもつものもあります。
　色は、帯灰褐色や帯黒褐色、黒色で、条痕は、帯緑色か帯褐色の黒色を示します。不透明で、にぶい光沢ないし金属光沢をもちます。
　劈開は明瞭で、断口は不平坦状です。
　1806年にイタリアのエルバ島（Elba）で発見され、そのために名称もラテン語のIlvaにちなんで命名されました。

　人生において、一つ一つの努力の積み重ねが一番大切であるということに気付かせてくれる鉱物とされています。
　物事の基盤を築く時に必要とされるエネルギーを補い、目標に向かって前進していけるよう導く力があると言われています。

　体内の毒素を排除する力があり、肝臓や

胆嚢、膵臓の病気の治療に用いられたそうです。

[43]
インデライト
（Inderite）「インデル石」

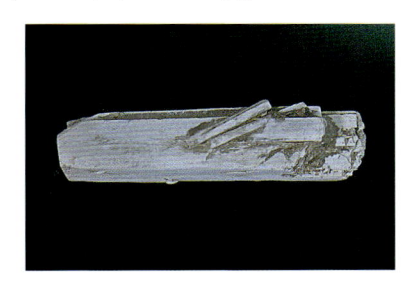

成分：$MgB_3(OH)_5・5H_2O$
硬さ：2.5〜3
産地：U.S.A.

ハウライト（Howlite）「ハウ石」やコレマナイト（Colemanite）「灰硼石」と同じく、硼素鉱物の一つで、カーナコバイト（Kurnakovite）「カーナコバ石」とは同質異像の鉱物です。

単斜晶系の柱状結晶体で見られる他には、針状の集合体や円塊状、緻密粒状の集合体などで発見されます。

色は、無色や白色、ピンク色のものなどがあり、特に白色やピンク色のものは大きな塊状で、よく産出します。

透明ないし半透明石で、ガラス光沢を放ち、一方向に完全な劈開があります。

硬度が低く、研磨した面が白濁しやすいので、カット石としては不向きとされています。

名称は、産地のカザフスタン共和国のInder湖の名前にちなんで命名されました。

意識をより高度なものへと導く力があり、直感力や洞察力を高めて霊的能力を養い、それらを用いての治療などに優れた効果を発揮することができる鉱物だと言われています。

心に描いた夢を現実のものに変化させる手助けとなり、持つ人の行動力を高める力があるとされています。

細胞組織の再生を促し、動脈の浄化、水分保持、血液の循環障害の改善に用いられたようです。

[44]
ウィゼライト
（Witherite）「毒重石」

成分：$BaCO_3$
硬さ：3〜3.5
産地：イギリス

アラゴナイト（Aragonite）「霰石」グループ中の一種の、バリウムの炭酸塩鉱物で、イギリスなどではバリウム鉱として採掘されたこともあります。

熱水鉱脈に、クォーツ（Quartz）「石英」やカルサイト（Calcite）「方解石」、バーライト（Barite）「重晶石」などと一緒に生成します。

斜方晶系に属しますが、反復双晶となるために六角錐のような形の結晶となることが多く、その他には、塊状や粒状、繊維状、

柱状の晶癖をもつものもあります。

色は、無色や白色、灰色、黄色、緑色、褐色などで、条痕は白色を示します。

透明から半透明で、ガラス光沢と樹脂光沢をもち、劈開は明瞭で、断口は不平坦状となります。

和名に「毒」が付いている通り、弱いのですが、多少毒性があります。

英名は、発見者であるイギリスの鉱物学者、W.Witheringの名前にちなんで命名されました。

「毒もまた薬なり」の言葉の通り、非常に浄化力に優れた鉱物とされています。

乱れてしまった感情を鎮めて理性と知性を高め、物事を論理的かつ冷静に見つめることができるよう導く力があると言われています。

情緒の安定にも効果があるようです。

体内および血液を浄化し、細胞を活性化させ、胃や腸の不調を改善する力があると言われています。

---

[45]
ウォラストナイト
(Wollastonite)「珪灰石」

成分：$CaSiO_3$
硬さ：4.5〜5
産地：U.S.A.

不純物を含む石灰岩が変成作用を受けて、ブルーサイト（Brucite）やエピドート（Epidote）「緑れん石」などと共に生成します。これらの鉱物は、大理石中に明色の鉱脈を形成し、また、一部の火成岩や粘板岩、千枚岩、片岩などの広域変成岩中に生成することもあります。

三斜晶系に属する柱状や、卓状の結晶をつくり、双晶のものも多く見られます。他には、塊状や繊維状、粒状、緻密などの晶癖をもつものもあります。

色は、多くのものは白色か灰色ですが、無色や淡緑色、赤褐色のものもあり、条痕は白色を示します。

透明から半透明で、ガラス光沢または真珠光沢をもち、一方向に完全な劈開があって、断口は多片状となります。

名称は、イギリスの鉱物学者W.H.Wollastonの名前にちなんで命名されました。

威厳、真理、清浄などを表す鉱物とされています。

優れた保護力のある石で、持つ人を邪悪なものから遠ざけ、あらゆることに対して勝者となれるよう導く力があると言われています。

積極性に恵まれ、身の周りに起こった問題に対して、一つ一つ着実に解決していこうという意欲を湧き立たせる効果もあるそうです。

筋肉の伸縮性を増大させる働きがあり、また、脳の不調を改善する力があると言われています。

[46]
ウバイト
（Uvite）「石灰苦土電気石」

成分：$(Ca,Na)(Mg,Fe^{2+})_3Al_5Mg(BO_3)_3Si_6O_{18}(OH,F)_4$
硬さ：7〜7.5
産地：ブラジル

　11種類あるトルマリン（Tourmaline）「電気石」グループの中の一種で、カルシウム分、マグネシウム分に富んだものを言います。カルシウムに富んだスカルン中などから産出し、ドラバイト（Dravite）「苦土電気石」に似ていますが、ナトリウム分が少なく、カルシウム分を多く含有しているので、区別できます。

　六方晶系に属した、柱面を欠く結晶体で見られ、上下の端面が接していて、その結晶面の配列の違いから異極晶であることがわかります。

　色は、赤褐色や褐色のものが多く、他には緑色や黒色のものなどがありますが、その色の濃さは、鉄の含有量と比例しています。条痕は無色。

　透明から不透明で、ガラス光沢をもち、劈開はなく、断口は不平坦状から貝殻状を示します。

　名称は、この鉱物の原産地であるスリランカのUvaにちなんで命名されました。

　古くは様々な地域の原住民の間で、儀式や病気の治療の際に「神聖なる石」として用いられてきた鉱物。

　肉体、精神、感情を統合してこれらを活性化し、すべての基盤となって良い効果が得られるよう導く力があると言われています。集中力も高まるそうです。

　消化器官の壁の強化に効果があり、内分泌系のバランスを整え、新陳代謝を活発にする働きもあるとされています。

························

[47]
ウバロバイト
（Uvarovite）「灰格柘榴石」

成分：$Ca_3Cr_2(SiO_4)_3$
硬さ：6.5〜7
産地：ロシア

　ガーネット（Garnet）「柘榴石」グループ中の一種で、クローム鉄鉱中の割れ目などに産出します。

　等軸晶系に属した斜方十二面体や、偏菱二十四面体などの結晶体で発見されることもありますが、そのサイズは通常3ミリメートル以下と小さく、宝石用となるものはほとんど見当たりません。その他の産状としては、皮膜状や粒状集合体、塊状などで、これらがこの鉱物の一般的な産状とされています。

色は美しいエメラルドグリーンで、その見本ともいえる見事な物が、ロシアのウクライナ地方で発見されました。

名称は、この鉱物が最初にロシアのウラル地方で発見された時の文部大臣で、鉱物のコレクターであるS.S.Uvarovの名前にちなんで命名されました。

古くから「孤高を守る神聖な石」として崇められ、貞節と強い信念をもたらす鉱物とされていました。

全身に活力を行きわたらせて活性化し、洞察力、創造力を高めて、思考力を増強する力があると言われています。

ストレスを軽減する効果もあるそうです。

心臓病の治療に用いられた他に、腎臓の不調を改善する働きもあると言われています。

[48] ウラニナイト
(Uraninite)「閃ウラン鉱」

成分：UO_2
硬さ：5〜6
産地：スウェーデン

数あるウラン鉱物中でも、最も重要な酸化ウラン鉱物の一つで、熱水鉱脈あるいは砂岩や礫岩などの成層堆積岩、ペグマタイトや花崗岩などの火成岩中に生成し、UO_2のUが酸化されて二分子以上のOを含むものを言います。

等軸晶系の六面体または八面体、十二面体の結晶を作ることもありますが、普通は塊状〔「ピッチブレンド」（Pichblende）と呼ばれています〕やブドウ状、粒状の晶癖をもちます。

色は、黒色か黒褐色で、条痕も同じです。

不透明でやや金属光沢か油脂光沢、漆黒光沢をもち、劈開はなく、断口は貝殻状から不平坦状を示します。

強い放射能を発します。

勇者、栄光、冒険を象徴する鉱物とされています。

固執した考えから解き放たれて、新たな発想と感覚に目覚め、これを行動に表すよう促す力があると言われています。

独立と自由を好み、理想を追い求めて開拓者の精神で夢を実現させるよう導く力があるそうです。

肝臓や胆嚢を強化する力があり、また、体内にたまってしまった毒素を排出する働きがあるとされています。

[49] ウルフェナイト
(Wulfenite)「モリブデン鉛鉱」

成分：$PbMoO_4$
硬さ：2.5〜3
産地：U.S.A.

　鉛および水鉛鉱床の酸化帯に、パイロモルファイト（Pyromorphite）「緑鉛鉱」やセルサイト（Cerussite）「白鉛鉱」、バナディナイト（Vanadinite）「褐鉛鉱」、ガレーナ（Galena）「方鉛鉱」などと一緒に産します。
　正方晶系に属した薄い板状の結晶をつくり、また、時には柱状で異極像を示すものや、塊状や粒状の晶癖をもつものもあります。
　色は、無色や灰白色のものもありますが、含有するクロム酸の分量によって、黄灰色、黄色、オレンジ色、赤色、褐色とだんだん色の濃い物となります。条痕は白色。
　透明から不透明の樹脂光沢または金剛光沢をもち、錐面に明瞭な劈開があり、断口はやや貝殻状を示します。
　名称は、この鉱物の発見者である、ウィーンの神父、F.X.Wulfenの名前にちなんで命名されました。

　意識を発展させたい時に持つと効果的とされる鉱物。
　雑念にとらわれることなく、次元を超越して、自己を高めることができるよう導く力があると言われています。
　持つ人の霊性を高め、幸福と末永く続く愛情をもたらしてくれるそうです。

　古くは若返りと解毒効果があるとされ、他には呼吸器官の不調を改善する力があると言われています。

[50]
ウレクサイト
（Ulexite）「曹灰硼鉱」

成分：$NaCaB_5O_6(OH)_6・5H_2O$
硬さ：2.5
産地：U.S.A.

　ナトリウムとカルシウムを含んだ含水硼酸塩鉱物。乾燥地域の乾涸した塩湖などに産出します。
　三斜晶系の針状結晶が、小さな団球やレンズ状の塊となり、中心部では繊維が放射状または不規則ですが、周辺部では平行に配列し、これがグラスファイバー効果となって、石の上部断面から下の図や字が浮かび上がって見えることから、テレビ石（TVrock）の別名がついています。
　個々の結晶は無色ですが集合体は純白となり、条痕は白色となります。
　透明から半透明で、ガラス光沢か絹糸光沢をもち、劈開は完全で、断口は不平坦状を示します。
　名称は、この鉱物の正確な分析をしたドイツの化学者、G.L.Ulexの名前にちなんで命名されました。

　明晰な思考、予想、順応を説く鉱物とされています。
　物事の内側を見つめることによって真実がわかるようになり、直面した問題にも、

原因をつきとめてこれを解決するよう導く力があると言われています。

創造力、耐久力を高めて周りの状況を的確に把握し、スムーズな人間関係を築けるよう促す力があるそうです。

手の病気や骨折の治療に用いられた他に、目にかかわる機能を正常に保つ働きがあると言われています。

[51]
エジリン
（Aegirine）「錐輝石」

成分：$NeFe^{3+}Si_2O_6$
硬さ：6
産地：カナダ

パイロクシーン（Pyroxene）「輝石」グループの一種で、中性火成岩と変成岩中に生成する鉱物。

単斜晶系に属する柱状や針状の集合体で見られることが多く、ロシアからは、針状の結晶が放射状に集合した立派なものが発見されました。

色は、暗緑色から黒色が通常ですが、変成作用を受けたマンガン鉱中には赤褐色のものも見られることがあり、条痕は帯黄灰色です。

劈開は、ほぼ直交する二方向に完全です。

名称の由来ですが、英名は北欧神話の海神の名Aegireから、日本名は、ノルウェーから結晶の先端が鋭く尖った形のものが産出したことから名付けられました。

活力と持久力を湧き立たせる石として、昔からお守りに用いられたとされる鉱物。

未知なる世界への飛翔を促し、士気を高める効果があると言われています。

恐怖心を取り除いて、直感力、洞察力を増強するそうです。

血液を浄化して身体の抵抗力を増強し、細胞の再生を促して、免疫力を強化する力があると言われています。

[52]
エナルガイト
（Enargite）「硫砒銅鉱」

成分：Cu_3AsS_4
硬さ：3〜3.5
産地：U.S.A.

銅と砒素の硫化物で、熱水鉱脈や交代鉱床中に生成します。地殻内の熱い溶液が上昇して、そこに元素が沈殿することによって形成されます。クォーツ（Quartz）「石英」やガレーナ（Galena）「方鉛鉱」、スファラライト（Sphalerite）「閃亜鉛鉱」、パイライト

（Pyrite）「黄鉄鉱」、チャルコパイライト（Chalcopyrite）「黄銅鉱」などと共産します。

斜方晶系に属する柱状や卓状結晶体となりやすく、結晶面には条線が縦に入っています。その他には、塊状や粒状の晶癖をもつものもあります。

色は暗灰色から黒までであり、条痕も同じです。

不透明で金属光沢をもち、劈開は明瞭で、断口は参差状を示します。

名称は、この鉱物が明瞭な劈開をもつことから、ギリシャ語ではっきりと明瞭なという意味のenargesに由来します。

霊的能力や洞察力、判断力を授かりたい時に幅広く使用されたと伝わる鉱物。

持つ人が、必要な時には、積極性のある意欲的な問題解決の方法が思い浮かび、実行してみようという気持ちに導く力があるとされています。

関節痛を伴った歩行困難の障害を取り除く働きがあると言われています。

---

[53]
エピドート
（Epidote）「緑れん石」

成分：$Ca_2(Fe^{3+},Al)_3(SiO_4)_3(OH)$
硬さ：6〜7
産地：スイス

エピドート・グループの代表とも言える鉱物で、変成岩の主要成分となったり、鉄苦土鉱物の熱水変質鉱物として産出し、また、スカルンとしても普通に広く分布しています。

単斜晶系の短柱状の結晶をつくり、多くはその結晶面に条線があります。また、卓状や針状の結晶も見られ、他には塊状や粒状、繊維上の晶癖をもつものもあります。

色は、緑色や黄色、灰色、灰白色、帯褐緑色、帯緑黒色、黒色のものなどがあり、条痕は無色か帯灰色です。

透明ないし不透明でガラス光沢をもち、劈開は一方向に完全で、断口は不平坦状を示します。

透明な結晶には、レモン黄色、緑黄色より、無色の多色性が見られます。

名称は、ギリシャ語で多彩な色の増加の意味のepidosisに由来します。

過去からの解放を暗示するとされる鉱物。

今までの固定概念から抜け出し、新鮮で生き生きとした発想を生み出すよう導く力があると言われています。

自由で発展的な考え方ができるようになり、現実の一日一日が一番大切であるということに気付かせてくれるようです。

軽い症状の病気の治療に用いると効果が高いとされ、内分泌の不調を改善する力があると言われています。

[54]
エメラルド
（Emerald）「翠玉」

成分：$Be_3Al_2Si_6O_{18}$
硬さ：7.5〜8
産地：コロンビア

　ベリル（Beryl）「緑柱石」の中で、最も稀有高貴な美しい緑色をしたものを言いますが、これは、この鉱物中に少量含有されたクロムの作用による発色だとされています。
　黒雲母片岩中などに主に産出しますが、他にはクォーツ（Quartz）「石英」に伴って、クリソベリル（Chrysoberyl）「金緑石」やフェナサイト（Fenaksite）と共産することもあります。
　六方晶系に属した長柱状、短柱状結晶体で発見されます。
　透明で、ガラス光沢をもち、劈開は不明瞭で、断口は貝殻状ないし不平坦状を示します。
　名称は、サンスクリット語の「スマラカタ」がギリシャ語で「スマクラグドス」、ラテン語で「スマラグダス」、その俗語で「スマラルダス」となり、古代フランス語で「エスメラルド」と変化し、emeraldとなったとされています。
　その昔、紀元前1650年に、エジプトの砂漠に発見されたのをはじめとする鉱物だと言われています。かの有名な絶世の美女クレオパトラもこの石に魅せられ、ついには自分の鉱山を持ってしまったそうです。
　古くからテオフラストスの『石について』をはじめ、様々な文献に取り上げられ、また、多くの伝説、逸話のある鉱物とされています。
　イライラした感情を鎮めて思考力を高め、心身をパワーアップする力があると言われています。

　肝臓病や食中毒、毒虫の刺し傷、眼病の治療薬として用いられていたようです。

[55]
エリスライト
（Erythrite）「コバルト華」

成分：$Co_3(AsO_4)_2 \cdot 8H_2O$
硬さ：1.5〜2.5
産地：モロッコ

　コバルト鉱の分解によって生じる二次鉱物。単斜晶系に属する短、板柱状の結晶体で発見される他には、粒状や、腎臓状、放射状、粉状、土状、皮殻状などで見ることができます。
　色は赤紫色やピンク色を示し、条痕は外観色より淡い色となります。
　光沢は面によって異なり、真珠光沢、金剛光沢、ガラス光沢などをもち、また、無艶、土状のものなどがあります。

結晶は、一方向に完全な劈開をもち、また、硬度が低く、薄い葉片は柔軟で、小刀で簡単に切ることができます。

いずれにしてもこの鉱物は、特徴のある深紅色やピンク色のものが、その含コバルト鉱石の表面を覆っていますので、その存在を示す好目標となる鉱物です。

名称も、ギリシャ語で特有な赤の意味のerythro-に由来します。

一説には、不調和を解消する力があるとされる鉱物。

知性と情念、緻密さと奔放性など二極を秘めた性格の人が持つと良い石と言われ、それぞれの場合によって、どちらを前面に出して適応したら良いかの判断が下せるよう導く力があるようです。

喉の粘膜を強化して細菌の侵入を防ぎ、脊柱に関する不調を改善する力があると言われています。

....

[56]
エルバイト
(Elbaite)「リチア電気石」

成分：$Na(Li,Al)_3Al_6(BO_3)_3Si_6O_{18}(OH)_4$
硬さ：7〜7.5
産地：ブラジル

11種類あるトルマリン（Tourmaline）「電気石」グループの中の一種で、リチウムを主成分として、様々な、色の範囲の広い、透明で美しい宝石となる種類のものを言います。

リチウムに富んだペグマタイト中などに産出します。

六方晶系の柱状結晶で、端面が底面一面のものが多く、柱面には縦の条線が見られます。

色は様々なものがありますが、紅色のものはルベライト（Rubellite）と呼ばれています。また、この種類では一個の結晶に二色以上あるものもあり、それが、結晶の表面部と中心部で緑色とピンク色に変わっていて、輪切りにするとスイカのようなので、ウォーターメロン・トルマリンと呼ばれています。

名称は、イタリアのElba島の島名にちなんで命名されました。

感受性豊かになって様々なメッセージを受け取りやすくなるために、古代のシャーマンが儀式に臨む際には、必ず身に着けた鉱物と伝えられています。

身体の各組織を活性化、提携させ、肉体と精神、感情のバランスを保って安定させる効果があると言われています。

中枢神経組織の再生を促し、循環や代謝、呼吸、消化などの機能向上を助ける働きがあるとされています。

[57]
エンジェライト
（Angelite）

成分：$SrCaSO_4$
硬さ：3.5
産地：ペルー

　ストロンチウムを含むアンハイドライト（Anhydrite）「硬石膏」。

　斜方晶系に属する卓状結晶や板状結晶体で産出することもありますがごく稀で、多くは塊状や粒状で発見されます。また、時にはその中に、ヘマタイト（Hematite）「赤鉄鉱」を斑点状に含んだものも見ることができます。

　色は、帯青灰色や青色、帯青空色、空青色のものなどがあり、その青色はγ線の照射によって得られるもので、天然の色も自然放射能によるものです。

　真珠光沢をもち、劈開は一方向に完全、または一方向にやや完全です。

　ペルーのナスカ地方と南アフリカで発見され、1989年以降から市場に出回り始めました。

　名称は、この鉱物の示す色が天使を想像させるところから、ギリシャ語のangelosに由来します。

　昔から、豊作と好天候に恵まれる「お守り石」として珍重された鉱物。本来、正しいとされる真理に触れる機会に恵まれ、より深く理解することによって自分自身が磨かれ、宇宙的な意識にまで達することができると言われています。

　深い愛を認識させてくれるそうです。

　鼻や喉の粘膜の炎症を抑えて痛みを和らげ、血液を浄化して、伝染病の治療にも効果があると言われています。

[58]
エンスタタイト
（Enstatite）「頑火輝石」

成分：$Mg_2Si_2O_6$
硬さ：5～6
産地：U.S.A.

　パイロクシーン（Pyroxene）「輝石」グループの一種で、マグネシウムと鉄と珪酸からなる鉱物。

　斑れい岩や粗粒玄武岩、ノーライト、橄欖岩など、塩基性または超塩基性の火成岩中に生成します。

　成分中のMgの一部がFeによって置換されて、$(Mg,Fe)_2Si_2O_6$で鉄分が10～30％の黄褐色のものをブロンザイト（Bronzite）「古銅輝石」と言っています。

　斜方晶系の柱状結晶をつくりますが、塊状や葉片状、繊維状などでよく産出されます。

色は、無色や灰色、緑色、黄色、褐色、黒色のものなどがあり、条痕は無色か灰色を示します。

透明から不透明に近いものまであり、ガラス光沢をもっています。

ほぼ直交する二方向に完全な劈開があり、断口は不平坦状となります。

名称は、この鉱物が高い融点（耐久性）のために、ギリシャ語で対抗者の意味のenstatesに由来します。

純粋な正義感を持ち続けたい人が身に着けると効果的とされる鉱物。

かかわる人たちに敬意をもって接することができ、誠実さと潔癖さで行動するところから、深い信頼を得ることができると言われています。

体内のミネラルバランスを調整して正常に保ち、化膿や炎症、細菌感染を防ぐ力があるとされています。

[59]
オーガイト
(Augite)「普通輝石」

成分：(Ca,Na)(Mg,Fe,Al,Ti)(Si,Al)$_2$O$_6$
硬さ：5.5〜6
産地：U.S.A.

パイロクシーン（Pyroxene）「輝石」グループの一種で、造岩鉱物の重要な一つとされ、マグネシウム、カルシウム、ナトリウム、鉄などを主成分とした珪酸塩鉱物です。

多くの塩基性と超塩基性の火成岩および高度変成岩中に生成します。

単斜晶系に属する短柱状結晶で、双晶をなすものもあります。他には塊状や緻密、粒状のものなどがあります。

色は、帯緑色、褐黒色、褐色、黒色のものなどがあり、条痕は帯灰緑色を示します。

透明から不透明に近いものまであり、真珠光沢ないしガラス光沢をもちます。

劈開は、ほぼ直交する二方向に完全で、断口は貝殻状です。

名称は、この鉱物が示す輝きから、ギリシャ語で光沢の意味のaugeに由来します。

物事を変えたいと思う時に持つと良いとされた鉱物。改善性が強いために、意識も向上すると言われています。

物事は、角度を変えて見ると違ったものに見え、また、今まで気付かなかった良い点が認識できるよう導く力があるとされています。

身体中の細胞組織の再生を促して活性化させ、また、カルシウム不足による不調を改善する力があると言われています。

[60] オーケナイト
（Okenite）「オーケン石」

成分：$Ca_{10}Si_{18}O_{46} \cdot 18H_2O$
硬さ：4.5〜5
産地：インド

　玄武岩などの火山岩の晶洞中に産出するものが多く、その他にはスカルン中やカーボナタイト（炭酸塩質の特殊な火成岩）中から、ゼオライト（Zeolite）「沸石」やアポフィライト（Apophylite）「魚眼石」、カルサイト（Calcite）「方解石」、クォーツ（Quartz）「石英」などを伴って産出します。
　三斜晶系の針状結晶が、放射状集合体、層状になったものなどでよく見られます。
　色は、無色や白色のものがあります。
　不透明ないし半透明で、絹糸光沢を放ち、劈開は一方向に完全です。
　名称は、ドイツの自然研究家、L.Ockenの名前にちなんでOckeniteとされましたが、後にOkeniteに変更されました。

　持つ人に、暖かな安心感を与えてくれるとされる鉱物。
　邪悪なものや有害なことから身を守る力があるとされ、状況や人間関係に行き詰まらないよう手助けしてくれると言われています。
　意識的な進歩を促し、目標へ向かってのしっかりとした足場を作れるよう導く力があるそうです。
　血液の循環を良くして体内の免疫力を高め、胃の痛みを和らげる効果もあると言われています。

[61] オーゲライト
（Augelite）

成分：$Al_2(PO_4)(OH)_3$
硬さ：4.5〜5
産地：カナダ

　単斜晶系に属する、柱状結晶や卓状結晶で発見される他に、それが針状に集合したものや塊状で見られることもあります。
　色は、無色や白色、帯黄色、淡青色、淡ピンク色のものなどがあります。
　透明でガラス光沢をもち、劈開面は真珠光沢があります。
　劈開は一方向に完全、一方向に良好で、断口は貝殻状を示します。
　産地が少なく、良い結晶の産出したアメリカのカリフォルニア州の鉱山も閉山してしまい、今では入手が困難となってしまいました。
　名称は、劈開面が光輝なところから、ギリシャ語で太陽の光の意味のaugeに由来します。

昔は、枕もとにおいて安眠を促す護符として使用されていたようです。

受け入れられないと思っていた相手の考え方にも目を向け、自分を外側から見つめることによって同調できるようになると言われています。

思考力を高めたい時に用いると良いそうです。

細胞の再生力を高めて、体内に溜まった脂肪や老廃物を除去する働きがあるとされています。

[62]
オーソクレース
（Orthoclase）「正長石」

成分：$KAlSi_3O_8$
硬さ：6〜6.5
産地：U.S.A.

フェルドスパー（Feldspar）「長石」グループ中の二つのサブグループの一つ、ポタッシウム・フェルドスパー（Potassium feldspar）「カリ長石」に属します。なお、同じグループに、マイクロクリーン（Microcline）「微斜長石」とサニジン（Sanidine）があります。

ペグマタイト中に単独で、または、アルバイト（Albite）「曹長石」やロック・クリスタル（Rock cristal）「水晶」などと共産します。

単斜晶系に属した柱状結晶体で見られますが、しばしば（100）を双晶面とするカルルスバット双晶、（021）を双晶面とする四角柱状のバベノ双晶、（001）を双晶面とするマネバッハ双晶などで発見されることがあります。

色は、白色や無色、淡黄色、紅色、灰色、緑色などで、条痕は白色です。

透明から半透明で、ガラス光沢から真珠光沢を示し、劈開は完全で、断口は不平坦状から貝殻状となります。

名称は、この鉱物の劈開が顕著なために、ギリシャ語で真っすぐの意味のortho-と割れ目の意味のklasisに由来します。

協力、目的達成、忍耐、不屈を象徴する鉱物とされています。

悲しみや怒り、不機嫌な気分を消し去り、有害となるものを浄化する力があると言われています。

直面した問題に対しては、直感力をもって解決できるよう導く力があるそうです。

古くは、骨や歯を強化する力があるとされ、他には、目の疲れや痛みを和らげる効果もあると言われていました。

[63]
オーピメント
（Orpiment）「石黄」

成分：As₂S₃
硬さ：1.5〜2
産地：中国

　中国では、赤いリアルガー（Realgar）「鶏冠石」を雄黄とし、黄色いこの鉱物を雌黄としました。両者とも砒素の硫化物で甚だ揮発しやすく、アルカリ性溶液にも溶けやすいため、火山の硫気孔などに昇華作用によって生じ、また、アルカリ性溶液から地表でできた鉱脈中に相伴なって産出します。
　単斜晶系に属しますが、斜方晶系に類した短柱状の結晶体で発見され、他には薄い葉片状の集合体や塊状、円柱状の晶癖のものもあります。
　色は普通黄色か橘黄色で、条痕は淡黄色を示します。
　半透明ないし透明で、樹脂光沢をもち、一方向に完全な劈開があって、その面は新鮮な時は黄金色の輝きがありますが、時間が経つと化学反応で曇ってしまいます。断口は不平坦状です。
　この鉱物の粉末からは黄色い顔料がとれ、従って、名称も金色の顔料の意味のauripigmentに由来します。

　『アラビア鉱物書』にはジルニーフ（zirnih）と記述され、「白くなるまで灰化し、次に銅を溶かして硼砂を少し加え、灰化した砒素を投入すると銅を白く美しくし……」とあり、当時の錬金術上の重要な黄色鉱物だったことを示しています。外観が金によく似ていたので、錬金術でよくいう「賢者の石」に対して「愚者の金」とされていました。
　知性を高めて判断力を正しい方向に導く力があり、傷ついた心を癒す効果もあると言われています。

　古くは歯を良くする力があるとされ、他には、火傷や腎臓の病気の治療に用いられたようです。

[64]
オーリチャルサイト
（Aurichalcite）「水亜鉛銅鉱」

成分：$(Zn,Cu^{2+})_5(CO_3)_2(OH)_6$
硬さ：1〜2
産地：メキシコ

　銅、亜鉛鉱床の変質酸化帯に、マラカイト（Malachite）「孔雀石」、クリソコラ（Chrysocolla）「珪孔雀石」、クープライト（Cuprite）「赤銅鉱」、スミソナイト（Smithsonite）「菱亜鉛鉱」などと共産する炭酸塩鉱物の一つ。
　斜方晶系に属する、針状か細かい網状の結晶体で発見される他、葉片状や鱗片状、羽毛状の結晶の集合体などで見られることもあります。
　色は、淡緑色や緑色、青緑色、天青色などのものがあり、条痕は淡青緑色を示します。
　透明で、絹糸光沢ないし真珠光沢をもちます。
　劈開は完全で、断口は不平坦状。やわらかいので、爪で簡単に傷ついてしまいます。
　塩酸によって発泡し、容易に溶けてしまいます。

　過去にとらわれて身動きできなくなって

しまった時に用いると効果的な鉱物と言われています。

自己を大切にしながら新しい環境や状況を創り出し、その中で自分の個性を思う存分発揮することができるよう導く力があるとされています。

心臓壁の不調を改善して血液の流れをスムーズにし、肺臓の働きとの相互作用を促す力があると言われています。

[65]
オトゥーナイト
（Autunite）「燐灰ウラン鉱」

成分：$Ca(UO_2)_2(PO_4)_2 \cdot 10\text{-}12H_2O$
硬さ：2〜2.5
産地：ブラジル

花崗岩質の堆積物中やペグマタイト中に、一次ウラン鉱物が変質することによって生成する燐酸塩鉱物の一つ。

正方晶系に属する、卓状や、小正方形の鱗片状の結晶をつくり、他には皮殻状や粒状などの晶癖をもち、大きな塊状ではなく、散点状でよく産出します。

色は、レモン黄色や黄緑色、リンゴ緑色などで、条痕は黄色を示し、紫外線によって鮮やかな黄色ないし緑黄色の蛍光を発します。

透明から不透明で、ガラス光沢ないし真珠光沢をもっています。

一方向に完全な劈開があって、マイカ（Mica）「雲母」のように見えることから、ウラン・マイカ（Uran Mica）「ウラン雲母」とも呼ばれています。

名称は、フランスの産地名Autunの地名にちなんで命名されました。

真実を追求する心、創造力、未来を象徴し、自己の発見、遠からぬ成功を暗示する鉱物と言われています。

何事にも持続力をもって対処し、継続していけるようになれるそうです。

精神を安定させる効果もあると伝えられています。

血管のつまりを改善して心筋を強化し、体中に酸素を行きわたらせるよう助ける働きがあると言われています。

[66]
オニクス
（Onyx）

成分：SiO_2
硬さ：7
産地：インド

名称の由来が、ギリシャ語で、爪（縞目）

を表す意味のオニクスを起源としている通り、初めは色の違った瑪瑙が交互に縞状になったバンデッド・アゲート（Banded agete）「縞瑪瑙」のことを言っていました。それからはオニクス・アゲート（Onyx agate）、つまり灰色の濃淡の直線平行の縞目をもつアゲートに用いられ、さらに、サードオニクス（Sardonyx）「赤縞瑪瑙」やブラック・オニクス（Black onyx）「黒瑪瑙」などにも適用されるようになりました。

今では広義に用いられ、縞大理石や縞のあるアラゴナイト（Aragonite）「霰石」なども、マーブル・オニクス（Marble onyx）メキシカン・オニクス（Mexican onyx）などと呼んでいます。

最近では、ただ単にオニクスと言うと、黒瑪瑙のブラック・オニクスを指す場合が多くなりました。

『アラビア鉱物書』ではジャズゥ（Gaz）、プリニウスの『博物誌』、アルベルトゥスの『鉱物書』ではオニュクス（Onyx）と呼ばれ、各々に「印章石として用いる人は心配事を抱え込み、悪夢を見るようになる」「相手に哀しみや恐怖、恐ろしい幻影、それに論争を引き起こさせる」などと記述されています。

古代インドやペルシャ、ヘブライ民族の間では、「悪霊から身を守る石」だとされ、肉体の内側にある本能を目覚めさせ、運動能力を刺激して、向上させる力があると言われています。

足の病気の治療に用いられた他には、精神の安定を促して、頭髪の悩みを解消する力があるとされています。

[67]
オパール
（Opal）「蛋白石」

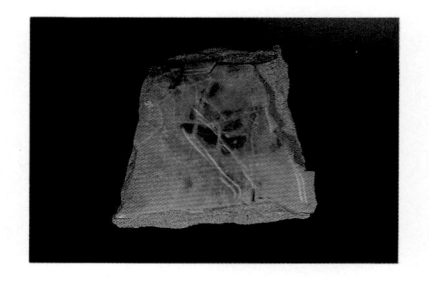

成分：$SiO_2 \cdot nH_2O$
硬さ：5.5〜6.5
産地：オーストラリア

非晶質で、珪酸の微球状粒子の立体配列で、色が美しく変彩の著しいものを言います。

産出は、メキシコ・オパール（Mexican opal）のように火山の溶岩の中にできるマウンテン・オパール（Mountain opal）と、オーストラリア・オパール（Australian opal）のように砂岩中にあるサンドストーン・オパール（Sandstone opal）の二つに大別されています。

前者は、一度固まった溶岩に珪酸分を含んだ熱水が作用してできたもので、それが高温かつ急速のために透明度が高く、変彩も著しくなります。

一方、後者は地下に沈んだ砂層が珪酸分を含む温水の作用でオパール化したもので、低温でゆっくりできたために透明度は低く、変彩も少なくなります。

色は、乳白色や橘色、赤色、黄色、灰色、緑色、黒色のものなどがあり、条痕は白色を示します。

透明から不透明で、ガラス光沢や樹脂光沢、真珠光沢をもち、劈開はなく、断口は貝殻状となります。

名称は、この石が美しく光っていたことから、ラテン語で「宝石」の意味のopalusに由来します。

プリニウスの『博物誌』ではオパルス（opalus）、オルフェウスの『リティカ』ではオパッリオス（opallios）、アルベルトゥスの『鉱物書』ではオフタルムス（ophtalmus）と呼ばれましたが、いずれの記述にも共通していることは、「この石の光の美しさは目にまぶしいほど」ということで、また、その効能も目にまつわることで一致しています。

古代の民族は、この石に魔術的な力があると信じ、また、その輝きから希望を象徴し、幸せを招く「お守り石」として崇拝したと言われています。

霊的能力、直感力を高め、意識を向上させる効果もあるそうです。

古くは眼病の治療に用いられ、また、視力を回復して、心臓、肺、血液の不調を改善する力があると伝えられています。

---

[68]
オブシディアン
(Obsidian)「黒耀石」

成分：SiO_2＋CaO,Na,Kなど
硬さ：5
産地：メキシコ

非晶質の火山質天然ガラスのことを言います。

粘性の高い酸性の溶岩が急速に冷えて生成するもので、世界各地の火山地帯から、円塊状や破片状、粒状などで産出します。

色は、灰色や黒色、黒色の地に赤褐色のものなどが見られます。

半透明ないし不透明で、ガラス光沢をもち、断口は鋭い貝殻状を示すことから、旧石器時代から物を切る道具として使われてきました。

微小針状インクルージョンの配列によって、ピンク色やゴールド色、シルバー色、レインボー色など、各色のシーン効果を見せます。

また、クリストバライト（Cristobalite）「方珪石」が円形白色斑としてインクルージョンしたものの、小さいものをスノーフレーク（Snowflake）、大きく点在するものをフラワー（Flower）と呼んでいます。

別に、半透明で小礫状のものは、アパッチ・ティアー（Apache tear）と言っています。

名称は、この石の発見者のObsiusの名前にちなんで命名されたと言われています。

有史以前から、道具や武器、仮面、宝飾品などに用いられ、この鉱物の破片が非常に鋭いために、刀、矢尻、短剣などに形作られました。

プリニウスの『博物誌』やオルフェウスの『リティカ』では、オプシアノス（opsianos）と呼ばれ、各々「鏡として物の影を映す」「松脂にこの石と他の二つのものを混ぜて火の上に撒くと、未来を予言する力をもたらす」と記述されています。

感情のバランスを保ち、希望が持てると同時に積極性が発揮されるよう導く力があると言われています。

脊柱を正常に保つ働きがある他に、貧血

などの血液の病気や男性の生殖器の病気の治療に用いられたようです。

[69]
オリゴクレース
(Oligoclase)「灰曹長石」

成分：$Ab_{90}An_{10}$～$Ab_{70}An_{30}$
硬さ：6～6.5
産地：U.S.A.

　フェルドスパー（Feldspar）「長石」グループ中の二つのサブ・グループの一つ、プラジオクレース（Plagioclase）「斜長石」類に属します。成分的には、アルバイト（Albite）「曹長石」が90～70％、アーノルサイト（Anorthite）「灰長石」が10～30％です。
　ペグマタイト中に産出し、三斜晶系に属しますが、結晶体で見られることは稀で、多くは塊状や粒状、緻密な晶癖のもので発見されます。
　色は、無色や淡緑色、赤色などのものがあり、また、この種類で代表的な宝石類は、微小な自然銅が一定方向に配列していて、赤褐色のアベンチュレッセンスを示すサンストーン（Sunstone）「日長石」です。条痕は白色。
　名称は、二つの劈開間の角度が約86°とアルバイトに比べて不完全なために、ギリシャ語で少ないの意味のoligosと割れ目の意味のklasisに由来します。

永続、安泰、信頼を説く鉱物とされています。
　保持力、保護力に優れ、汚染されたものや害を及ぼすものを遠ざけ、厄を除ける力があると言われています。
　肉体と感情、精神各々のバランスを保ち、これらを大地のパワーと融合させて、より大きな活力となるよう導く力があるそうです。
　体内の水分を保持する働きがあり、また、病気によって発生したストレスを解消する力があると言われています。

[70]
オリベナイト
(Olivenite)「オリーブ銅鉱」

成分：$Cu_2^{2+}(AsO_4)(OH)$
硬さ：3
産地：U.S.A.

　橄欖銅鉱とも言い、銅鉱床の酸化帯に、マラカイト（Malachite）「孔雀石」やアズライト（Azurite）「藍銅鉱」などと共産する鉱物。
　斜方晶系の扁平柱状結晶体で発見される他、針状や腎臓状、繊維状または塊状や皮膜状などで見られることがあります。
　色は、多くのものは暗緑色で、その他には淡緑色、灰白色のものなどがあり、条痕はオリーブ・グリーン色です。

透明から不透明で、金剛光沢またはガラス光沢をもち、繊維状のものは真珠光沢を示します。

断口は貝殻状または参差状で脆く、劈開はありません。

この鉱物が発表されたのは、1820年のR.Jamesonの評によります。

名称は、この鉱物が発見された当時、オリーブ・グリーン色をしていたことにちなんで命名されました。

勇気ある行動をとりたい時に持つと効果的とされる鉱物。

身近に起こった問題も、優れた直感力と行動力をもってすばやく解決できるよう導く力があると言われています。

無気力さを消し去り、何事にも積極的に取り組もうとする意欲を持たせる働きがあるそうです。

脳にかかわる不調を改善する他には、血液の循環を良くする力があると言われています。

....

[71]
ガーネット
(Garnet)「柘榴石」

成分：種類により異なります。
硬さ：種類により異なります。
産地：種類により異なります。

珪酸塩鉱物の類質同像のグループの名称で、鉱物学的には14種類の鉱物に分けられますが、本書では、以下の6種類について触れています。詳しくは各項目をご覧ください。

● グロッシュラーライト
　（Grossularite）「灰ばん柘榴石」

● パイロープ（Pyrope）「苦ばん柘榴石」

● アルマンディン
　（Almandine）「鉄ばん柘榴石」

● スペサルタイト
　（Spessartite）「満ばん柘榴石」

● アンドラダイト
　（Andradite）「灰鉄柘榴石」

● ウバロバイト（Uvarovite）「灰格柘榴石」

1月の誕生石とされているガーネットですが、この14種類に共通している結晶体の美しさによるところも大のようです。等軸晶系の二十四面体や十二面体、またはその両方が合わさった三十六面体の結晶で発見され、その結晶面の美しいものは「天然のカット宝石」と言っても過言ではありません。

名称も、この鉱物の形が、柘榴の果実の中の粒に似ているところから、ラテン語で種子の意味のgranatusに由来し、また、日本名も柘榴石と命名されました。

古くはカルブルクルス「燃える石炭」と呼ばれ、身を守り、優れた治療薬として用いられた最も古い宝石だと言われています。

古代エジプト、ギリシャ、ローマで、宝飾品はもとより、寺院、教会の窓などにはめ込まれたりして使われ、ノアの方舟の伝説では、この石を明かり代わりに吊り下げたと言われています。

持つ人に変わらぬ愛情が保証され、忠実さや貞節を守る力があるとされています。

血液の循環を良くして心臓病の治療に用いられ、また、体内の毒素を排除する力があると言われています。

[72] カーネリアン
（Carnelian）「紅玉髄」

成分：SiO_2
硬さ：6.5～7
産地：インド

縞目のない無地の赤色のアゲート（Agate）「瑪瑙」を言います。

岩石の空隙中に層状に沈殿したり、その崩壊によって生じた砂礫中から産出します。

石英の顕微鏡的な結晶が集まって塊状になったカルセドニー（Chalcedony）「玉髄」の中でも、珪酸沈殿の状態で組織に粗密ができて、紅色になったり縞模様になるものをアゲートと呼びます。

この鉱物中に微量に含まれる鉄分の影響で、赤色や赤橙色、帯褐赤色などとなります。通常、産出する時には色が薄く、加熱すると鉄分が酸化されて濃い色になります。

名称は、ラテン語で肉の意味のcarnisに由来するとも、同じくラテン語で、新鮮の意味のcarneolusを語源とするとも言われています。

古くから様々な国の人たちの間で使用されてきた鉱物で、紀元前2500年頃のメソポタミア、ウル王墓からこの石の首飾りが発掘されたのをはじめ、装飾品や印鑑、印章としてよく用いられ、その有名なものにナポレオンの八角形の印章があります。

力強さと勇気を与えるとされ、真実を見分けて自分自身の力を十分に発揮することが可能となり、与えられた仕事も成功に導く力があると言われています。

古くは出血を止める効果があるとされ、また、他には神経痛や肝臓の病気の治療にも使用されたと伝えられています。

[73] カオリナイト
（Kaolinite）「高陵石」

成分：$Al_2Si_2O_5(OH)_4$
硬さ：2～2.5
産地：イギリス

アルミニウムの含水珪酸塩で、カオリン鉱物中では最も代表的なもの。カオリン鉱物には、このカオリナイトの他にはディッカイト（Dickite）、エンデライト（Endellite）などがあり、中でも、このカオリナイトは最も低温で生成され、凝灰岩、花崗岩、長石などが変化したものとされています。

三斜晶系に属する小さな偽六角形の薄片

状や鱗片状の結晶を作る他、塊状や緻密、土状、粘土状の塊のものもあります。

色は、本来白色ですが、しばしば赤褐色や黒色に汚染されてしまいます。条痕は白色。

透明ないし半透明で、真珠光沢から土状光沢をもち、劈開は底面に完全で、断口は不平坦状を示します。

名称は、中国の江西省の高陵（Kauling）村に産出する粘土状のこの鉱物が、陶磁器の原料として重要なことから、その地名にちなんで命名されました。

古くはこの鉱物に油を注いだものには薬効があると信じられ、また、発展、将来への希望、思いやりの心を暗示する鉱物だと言われていました。

人生の途中で突き当たってしまった壁を乗り越えられるように力を与え、しっかりとした自己を築いて周りの意見にも支配されることなく、最後まで自身を貫けるよう導く力があるとされています。

古くは肌をなめらかにする効果があるとされ、また、耳、鼻、喉、食道にかかわる不調を改善する力があると言われていました。

[74]
カコクセナイト
（Cacoxenite）「カコクセン石」

成分：$(Fe^{3+},Al)_{25}(PO_4)_{17}O_6(OH)_{12} \cdot 75H_2O$
硬さ：3〜4
産地：U.S.A.

結晶水を含む燐酸鉄の鉱物で、鉱床の酸化帯中、低温成鉱脈中のリモナイト（Limonite）「褐鉄鉱」中に発見されます。

六方晶系の針状や毛髪状、繊維状などで表れ、また、それらが中心から放射状に広がる扇状やボール状などでよく見られます。

色は、黄色や黄褐色、黄金色などで、条痕は黄褐色となります。

なお、日本の宝飾界でのカコクセナイトと言うと、紫色や茶水晶の地に黄色のゲーサイト・インクルージョンを含むものを示します。

名称は、この鉱物が、細かくて気付かれにくいところから、ギリシャ語で無愛想な、親切でないの意味のkakoxeniosに由来します。

昔から、霊的エネルギーの強い石だとされ、古代のチェコスロバキア民族は、儀式の際にモルダバイト（Moldavite）「ガラス隕石」と一緒に持って、宇宙的意識にまで到達したとされています。

瞑想にも優れた効果を発揮するそうです。

古くから「聖なる治療薬」として様々な病気の時に用いられたとされ、また、代謝機能を活発にする働きがあると言われています。

[75]
カバザイト
（Chabazite）「菱沸石」

成分：$CaAl_2Si_4O_{12} \cdot 6H_2O$
硬さ：4～5
産地：アイルランド

　ゼオライト（Zeolite）「沸石」の一種で、玄武質溶岩の空洞中や一部の石灰岩中に生成する鉱物。
　ハーモトーム（Harmotome）「重十字沸石」やフィリプサイト（Phillipsite）「灰十字沸石」、ヘウランダイト（Heulandite）「輝沸石」など他のゼオライトグループの鉱物やクォーツ（Quartz）「石英」、カルサイト（Calcite）「方解石」と共に産します。
　三斜晶系（擬六方晶系）の偽六面体や菱面体の結晶をつくり、たいていは双晶になっています。
　色は、無色や白色、帯黄色、帯ピンク色、サーモンピンク色、帯赤白色、帯緑色などで、条痕は白色を示します。
　透明ないし半透明でガラス光沢をもち、劈開は一方向に明瞭です。
　名称は、ギリシャ語で霰、雹の意味のchalazaに由来します。

　変革、達成、安堵を意味する鉱物とされています。
　惰性に流されてしまって続けていたことを、終わらせたい時に用いると効果的と言われています。
　今の自分にとって何が必要かが認識でき、それ以外のものは、たやすく手放すことができるようになるそうです。

　内分泌腺の働きを助けて、身体の発育や新陳代謝を活発にするよう導く力があるとされています。

[76]
カバンサイト
（Cavansite）「カバンシ石」

成分：$Ca(V^{4+}O)Si_4O_{10} \cdot 4H_2O$
硬さ：3～4
産地：インド

　凝灰岩中などに、スティルバイト（Stilbite）「束沸石」や同じ化学組成のペンタゴナイト（Pentagonite）「ペンタゴン石」などと共産する鉱物。
　斜方晶系の結晶が球状に集合したものなどでよく見られます。
　色は、深い青色をしていますが、それは、この鉱物の主成分のバナジウムの作用によるものです。
　半透明ないし不透明で、稀には透明石もあり、真珠光沢およびガラス光沢を帯びています。

名称は、この鉱物の主成分の元素名Calcium、Vanadium、Siliconを詰めてCavansiteとし、1973年に発表されました。

直感力を増強したい人が持つには最適の鉱物とされています。

心の中に広がってしまった恐怖心を取り除いて、穏やかで優しい気持ちに導く力があると言われています。

退屈でたまらない毎日に終止符を打ち、新たな気持ちで日常を過ごせるようになるそうです。

目の疲れを取り除いて、視力を回復する働きがあると言われています。

---

[77]
カヤナイト
（Kyanite）「藍晶石」

成分：Al_2SiO_5
硬さ：4.5〜7
産地：ブラジル

礬土質の片岩中に産出する珪酸アルミニウム鉱物で、アンダリュサイト（Andalusite）「紅柱石」、シリマナイト（Sillimanite）「珪線石」とは同質異像です。

三斜晶系の刃状結晶や柱状結晶、卓状結晶体などでよく見られ、その他には繊維状や塊状で発見されることもあります。

色は、白色や帯緑色などのものもありますが、藍青色がこの鉱物特有の色とされています。条痕は無色。

透明ないし半透明でガラス光沢があり、劈開は完全で、断口は不平坦状を示します。

硬度は方向によって異なり、上下軸では4.5、これに直角には7で、そのため、ディスシーン（Disthene）「二硬石」の別名もあります。

名称は、英名がギリシャ語で青色の意味のkyanosに由来し、日本名は、この鉱物が結晶しやすいことから藍晶石となりました。

従順、適応、清浄を表す鉱物とされています。

肉体と精神、感情のバランスを保って各々を提携させ、一つの大きな力にして体中を満たすよう導く力があると言われています。

直感力、洞察力を高めて霊性を養い、また、創造力、表現力を豊かに保つ働きがあると伝えられています。

脳下垂体、甲状腺、生殖腺などの内分泌作用を高め、身体の発育、新陳代謝を活発にする力があるとされています。

[78]
カルカンサイト
（Chalcanthite）「胆ばん」

成分：$Cu^{2+}SO_4・5H_2O$
硬さ：2.5
産地：U.S.A.

　硫酸塩鉱物の一つで、化学的な名称では硫酸銅となります。
　銅または鉄の他の含水硫酸塩と共に二次鉱物として産出し、この酸化作用はたいてい、天から降る雨によってもたらされ、また、逆に地底から湧きあがる熱水も、鉱脈を変質させることがあります。その他、鉱脈の横抗や縦抗に水が浸透して、天井や地番に皮殻状や鍾乳状で形成されることもあります。
　三斜晶系に属する短柱状や厚板状の結晶をつくり、他には鍾乳状や繊維状、塊状、粒状、緻密、被膜状のものもあります。
　色は、空色から濃青色、帯緑色まであり
ますが、乾燥した空気中では、脱水して表面より不透明緑白色になってしまいます。条痕は無色。
　透明ないし半透明でガラス光沢をもち、劈開は無く、断口は貝殻状を示します。

　確立、意欲的、積極性を意味する鉱物とされています。
　会話や自己表現の仕方が上手になり、自身や周りを取り巻いている環境を、自分に合ったものに変えていく力があると言われています。
　意識を高いところにまで導き、これを上手に維持していくよう保つ働きがあるようです。

　昔は、手や足などの関節に起こった炎症を抑える力があり、また、それによって起こる痛みを和らげる働きがあると言われています。

[79]
カルサイト
（Calcite）「方解石」

成分：$CaCO_3$
硬さ：3
産地：メキシコ

　クォーツ（Quartz）「石英」と共に最もポピュラーな脈石鉱物で、アラゴナイト（Aragonite）「霰石」とは同質異像となります。
　六方晶系に属して、多種多様の晶相のものがありますが、通常は平たい結晶の「釘頭状」と、尖っている「犬牙状」の二種類がよく見られ、その他には塊状で産することもあります。なお、石灰岩や大理石は、この結晶の粒状集合体です。
　三方向（菱面体方向）に完全な劈開があ

って、割るとマッチ箱を潰したような菱型になります。

色は、純粋なものは無色ですが、鉄分を含むと黄色、マンガンが入るとピンク色となり、他にも灰色や緑色、青色などのものがあります。条痕は白色か灰色を示します。

透明ないし不透明で、複屈折が高いために、この鉱物を通して物を見ると、二重に見える現象が生じます。

名称は、この鉱物の主成分となる元素Caの語源となった、ラテン語で石灰の意味のcalxに由来します。

古代ギリシャやローマでは、この鉱物の粒状集合体の「大理石」マーブル（Marble）を彫刻品や建築材として用い、中国やチベットでは、この鉱物を粉にして治療薬として使用したと言われています。

繁栄、成功、希望を表すとされ、また、身体と精神、感情のバランスを保ってエネルギー不足を補う力があると伝えられています。

体内の老廃物を排泄して体液を清浄に保ち、カルシウム分の消化作用を助ける働きがあると言われています。

---

[80]
カルセドニー
（Chalcedony）「玉髄」

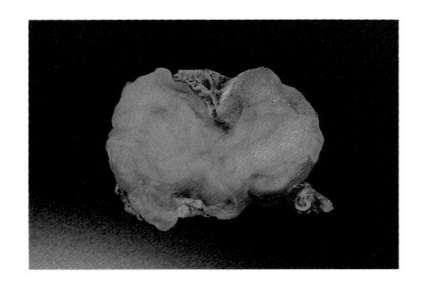

成分：SiO_2
硬さ：6.5～7
産地：U.S.A.

様々な岩石、特に溶岩の空洞の内面に生成する鉱物。珪酸を多量に含む溶液が比較的低温で沈殿してできるのが、一般的とされています。

二酸化珪素の微晶質鉱物の変種で、腎臓状やブドウ状、鍾乳状の塊で産出します。

色は、白色や灰色、青色、淡褐色、暗褐色、黒色など様々で、条痕は白色を示します。

透明ないし不透明でガラス光沢をもち、劈開は無く、断口は貝殻状となります。

ところで、このカルセドニーの中でも、縞模様があったり、インクルージョンが含まれたり、美しい色のものはアゲート（Agate）「瑪瑙」と呼ばれています。また、これらのうち赤色のものはカーネリアン（Carnelian）、緑色のものはクリソプレーズ（Chrysoprase）という別名をもちます。

名称は、ギリシャの町カルセドンから産出することから、そのギリシャ語chalkedonが語源となり、Chalcedonyとなったそうです。

古くから世界各地の様々な民族に多種多様な使われ方をしたとされる鉱物で、特に、ビーズやカメオなどの細工を施した装飾品や、手紙、記録などの封印に用いられる印章などが、広く知られた使用例です。

穏やかな寛容さが強調されて平和な気持ちになるとされ、隣人愛とも言うべき優しさに満ちた態度で接することができるよう導く力があると言われています。

昔は様々な精神障害の治療に用いられ、他には、体内に十分な栄養を行きわたらせる働きがあるとされています。

[81]
ガレーナ
（Galena）「方鉛鉱」

成分：PbS
硬さ：2.5〜3
産地：U.S.A.

鉛のほとんど唯一の鉱石で、熱い溶液が地殻の表面近くまで上昇して、熱水鉱脈中に生成します。よく、フローライト（Fluorite）「蛍石」やクォーツ（Quartz）「石英」、カルサイト（Calcite）「方解石」、スファラライト（Sphalerite）「閃亜鉛鉱」、パイライト（Pyrite）「黄鉄鉱」などと共産し、比較的よく見られる鉱物です。

等軸晶系の立方体や、八面体の結晶を形成する他、塊状や粒状、繊維状のものなどがあります。また、腐蝕のために面角が丸くなったり、面の虫食い状の穴があいているものもあります。

色、条痕とも鉛灰色で、新しい面は光の強い金属光沢をもつ不透明石です。

結晶または塊状のものには、六面体面にきわめて完全な劈開があり、断口はやや貝殻状を示します。

古くは、ギリシャ語で鉛を指す言葉のモリュブドスと呼ばれ、完全、高度な意識、正しい見識を表す鉱物とされていました。

精神と肉体のバランスを保って、理由の無い恐怖心を払い除ける力があると言われています。

優れた学識に恵まれ、挫折感にとらわれても、すぐに立ち直ることができるよう導く力があるようです。

頭皮および毛髪の毛根付近の細胞の再生を促し、新陳代謝を活発にする働きがあると言われています。

[82]
カンクリナイト
（Cancrinite）「カンクリン石」

成分：$Na_6Ca_2Al_6Si_6O_{24}(CO_3)_2$
硬さ：5〜6
産地：U.S.A.

16種からなるカンクリナイト・グループに属する鉱物で、多くの火成岩中に生成します。塩基性岩石に一次鉱物として生成するか、霞石の変質鉱物として生成し、閃長岩中にソーダライト（Sodalite）「方ソーダ石」と共産することが多く、また、片麻岩などの高度な広域変成岩中から発見されることもあります。

六方晶系に属する柱状結晶をつくることもありますがごく稀で、多くは塊状で産出します。

色は、無色や白色、黄色、オレンジ色、

ピンク色、帯赤色、帯青色などのもので、条痕は無色となります。

透明から半透明で、ガラス光沢か真珠光沢、油脂光沢をもち、劈開は完全で、断口は不平坦状を示します。

名称は、この鉱物が初めて発見されたロシアの当時の大蔵大臣、G.Cancrinの名前にちなんで1839年に命名されました。

我慢強さ、忍耐を象徴する鉱物とされています。

目の前に立ちはだかった障害を乗り越えていこうという意欲を湧き立たせる力があると言われています。

持つ人の個性を尊重し、それを強調しながら、周りとのコミュニケーションも上手に取れるよう導く力があるそうです。

喉、眼、消化器官、循環器系にかかわる病気の治療に用いられたようです。

---

[83]
キャシテライト
(Cassiterite)「錫石」

成分：SnO_2
硬さ：6〜7
産地：中国

錫の主要鉱石で、高温の熱水鉱脈中に、クォーツ（Quartz）「石英」やチャルコパイライト（Chalcopyrite）「黄銅鉱」、トルマリン（Tourmaline）「電気石」を含む鉱物と共産します。

正方晶系に属す柱状や低い錐状の結晶体で発見されるものがあり、また、接触双晶、透入双晶、反復双晶などで見られることもありますが、多くは塊状や粒状、砂状などで確認されます。

色は、帯黄色や赤褐色、褐黒色のもの、また、黄色、灰色、白色、無色のものなどがあり、条痕は白色、灰色、帯褐色を示します。

透明ないし不透明で、劈開はなく、断口は不平坦状からやや貝殻状となります。

この鉱物は重くて硬く、金剛光沢が強く反射することから、ティン（Tin）、ティン・オア、ミラー・ティンなどとも呼ばれています。

名称は、ギリシャ語で錫の意味のkassiterosに由来します。

古代ギリシャでは、占星術師がよく用いたとされる鉱物。

困難な事柄に直面した時にも、その問題点の一つ一つを細かく分析して、緻密な計画のもとに、着実で正確な答えを出すことができるよう導く力があると言われています。

注意深くなりたい時に持つと効果があるそうです。

内分泌腺の働きをよくして、身体の発育や新陳代謝を活発にする力があると言われています。

[84]
キャストライト
(Chiastolite)「空晶石」

成分：Al_2SiO_5
硬さ：7.5
産地：中国

アンダリュサイト（Andalusite）「紅柱石」の変種で、珪酸礬土鉱物の変質鉱物です。また、カヤナイト（Kyanite）「藍晶石」、シリマナイト（Sillimanite）「珪線石」とは同質異像鉱物です。

アルミナに富んだ水成岩と火成岩との接触変成帯や雲母片岩中、ペグマタイト中などに産出しますが、カヤナイト、シリマナイトと比べると、この鉱物は低温低圧側でできるのを特徴としています。

斜方晶系の短柱状結晶で、その底面に平行な断面で黒十字形の炭質物質を包有した不透明石のことを言い、俗にクロスストーンまたはマルクとも呼ばれています。

名称は、ギリシャ語で対角線的な配列の意味のchiastosに由来します。

古くはこの鉱物が示す黒十字の模様から、宗教上の信仰心の印として用いられたと言われています。

不安や恐怖心を取り除き、新しいことに挑戦しようという意欲を湧き立たせるよう導く力があるとされています。

創造力、実行力を強化する働きがあるそうです。

昔は解熱剤として使用したとされ、他には遺伝子の異常によって起こる病気を防ぐ力があると言われています。

[85]
キュープライト
(Cuprite)「赤銅鉱」

成分：$Cu_2^{1+}O$
硬さ：3.5〜4
産地：ナミビア

銅鉱床の酸化帯で見られ、コッパー（Copper）「自然銅」やマラカイト（Malachite）「孔雀石」、アズライト（Azurite）「藍銅鉱」、チャルコサイト（Chalcocite）「輝銅鉱」などと共産する鉱物。

等軸晶系に属する八面体や六面体、十二面体の結晶をつくったり、塊状や緻密、粒状のものなどがあります。

色は、赤色や暗赤色、赤褐色、帯紫赤色、ほぼ黒色のものなどがあり、条痕は赤褐色を示します。

透明ないし半透明で、金剛光沢とやや金属光沢、または土状光沢をもちます。

硬度が低く脆いためにカットするのは困難とされ、また、カット面が変化を受けて

2〜3年で黒変することがあります。
　名称は、ラテン語で銅の意味のcuprumに由来します。

　古くは、エネルギッシュになりたい時に用いたとされる鉱物。
　いつも前向きの姿勢で、自信に満ちた生き方ができるよう導く力があると言われています。
　何事にも多面性があることに気付き、一方向からだけでなく、いろいろな角度から見つめることによって、また新たな良い点が発見できるよう促す力があると伝えられています。

　腎臓の働きを活発にして体中の血液や体液のバランスを保ち、溜まってしまった老廃物を体外に排除する力があるとされています。

[86]
クーケイト
（Cookeite）「クーク石」

成分：$LiAl_4(Si_3Al)O_{10}(OH)_8$
硬さ：2.5
産地：U.S.A.

　クローライト（Chlorite）「緑泥石」グループの一種の、リシウム鉱物。
　火成岩、堆積岩、変成岩の造岩鉱物として分布し、また、ペグマタイト中にも産出します。
　単斜晶系に属しますが、偽六方晶系の板状結晶体で発見される他には、円い集合体で見られることもあります。
　色は、白色や帯黄色、淡紅色、緑色、褐色のものなどがあります。
　半透明でガラス光沢をもち、劈開は一方向に完全で、マイカ（Mica）「雲母」とよく似ていますが、その劈開片は弾力性に乏しく、撓曲してもすぐに砕けてしまい、単軸性のものを中心とした6区分に分かれます。
　名称は、アメリカの化学者、J.P.Cookeの名前にちなんで命名されました。

　どんな状況下においても、客観的で冷静な判断が下せるよう働きかける力があると言われています。
　一時の感情にとらわれることなく、いつでも理性的な考え方ができ、緻密で合理性に富んだ生活ができるよう導く力があるとされています。

　小腸の不調を改善する力があり、消化および吸収力を強める働きがあると言われています。

[87]
クォーツ
（Quartz）「石英」

成分：SiO₂
硬さ：7
産地：ブラジル

　代表的なペグマタイト性鉱物で、造岩鉱物の第一にあげられ、各種の岩石中に含まれたり、鉱脈で金属鉱石と共に産出したりします。
　六方晶系の柱状結晶体で見られ、また、それらが双晶をなしたものや、塊状、粒状、団塊状、鍾乳状、微晶質などでも発見されます。
　色は、無色や黄色、褐色、黒褐色、ピンク色、紫色、緑色、青色など多様ですが、条痕は白色を示します。
　透明ないし半透明で、ガラス光沢をもち、劈開は無く、断口は不平坦状から貝殻状となります。
　珪酸（SiO₂）を主成分とするクォーツは、その色、透明度、結晶の集合構造などで各種に分類され、これらをまとめてクォーツ・グループとしています。以下にそれらの名称をあげますが、詳しくは各項目をご覧ください。

- 透明結晶石……ロック・クリスタル、アメジスト、シトリン、スモーキー・クォーツ、セージニティック・クォーツ、アベンチュリン、デンドリチック・クォーツ
- 半透明塊状石……ローズ・クォーツ、ミルキー・クォーツ
- 潜晶質半透明石……カルセドニー、カーネリアン、クリソプレーズ、アゲート、ブルーレース・アゲート
- 潜晶質不透明石……ジャスパー、ブラッドストーン

　太古の昔から様々な地域の人々に、ビーズの装飾品や通貨として用いられ、また、祈祷や儀式、あるいは病気治療などの際にも使用されたと言われています。
　すべてに対しての調和を生み出し、それらを統合、強化して、よりパワフルな力を発揮するよう導く力があるとされています。
　あらゆる面での優れた浄化力があるそうです。

　新陳代謝を活発にして細胞の再生を促し、免疫力を高めて体内に蓄積された毒素を排除する力があると言われています。

．．．．．．．．．．．．．．．．．．．．．．．．．．．．．．

[88]
グラファイト
（Graphite）「石墨」

成分：C
硬さ：1〜2
産地：アルゼンチン

　炭素の単体鉱物で、黒色で高度1と大変に軟らかく、同じ素体で同質異像の光輝く高度10のダイヤモンド（Diamond）「金剛石」とは大変な違いがあります。
　粘板岩や片岩などの変成岩に生成します。
　六方晶系の板状結晶体で見られる他には、葉片状や放射状、鱗状、粒状などで発見されることもあります。
　色は黒色や黒灰色で、条痕は鋼灰色を示し、不透明ですが、金属光沢をもちます。
　結晶体では底面に完全な劈開があり、断

口は不平坦状です。

耐火、耐薬品性で電導性も良く、従って電極や原子炉用材料、耐火物、鉛筆の芯などの広い用途があります。

名称は、ギリシャ語で書くという意味のgrapheinに由来します。

この鉱物のもつ「電導性に優れている」という性格上から、古くは儀式や病気の治療の際に、祈祷師たちが「神聖な道具」として用いたと伝えられます。

精神、肉体、意識などの各々のエネルギーを提携、増幅する力があると言われています。

怒りの感情を抑える働きがあるともされています。

細胞の再生を促して体の各組織を活性化する働きがあり、また、殺菌および解毒の作用もあると言われています。

---

[89]
クリーダイト
（Creedite）「クリード石」

成分：$Ca_3Al_2(SO_4)(F,OH)_{10} \cdot 2H_2O$
硬さ：3.5〜4
産地：U.S.A.

ハロゲン化鉱物の一つで、よくゴールド（Gold）「金」と共存しています。

単斜晶系の斜角柱状や粒状結晶体で発見される他には、放射状に集晶したものなどでも見ることができます。

色は、無色や白色、ローズ色、ライラック色、赤紫色などのものがあります。

透明ないし半透明でガラス光沢をもち、劈開は一方向に完全です。

ごく稀少石の一つで、この石のカットされたものは、世界中にほんの僅かしかないと言われ、大きさも2カラット以下の小サイズ石だそうです。

名称は、産地であるアメリカ、コロラド州のCreede Quadrangleの地名にちなんで命名されました。

霊的な感性を刺激するのに効果的とされ、占いや治療をする際には好んで持たれた鉱物とされています。

頭の中に描いたイメージを、実際の言葉や行動によって表現できるよう導く力があると言われています。

忍耐力も養うそうです。

しっかりとした骨格を作って体全体を安定させる力があり、また、脊柱を強化するのにも使用されていたようです。

[90]
クリストバライト
（Cristobalite）「方珪石」

成分：SiO_2
硬さ：6.5〜7
産地：U.S.A.

クォーツ（Quartz）「石英」の同質異像で、1470℃と1713℃間の変態鉱物ですが、さらに熱学的に分類すると、低温型の、αクリストバライトと高温型のβクリストバライトに分けられます。このα型を加熱すると、常圧下では198〜240℃でβ型に変わると言われています。

αクリストバライトは、正方晶系（擬等軸晶系）の八面体や十二面体の結晶で、無色ないし白色のもので見られ、βクリストバライトは、等軸晶系の皮殻状や脈状などに低温で生成される場合と、高温で火成岩中の晶洞などに産出する場合とがあります。

この鉱物はよく、オブシディアン（Obsidian）「黒耀石」にインクルージョンとして見られ、小さく点在するものをスノーフレーク・オブシディアン、大きく点在するものをフラワー・オブシディアンと呼んでいます。

名称は、この鉱物がメキシコのChristóbal産のために、その地名にちなんで命名されました。

心眼を開く力があるとされる鉱物。

直感力や洞察力を高めて未知なる出来事を予知し、また、その対処方法などを察知することが可能となるよう導く力があるそうです。

瞑想時に使用すると効果が高いとされ、また、高次元のメッセージを受け取ることもできると言われています。

古くは眼にかかわる病気の治療に用いられたとされ、他には消化器系の不調を改善する力があるとされています。

[91]
クリソコーラ
（Chrysocolla）「珪孔雀石」

成分：$(Cu^{2+},Al)_2H_2Si_2O_5(OH)_4 \cdot nH_2O$
硬さ：2〜4
産地：メキシコ

銅鉱床の変質帯中に、マラカイト（Malachite）「孔雀石」やアズライト（Azurite）「藍銅鉱」、キュープライト（Cuprite）「赤銅鉱」と共に生成します。

単斜晶系に属する針状の微小な結晶をつくり、放射状や緻密な集合体を形成します。他には塊状や土状、微晶質、ぶどう状のものなどがあります。

色は、純粋なものは青色ですが、不純物を含んで褐色や黒色になるものもあり、条

痕は白色を示します。

透明から、不透明に近いものまであり、ガラス光沢から土状光沢をもっています。

単独では多く見られず、また、質も脆いのですが、クォーツ（Quartz）「石英」が浸み込んで固化されたものは硬度7となり、宝飾用に加工も可能となり、これをアメリカではジェムシリカと呼んで珍重しています。

名称は、ギリシャ語で金の意味のchryso-と膠（にかわ）の意味のkollaに由来します。

名称の由来からわかるように、古代の宝石師が金をつなぐのに、この鉱物を使っていたそうです。

繁栄、幸運、仕事の成功を象徴する石と言われ、情緒を安定させて、何事にも愛をもって対処できるよう導く力があるとされています。

美的感覚に訴える力が強く、芸術関係に携わる時に持つと良いそうです。

膵臓や肝臓にかかわる病気の治療に用いられる他に、筋肉を増強する力があると言われています。

[92]
クリソプレーズ
（Chrysoprase）

成分：SiO_2＋ニッケル分＋酸化物
硬さ：7
産地：オーストラリア

淡緑色や黄緑色のカルセドニー（Chalcedony）「玉髄」を言います。

潜晶質の珪酸で、岩石中の割れ目や空洞の内面に、皮殻状や腎臓状、鍾乳状などで、また、低温鉱脈の脈石として発見されます。

透明ないし半透明で、脂光沢を放ちます。

この鉱物が示すアップル・グリーン色は、含有されているニッケル分の作用による発色で、翡翠によく似ていて、オーストラリアが主産地のために、オーストラリアン・ジェードの商業名で販売されます。

また、これとは別に、緑色に人工着色したカルセドニーのことをクリソフレーズ（Chrysophrase）と言い、日本では単にクリソと称しています。

名称は、この鉱物の示す色から、ギリシャ語で金の意味のchryso-とニラの意味のprasonに由来します。

古代ローマ時代から、カメオ（浮き彫り）などを施した指輪やペンダントなどの装身具として用いられ、また、優れた治療薬としても使用されたと言われています。

怒りの感情を抑えて極度の緊張を和らげ、希望を持たせて隠れた才能や能力を引き出す力があるとされています。

古くは痛風やてんかんを防ぐ力があるとされ、また、体内の毒素や老廃物を排除して肝臓の働きを高める効果もあると言われています。

[93]
クリソベリル
(Chrysoberyl)「金緑石」

成分：$BeAl_2O_4$
硬さ：8.5
産地：ブラジル

　ベリリウムとアルミニウムの酸化鉱物で、花崗岩ペグマタイト中や雲母片岩中、苦灰岩中などに産出します。
　斜方晶系に属する板状結晶体や六方車輪状の双晶で見られることが多く、その他には礫状で発見されることもあります。
　色は、黄色や帯緑黄色、帯黄緑色、緑色、褐色のものなどがあり、透明ないし半透明で、ガラス光沢をもっています。
　硬度が高く、透明で美しいものは宝石として珍重されています。
　この鉱物の変種として知られているものに、アレキサンドライト（Alexandrite）「アレキサンドル石」（48ページ参照）とキャッツ・アイがありますが、このキャッツ・アイとは元来効果のことを指し、それは、半透明の石をカボション・カットすることによって一条の光が現れる現象のことで、他の石でも見られるのですが、この鉱物のものが一番有名です。
　名称は、ギリシャ語で黄金の意味のchrysosに由来します。

豊穣、実り、光輝を表す鉱物とされています。
　古くから「悪魔の眼」から身を守る効果のある石とされ、また、「霊性を高める石」として様々な地域で用いられたと言われています。
　精神と肉体を統合してこれらを一体化させ、自己の描いている理想に近いものにするよう導く力があると伝えられています。
　再生と発展を促す力もあるそうです。

　細胞の再生を促す力がある他、腎臓や脾臓、膵臓の病気の治療にも効果があると言われています。

[94]
クリノクロワ
(Clinochlore)「斜緑泥石」

成分：$(Mg,Fe^{2+})_5Al(Si_3Al)O_{10}(OH)_8$
硬さ：2〜2.5
産地：イタリア

　10種類あるクローライト（Chlorite）「緑泥石」グループに属する鉱物で、その代表とされ、セラフィナイト（Seraphinite）と呼ばれるものもあります。
　火成岩、堆積岩、変成岩の造岩鉱物として広く世界的に分布していて、ペグマタイト中には数センチメートルという大きな結

晶も見ることができます。

単斜（ギリシャ語で傾くの意味の言葉はclino）晶系の六角板状結晶や片状、鱗片状、緻密質などのものがあります。

色は、ギリシャ語のchlorosの名前の通り黄緑色を示しますが、稀には含有したクロムの作用で紫紅色になったカメレライト（Kämmererite）「菫泥石」というこの鉱物の変種も発見されます。条痕は無色か帯緑白色です。

透明ないし不透明で、真珠光沢をもち、劈開は一方向に完全で、断口は不平坦状となります。

霊性に目覚めたい時や邪悪なものから身を守りたい時に用いると良いとされる鉱物。どんな人とも上手にコミュニケーションがとれ、対人関係を良くして交遊範囲を広くするのに効果的と言われています。

人なつこい性格が強調されて社会生活にも長所として表れ、仕事も順調に運ぶよう導く力があるそうです。

神経を組織する主体となる細胞を活性化する働きがあり、他には肌をなめらかにする力もあると言われています。

[95]
クリノゾイサイト
（Clinozoisite）「斜灰れん石」

成分：$Ca_2Al_3(SiO_4)_3(OH)$
硬さ：6〜7
産地：メキシコ

エピドート（Epidote）「緑れん石」グループに属する鉱物ですが、鉄分子Feを10％以上含有すればエピドートで、10％以下だとこのクリノゾイサイト、鉄分子を含まなければゾイサイト（Zoisite）「灰れん石」となります。

接触変成を受けた石灰岩中や広域変成岩に生成し、成分はゾイサイトと同じですが、結晶系は、エピドートと同じ単斜晶系の柱状結晶や卓状結晶などとなります。

色もエピドートは濃色ですが、この鉱物は無色や淡黄色、灰色、ピンク色などの淡色のものが多く、条痕は無色ないし帯灰色を示します。

透明でガラス光沢をもち、劈開は一方向に完全です。

名称は、ゾイサイトと同質異像として単斜晶系のためにこの名となりました。

物事における様々な意見や考え方の融合を図る時に持つと効果的とされる鉱物。

各々の良い面を引き出してそれらを提携させ、それぞれの個性を尊重し合いながら統合する力があると言われています。

創造力も養うそうです。

心肺機能を高めて、空気中の酸素と体中の炭酸ガスを交換する作用を促す力があると言われています。

[96]
クローライト
（Chlorite）「緑泥石」

成分：$(Mg,Al,Fe,Li,Mn,Ni)_{4-6}(Si,Al,B,Fe)_4O_{10}(OH,O)_8$
硬さ：1～4
産地：ロシア

　クローライトはグループ名で、10種類の鉱物が属しています。
　火成岩や堆積岩、変成岩の造岩鉱物となることが多く、この鉱物を含む岩石は緑色となります。また、ペグマタイト中にも産出しますが、その場合は結晶体のこともあり、中には数センチメートルのものなどもあります。
　単斜晶系（擬六方晶系）の六角板状や三角柱状の結晶体で発見されたり、鱗状、緻密質でよく見られます。
　底面に完全な劈開があり、マイカ（Mica）「雲母」に似ていますが、弾力に乏しく、すぐに砕けてしまいます。
　色は緑色や暗緑色、褐色のものなどがあり、半透明でガラス光沢をもっています。
　名称は、ギリシャ語で緑色の意味のchloro-に由来します。

　古くは「痛みを和らげる魔法の石」と崇められたとされる鉱物。
　怒りや嫉み、憎悪などの感情を鎮める働きがあり、精神と肉体を統合して、各々に浄化作用を高める力があると言われています。
　瞑想に用いると宇宙的意識にまで到達するそうです。

　血液の循環を良くして細胞の再生を促し、体中を栄養分で満たして体力を増強する力があるとされています。

[97]
クロコアイト
（Crocoite）「紅鉛鉱」

成分：$PbCrO_4$
硬さ：2.5～3
産地：オーストラリア

　鉛鉱床の露頭部に、パイロモルファイト（Pyromorphite）「緑鉛鉱」、セルサイト（Cerussite）「白鉛鉱」、バナジナイト（Vanadinite）「褐鉛鉱」などに伴って産する二次鉱物。
　単斜晶系の柱状結晶体で発見されることが多く、その他には、長柱状結晶体や粒状などで見られることもあります。
　色は、赤橙色や輝赤色、オレンジ色、黄色のものなどがあり、条痕は橙黄色を示します。
　稀に透明のものもありますが、大多数は不透明で、金剛光沢ないしガラス光沢をもちます。

柱面に明瞭な劈開があり、断口は不平坦状ないし貝殻状となります。

名称は、この鉱物がオレンジ色や黄色を示すことから、ギリシャ語でサフラン色の意味のkrokosに由来します。

前進、希望、清浄を象徴する鉱物とされています。

現状から抜け出して、良い方向に導く力があると言われています。

心身のバランスを整える力が強く、それを持続して肉体と精神の浄化を促し、癒しの効果を大きくする働きがあるとされています。

新陳代謝を活発にして身体の発育を促し、生殖組織の不調を改善する力があると言われています。

[98]
グロッシュラーライト
（Grossularite）「灰ばん柘榴石」

成分：$Ca_3Al_2(SiO_4)_3$
硬さ：6.5〜7.5
産地：メキシコ

ガーネット（Garnet）「柘榴石」グループの一種で、石灰岩の接触変質帯などに発見されます。

等軸晶系の斜方十二面体や二十四面体等の結晶で見られる他には、礫状、破片状などでも産出することがあります。

色は、無色や黄色、黄金色、褐色、緑色など様々ですが、条痕は白色です。

透明ないし半透明で、ガラス光沢ないし樹脂光沢をもち、劈開はなく、断口は不平坦状から貝殻状を示します。

褐色で透明のものはヘッソナイト（Hessonite）、緑色透明石はツァボライト（Tsavorite）と呼ばれ、他にもメキシコ産で黄緑色石のサロストサイト（Xalostocite）、ピンク色石のローゼライト（Roselite）などがあります。

名称は、シベリアのビリュイ川産の淡緑色のガーネットが西洋すぐりの一種のグロッシュラリア（Grossularia）に似ているところから命名されました。

古くから、様々な地域で「身を守り優れた治療力を持つ石」として崇められ、古代ギリシャ、ローマでは、この石を材料としてカメオ、インタリオ、カボションを作り、宝飾品として使用したと言われています。

決断力、実行力を養い、肉体と精神、感情のバランスを保って、体中に活力を行きわたらせる働きがあるとされています。

血行を良くして内臓の働きを活発にし、ビタミンやミネラルなどの吸収力を高める効果があると言われています。

[99] クロマイト
（Chromite）「クロム鉄鉱」

成分：$Fe^{2+}Cr_2O_4$
硬さ：5.5
産地：カナダ

　スピネル（Spinel）「尖晶石」グループに属するクロムと鉄の酸化物で、クロームの唯一の鉱石となります。
　塩基性あるいは超塩基性の火成岩中に生成します。漂砂鉱床にはこの鉱物を含むものが多く、よく蛇紋岩中にウバロバイト（Uvarovite）「灰格柘榴石」やカメレライト（Kämmererite）「菫泥石」などと共産します。
　等軸晶系に属する八面体の結晶をつくりますがごく稀で、多くは塊状や粒状、団塊状のものとなります。
　色（ギリシャ語でchroma）は、赤褐色や黒褐色、黒色のものなどがあり、条痕は暗褐色をしています。
　不透明ないし半透明でやや金属光沢をもち、劈開はなく、断口は不平坦状を示します。
　赤褐色の半透明石はファセット・カットされますが、ごく稀少品とされています。

　実行力を身に着けたい人が持つと効果的とされる鉱物。
　何事にも積極的にファイトをもって相対することができるようになると言われています。
　失敗を恐れず、何度でも挑戦してみようという気持ちに導く力があるとされています。

　声帯を含めた咽頭にかかわる病気の治療に用いられ、また、身体全体の調子を整える働きもあると伝えられています。

[100] クンツァイト
（Kunzite）

成分：$LiAlSi_2O_6$
硬さ：6.5〜7
産地：ブラジル

　スポデューメン（Spodumene）「リチア輝石」のピンク色のものを言います。
　花崗岩質ペグマタイト中に、レピドライト（Lepidolite）「リチア雲母」、エルバイト（Elbaite）「リチア電気石」などのリチウム鉱物とよく共産します。
　単斜晶系に属した、かなり大きな結晶や塊状で見ることができ、柱状結晶の場合は垂直軸に平行な条線や溝があることが多く、また、劈開性の塊として産出したりします。
　透明から半透明でガラス光沢をもち、劈開は完全で、断口は不平坦状を示します。
　名称は、アメリカの宝石の権威者、Kunz博士の名前にちなんで命名されました。ま

た、1902年にアメリカのカリフォルニア州で最初に発見されたために、カリフォルニア・アイリスとも呼ばれています。

無限の愛、自然の恵み、純化された存在を表す鉱物とされています。

純粋さを貫き、肉体と精神、感情のバランスを保って安定させ、様々なものを浄化する力があると言われています。

愛と平和に満ちあふれた空間の中に身を置くような、繊細かつ雄大な気持ちになれるよう導く力があるようです。

心臓や動脈などの血管を強化して血液の流れを良くし、体中に酸素を行きわたらせる働きがあるとされています。

[101]
ゲーサイト
(Goethite)「針鉄鉱」

成分：α-Fe^{3+}O(OH)
硬さ：5〜5.5
産地：U.S.A.

主には、鉱床の酸化帯に二次鉱物として産出しますが、時には、低温成鉱脈中に初生的に生成されることもあります。

斜方晶系に属する柱状結晶体や板状、針状結晶の放射状集合体で見られることもありますが、通常は肝臓状や鐘乳状の表面をした塊状で発見されます。

色は、帯黄褐色や帯赤褐色、褐色、褐黒色、黒色のものなどがあり、条痕は橙色か褐色を示します。

不透明で、結晶面はやや金属光沢、繊維状のものは絹糸光沢をもち、劈開は一方向に完全、一方向にやや完全です。

この鉱物は、宝石中のインクルージョンとしてもよく知られ、トパーズ（Topaz）、サンストーン（Sunstone）「日長石」、ロック・クリスタル（Rock crystal）「水晶」、アメジスト（Amethyst）「紫水晶」中などに見ることができます。

名称は、ドイツの文豪ゲーテ（Goethe）の名前にちなんで命名されました。

古くは、「まじない能力をもたせる石」として崇められたとされています。

高い集中力をもたらして、未来を予知する力を授けると言われています。

様々な発想のもと、新しい角度からの発見をもたらし、適応力も養うそうです。

目まいや耳鳴り、難聴、吐き気、おう吐などの症状を改善する力があると言われています。

[102]
ゲーレナイト
（Gehlenite）「ゲーレン石」

成分：$Ca_2 Al(AlSi)O_7$
硬さ：5～6
産地：U.S.A.

　メリライト（Melilite）「黄長石」グループの一つで、玄武岩質の溶岩や接触変成を受けた石灰岩中に生成します。
　正方晶系に属する短柱状の結晶体で見られることもありますが、多くは塊状や粒状で産出します。
　色は無色や黄色、灰白色、帯灰緑色、淡褐色、褐色のものなどがあり、条痕は決められていません。
　透明ないし半透明で、ガラス光沢および樹脂光沢をもちます。
　劈開はなく、断口は不平坦状ないし貝殻状を示します。
　1815年に、スウェーデンの化学者、Fuchsによって発表されましたが、名称は、友人のA.F.Gehlenの名前にちなんでの命名です。

　洞察力や直感力を増強したい時に持つと効果的とされる鉱物。
　持つ人の心の痛みを和らげて、楽天的な気分に導く力があると言われています。
　自信に満ちた行動がとれ、また、自分の性格の特徴をそのまま活かした生き方ができるよう働きかける力があるそうです。

　骨格組織の病気の治療に用いられる他、カルシウム分の消化吸収を助ける働きがあると言われています。

[103]
ケルスータイト
（Kaersutite）「ケルスート閃石」

成分：$NaCa_2(Mg,Fe^{2+})_4 Ti(Si_6Al_2)O_{22}(OH)_2$
硬さ：5～6
産地：U.S.A.

　アンフィボール（Amphibole）「角閃石」グループの一種で、アルカリ火成岩中にイルメナイト（Ilmenite）「チタン鉄鉱」を伴って、パイロクシーン（Pyroxene）「輝石」やマイカ（Mica）「雲母」などと共産する鉱物。
　単斜晶系の短柱状結晶、長柱状結晶体で見られ、色は、緑色や褐色、黒色のものなどがあります。
　劈開は、約56°で交わる二方向に完全です。
　この鉱物の特徴としては、アルミニウムに富み、さらに、チタンを含有していることです。
　名称は、主産地であるグリーンランドの地名、Kaersutiにちなんで1884年に命名されました。

古代ギリシャ民族の間で、「富と幸運をもたらす石」として崇められたとされる鉱物。

竹を割ったような性格と曖昧さのない純粋な考え方が強調され、いつでも的確な直感力で物事が判断できるよう導く力があると言われています。

独創力も養うそうです。

循環器系の病気の治療や脱水状態の改善、また、筋肉の伸縮性を増大する働きがあると言われています。

....

[104]
コーパル
(Copal)

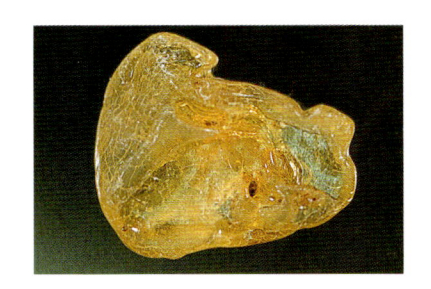

成分：O,C,H＋H_2S
硬度：2〜2.5
産地：コロンビア

アンバー（Amber）「琥珀」によく似た天然樹脂のことで、鉱物というよりは、むしろ植物に属するものですが、地中より採取されるために、従来便宜上鉱物として取り扱われています。

成分は、酸化含水炭素を主成分とし、非晶質で塊状や小片状で発見されます。

色は、無色や橙黄色、帯黄褐色のものなどがあり、透明ないし半透明で樹脂光沢をもちます。

最も硬いものはアンバーの代用品として用いられますが、比重がアンバーよりも小さく、食塩水に入れるとコーパルは浮き、アンバーは釣り合います。

アフリカ、南アメリカ、ニュージーランドなどに産出し、アルコール、エーテル、テレビン油などに溶解して、主に塗料ニスとして用いられています。

古くから「霊力を高める神聖なお守り」として珍重され、また、様々な病気の治療薬としても用いられたと伝えられています。

アステカ人は、当時の貴重な貢ぎ物として、このコーパルを玉にして王に贈ったと文献に残されています。

肉体と精神の微妙な点を調整してこれらを提携させ、互いの統合を図って向上していけるよう導く力があると言われています。

古代では、自然の抗生物質的な使われ方をしてきた鉱物で、粉やそれを液体に溶かしたりして用いられていたようです。

....

[105]
コーベライト
(Covellite)「銅藍」

成分：CuS
硬さ：1.5〜2
産地：U.S.A.

　銅鉱床の酸化帯に、パイライト（Pyrite）「黄鉄鉱」やエナルガイト（Enargite）「硫砒銅鉱」などと共産する、銅の硫化鉱物の一つ。六方晶系の薄い六角板状の結晶や、その薄い板が集合して塊状になったものなどで発見され、色は、その日本名にも示す通りの藍色で、条痕は暗灰色から黒色まであります。
　不透明石で、やや金属光沢ないし樹脂光沢をもち、劈開は一方向に完全で、断口は不平坦状となります。
　非常に強い異方性のある鉱物の一つで、乾燥系では深青より灰青色の反射多色性があり、油浸系では著しく変化して、紫紅より紅味を帯びた緑灰色に変わる反射多色性を有します。この乾燥系と油浸系との色調の差が強いのは、この鉱物が方位の異なる微細粒結晶の集合体であるということを示すものです。
　英名は、イタリアのベスビオ火山の鉱物として発見した、N.Covelliの名前にちなんで名付けられました。

　霊的能力を授かりたい時によく使用されたと言われる鉱物。
　与えられた物事に対して、地味ながら一歩一歩地に足を着けた、着実な努力を積み重ねて成就できるよう導く力があるとされています。
　反省と調査の精神を養うそうです。

　新陳代謝を活発にして細胞の再生能力を高め、また、体内に溜まってしまっている毒素を一掃するよう働きかける力があると言われています。

[106]
コーラル
（Coral）「珊瑚」

成分：$CaCO_3 + 3\%MgCO_3$
硬さ：3.5〜4
産地：中国

　南海の底に育つサンゴ虫の軸骨で、樹枝状の骨格を言います。採取の際の生死により、生木、枯木、落木の三種に分類され、また、宝飾用の貴重なサンゴは、八放サンゴ類といって個虫が8本の触手をもつ種類で、珊瑚礁をつくる石サンゴは、個虫が六本ないしその倍数の触手をもつ六放サンゴ類で、別種のものとなります。
　貴重サンゴはその色によって、アカサンゴ（赤色）、シロサンゴ（白色）、モモイロサンゴ（ピンク色）、ベニサンゴ（紅色）に分類されます。半透明ないし不透明で、鈍いガラス光沢を放ちます。
　時には珊瑚特有の木目模様のあるものや、寄生虫穴（カモラート）を残すものも見られます。

　語源をギリシャ語のkorallionとして、古代から洋の東西を問わず、広い地域の人々の間で様々な用い方がなされ、ローマでは子供のお守りとして、インドでは護符として、そして中国では七宝の一つとして珍重されてきたと言われています。また、海や河

を安全に渡り、嵐を鎮める力があるとされ、船乗りのお守りとして崇められたそうです。

イライラして混乱してしまった感情を鎮め、慈愛に満ちた心に導く力があるとされています。

古くは不妊予防に効果的とされ、他には解熱作用があり、また、発狂を抑える力があると言われていました。

---

[107]
ゴールド
（Gold）「金」

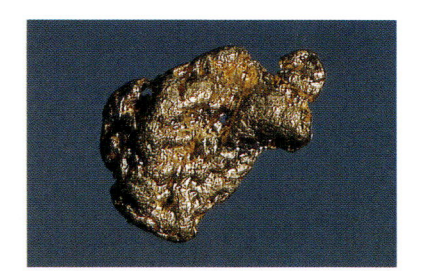

成分：Au
硬さ：2.5〜3
産地：オーストラリア

人類が最初に用いた金属と思われ、7千年前のエジプトの石器時代には既に用いられ、その後も金属の王としてあらゆる民族に珍重されてきました。

金には山金と砂金があり、山金は鉱山の鉱脈中から自然金として産出され、大半は銀分などを含んでいて、金の純度は低くなります。砂金は、主に河床や海岸の砂中から発見されるもので、漂流中に銀分が溶解して、純度の高い金となります。

等軸晶系の正八面体結晶やその変形結晶体などで産出したり、その小結晶が連なった網状や樹枝状、粒状、塊状などで見られるものもあります。

色は、条痕とも黄金色ですが、銀の多いものは黄色味が少なくなります。

不透明で強い金属光沢をもち、劈開はなく、断口は針状を示します。

古代七金属の一つで、その輝きと純正さは鉱物中の最高位を占め、それゆえに、この金をめぐる欲望は、時と地域を超えていつでも人々をとりこにしてきました。

名誉や富、幸福をもたらす宝物としたり、「偉大なる治療薬」として様々な病気の際に用いられたりしたそうです。

心身のバランスを保ってパワーアップし、また、優れた浄化力であらゆるものを純粋にすることができると言われています。

血液の循環を良くして神経系統を強化し、肉体すべての調整に関する症状を改善するのに用いられていたようです。

---

[108]
コールマナイト
（Colemanite）「灰硼鉱」

成分：$Ca_2B_6O_{11} \cdot 5H_2O$
硬さ：4.5
産地：U.S.A.

含水硼酸カルシウムの鉱物で、蒸発岩鉱床に生成します。

単斜晶系に属する短柱状結晶や偽菱面結晶をつくりますが、粒状や緻密な塊状、丸い集合体のものもあります。

色は、無色や白色、乳白色、黄白色、灰色ものもがあり、条痕は白色です。

透明から半透明で、ガラス光沢ないし金剛光沢をもちます。

劈開は一方向に完全で、断口は不平坦状ないし貝殻状を示します。

塩酸に溶け、熱で溶融しやすく、炎を緑に変える性質があります。

脆くて割れやすいために、カットは難しいのですが、無色透明のものはファセット・カットされる場合もあります。

名称は、アメリカのカリフォルニアの硼素鉱業の創始者、W.T.Colemanの名前にちなんで名付けられました。

一つの問題に取り組む時、どちらかというと精神面に重点を置いて考えるようになるとされています。

物質や肉体などにとらわれているかぎりは、なかなか魂や人格のステップ・アップを図ることができないということに気付かせてくれる鉱物だと言われています。

動脈にかかわる不調によって起こる様々な血液の循環障害を防ぐ力があるとされています。

[109] ゴシュナイト
(Goshenite)

成分：$Be_3Al_2Si_6O_{18}$
硬さ：7.5～8
産地：U.S.A.

ホワイト・ベリルとも言い、ベリル（Beryl）「緑柱石」の無色のものを指しますが、純粋の無色のものは少なく、他のベリルの色合いのごく淡い色味を帯びているものも含めています。

ペグマタイト中などに、よくクォーツ（Quartz）「石英」と共産します。

六方晶系の六方柱状の結晶体で発見される他、塊状や緻密、円柱状の晶癖をもつものもあります。

含有成分としてよくセシウムが見られ、条痕は白色となります。

透明ないし半透明でガラス光沢をもち、劈開は不明瞭で、断口は不平坦状から貝殻状を示します。

名称は、アメリカのマサチューセッツ州ハンプシャー郡のゴッシェンがこの鉱物の産地であることにちなんで命名されました。

幸運、創造力、魂の浄化、聡明を表す鉱物とされ、古くは真理を探求したい時に持つと効果的と言われていました。

雑念にとらわれることなく強い信念と集

中力をもって行動し、目標に到達できるよう導く力があるとされています。
　物事の向上、発展に貢献する働きがあるようです。

　身体中に活力を満たして、運動能力を一定の水準に保つ力があると言われています。

[110]
コスモクロア
（Kosmochlor）

成分：$NaCr^{3+}Si_2O_6$
硬さ：6
産地：ミャンマー

　パイロクシーン（Pyroxene）「輝石」グループの中の一種で、ユレーアイト（Ureyite）「ユレー石」とも呼ばれていました。
　初めは、1965年に鉄とニッケルの合金の塊である隕石中から発見され、その時は濃緑色のクロムを主成分とする未知の輝石とされていました。
　その後、1948年にビルマ産のヒスイ輝石中から発見されたのを皮切りに、イタリアのピーモント産やアメリカのカリフォルニア・メンドシノ産、ひいては日本産のヒスイ輝石中からも発見されました。
　よく共産するものに、アルバイト（Albite）「曹長石」やホーンブレンド（Hornblende）「角閃石」、クロマイト（Chromite）「クロム鉄鉱」などの鉱物があり、単斜晶系の多結晶質集合体でよく見られます。
　色は、エメラルド緑色を示します。
　劈開は一方向に完全、一方向に良好です。
　名称は、ギリシャ語で宇宙の意味のkosmo-と緑色の意味のchlorosに由来します。

　基礎的な知恵を授け、豊かな想像力と感受性で意識のレベルを上げることができるとされる鉱物。
　精神、肉体、周りの環境などの調整を図り、すべてのバランスを保って平穏で慈愛に満ちた優しい気持ちになるよう導く力があると言われています。

　皮膚の病気の治療や循環器、血管などの不調の改善に用いられ、また、毛髪の成長を促す力もあるとされています。

[111]
コッパー
（Copper）「銅」

成分：Cu
硬さ：2.5～3
産地：U.S.A.

　単体で存在する元素鉱物の一つで、銅鉱床の上部や玄武岩、緑泥片岩、礫岩中など

から発見されます。

　等軸晶系の八面体の結晶が樹枝状に集合したものや、皮殻状、塊状などで見ることができます。

　色は独特の赤銅色で、新しい切り口は淡紅色ですが、酸化して錆びると銅褐色に変色します。条痕は赤銅色。不透明で金属光沢をもちます。

　熱および電気の良導体で、展性、延性に富んでいますので、金工用材料として重要視されています。

　また、この鉱物の元素には着色成分があり、それがマラカイト（Malachite）「孔雀石」やダイオプテーズ（Dioptase）「翠銅鉱」には緑色を、ターコイズ（Turquoise）「トルコ石」やクリソコラ（Chrysocolla）「珪孔雀石」には青色を与えています。

　名称は、この鉱物が東地中海のキュプロス島産のため、ラテン語でキュプロス島産の金属の意味のcuprum aesに由来します。

　この鉱物は、古くから様々な使用例があり、既に紀元前5000年にはビーズやピンなどの装飾品として用いられ、また、紀元前3000年頃のメソポタミアでは、この鉱物にスズを加えたブロンズ（Bronze）「青銅」で日用品などが作られ、薬としてもよく用いられたと伝えられています。

　発展性のある考え方になり、行動力も高める働きがあると言われています。

　倦怠感や無気力感を取り除く力もあるようです。

　古くは関節炎の治療薬として用いたとされ、その他には血液の循環を良くして心身をエネルギーで満たし、体内の毒素を排除する働きがあるとされています。

[112]
コニカルサイト
（conichalcite）「粉銅鉱」

成分：$CaCu^{2+}(AsO_4)(OH)$
硬さ：4.5
産地：U.S.A.

　アデライト（Adelite）「アデル石」グループの一種で、カルシウムと銅の砒酸塩鉱物です。

　銅鉱床上部の酸化帯の岩の割れ目や、リモナイト（Limonite）「褐鉄鉱」の隙間などから、クリノクラサイト（Clinoclasite）「斜開銅鉱」、マラカイト（Malachite）「孔雀石」、アズライト（Azurite）「藍銅鉱」、ジャロサイト（Jarosite）「鉄明ばん石」などに伴われて産出します。

　斜方晶系の短柱状結晶体でも発見されますが、通常は、腎臓状の皮殻、放射繊維状の塊などでよく見られます。

　色は、黄緑色や草緑色、エメラルド緑色のものなどがあります。

　不透明ないし半透明でガラス光沢をもち、劈開はありません。

　名称は、ギリシャ語で石灰の意味のkonisと銅の意味のchalkosに由来します。

　いかなる環境にもすぐに馴染み、自分らしさを全面に打ち出して生き生きと表現できるよう導く力があるとされています。

直感力や理解力を増強して物事の真の意味を察知し、直面した問題に対しては洞察力をもって解決できるよう働きかける力があると言われています。

腎臓の働きを活発にして血液の状態を良くし、体内の老廃物を排除する力があるとされています。

[113]
コバルタイト
（Cobaltite）「輝コバルト鉱」

成分：CoAsS
硬さ：5.5
産地：スウェーデン

コバルト、砒素、硫黄を主成分とした、コバルトの鉱石としては最も重要な鉱物。

緻密なスカルン鉱物中や接触変成鉱床中などに、パイライト（Pyrite）「黄鉄鉱」、エリスライト（Erythrite）「コバルト華」、カルサイト（Calcite）「方解石」などと共に産出します。

単斜晶系に属しますが、外形は六面体、五角十二面体、八面体などのパイライトに似た結晶体で見られたり、また他には、粒状の集合体や緻密塊状などでもよく発見されます。

色は、幾分赤みを帯びた銀白色ですが、長く空中にさらすと、紫がかった鋼灰色や黒色に変色してしまいます。条痕は灰黒色。

不透明で金属光沢をもち、六面体のものには一方向に完全な劈開があります。

名称は、コバルト石であることを示しています。

向上心、日々の積み重ねを象徴する鉱物とされています。思考が前向きになり、何事にも積極的に取り組もうという意欲を湧きたたせる効果があると言われています。

精神面での発展を助けて、もう一段階レベル・アップできるよう導く力があるそうです。

異常な細胞の分裂を正常化する他には、細胞質の不調を改善する力があるとされています。

[114]
コランダム
（Corundum）「鋼玉石」

成分：Al_2O_3
硬さ：9
産地：スリランカ

酸化アルミニウム鉱物の結晶したものを言います。

珪酸の少ない火成岩や、アルミニウムの

豊富な変成岩中に生成します。
　六方晶系の菱面体や、鋭角の両錐状、柱状、卓状などの結晶をつくる他、塊状や粒状の晶癖をもつものもあります。
　色は様々ですが、条痕は白色のみを示します。なお、このうち、クロムの混入によって赤色になったものをルビー（Ruby）「紅玉」、チタンや鉄のために青色になったものをサファイア（Sapphire）と言い、それ以外の色のものは鉱物学ではコランダムと言いますが、宝石名としてはサファイアとします。
　透明ないし不透明で、ガラス光沢と金剛光沢をもち、劈開はありませんが、底面と斜めの方向に著しい裂開があります。
　不純なコランダムとマグネタイト（Magnetite）「磁鉄鉱」との混合物を、エメリー（Emery）と言います。

　この鉱物は、古くから様々な国々でいろいろな使われ方をしましたが、呼び名がまちまちで一定せず、名称がコランダムとなったのは1798年のことでした。ちなみに、鉱物中のルビーとサファイアが同じ成分だとわかったのは、1783年になってからのことだそうです。
　探究心を旺盛にして、何事にも興味をもって対処できるよう導く力があると言われています。
　持つ人を穏やかで優しい気持ちにするそうです。

　昔から、心臓、腎臓、脾臓にかかわる病気の治療に用いられた他に、肌をみずみずしく保つ働きがあるとされています。

[115]
コルンバイト
（Columbite）「コルンブ石」

成分：$(Fe,Mu)(Nb,Ta)_2O_6$
硬さ：6
産地：ブラジル

　タンタライト（Tantalite）$(Fe,Mu)(Ta,Nb)_2O_6$をあらゆる割合に混溶しますので、中間のものの区別は難しくなります。また、コルンバイトはニオブ（Nb）、タンタライトはタンタル（Ta）という珍しい元素を含む代表的な鉱物です。
　ペグマタイト中から普通に発見され、稼行できる程度に濃集している場合は、しばしばベリル（Beryl）「緑柱石」を伴うことがあります。
　斜方晶系の柱状や板状の結晶体の他には、塊状で見られるものもあります。
　色は黒色や褐黒色、赤褐色などで、条痕は暗赤色から黒色を示し、やや金属光沢ないし金剛光沢をもちます。
　この鉱物中の成分であるニオブですが、イギリスの化学者ハチェットが、アメリカのコネチカット州産の石から1801年に発見した新元素で、アメリカの別名Columbiaにちなんでコロンビウムと命名され、この鉱物の名称にもなりました。

　洞察力を高めたい時に持つと効果的とさ

れる鉱物。

持つ人と、自身を取り巻く環境をも含めて、これから起こりうるであろうことを察知して、その際にどのように対処したら一番良いのかを見極めて、行動に移すことができるようになると言われています。

栄養分を体内に吸収して新陳代謝を活発にする他に、皮膚の粘膜の形成にも作用する力があるとされています。

[116]
サードオニクス
（Sardonyx）「赤縞瑪瑙」

成分：SiO_2
硬さ：7
産地：ブラジル

アゲート（Agate）「瑪瑙」で、赤色と他の色（主に白色）とが交互に縞目を表したものを言います。

潜晶質縞状の珪酸で、岩石の空隙中に層状に沈殿し、また、その崩壊によって生じた砂礫中に、腎臓状やブドウ状の塊で産出します。

この鉱物の赤色の部分をカーネリアン（Carnelian）と言い、酸化鉄が潜晶質の組織の間に沈殿して赤色になったものです。最近ではこの原理を利用して、人工的にアゲートを硝酸鉄溶液に浸してから熱処理して酸化鉄を生じさせる方法で着色したものもあります。条痕は白色。

透明のものと不透明のものがあって、ガラス光沢をもち、劈開はなく、断口は不平坦状を示します。

この鉱物の用途は非常に広く、宝飾品はもとより、各種の彫刻材料、各種のベアリング、印材などに使用されています。

名称は、この鉱物の産地のサルディス（小アジアにあったリュディア王国の首都）とギリシャ語で爪の意味のonyxの合成語です。

ヒルデガルトの『フュシカ（自然学）』やアルベルトゥスの『鉱物書』ではサルドニュクスと呼ばれ、各々に「人間の五感に力を与える」、「無節制を遠ざけ、人間を貞節にし、慎み深くさせる」と記述されています。また、旧約聖書の『出エジプト記』28章には、「ユダヤの高僧の胸当てにこの石をつけた」とあります。

夫婦の幸福、結婚運、愛を象徴し、温かな家族に囲まれながらも個性的な生き方ができ、夫婦和合をもたらす力があると言われています。

古くは黄疸の治療に用いられたとされ、他には脾臓、膵臓の不調を改善する力があると言われています。

[117]
サーペンチン
（Serpentine）「蛇紋石」

成分：$(Mg,Fe^{2+})_3Si_2O_5(OH)_4$
硬さ：2.5〜4
産地：ミャンマー

サーペンチンはグループ名で、アンチゴライト（Antigorite）、クリソタイル（Chrysotile）、リザーダイト（Lizardite）の3種類があります。

いずれも、地殻の深部で生成したものが、断層帯に沿って地表近くに上昇して来たものです。

結晶は、単斜晶系や、斜方晶系に属しますが、大部分のものは塊状や繊維状、粒状などで産出します。

色は、黄緑色や暗緑色、褐色、白色、帯褐緑色、帯黄緑色のものなどがあります。

半透明ないし不透明で、樹脂光沢ないし脂光沢を帯びています。

名称は、この鉱物の外観や様子から、蛇の紋様を連想させることから、ラテン語で蛇の意味のserpentinに由来します。

古くから、その独特の紋様によって彫刻用に用いられることが多く、古代の墳墓からはこの石の護符がたくさん発見されています。

古代アフリカ人はビーズとして使い、古代ローマ人は「旅行の安全を守る石」として、アメリカ先住民は「危険から身を守る石」として各々使用してきたそうです。

肉体と心と魂を統合し、高ぶった感情を鎮める働きがあると言われています。

集中力、洞察力を高めて、霊性を目覚めさせる力があるそうです。

古くは狂気を癒す力があるとされ、他には糖尿病の治療や体内に栄養分を補給する時に用いられたと言われています。

[118]
サニジン
（Sanidine）

成分：$KAlSi_3O_8$
硬さ：6
産地：ドイツ

フェルドスパー（Feldspar）「長石」グループ中の二つのサブ・グループの一つ、ポタッシウム・フェルドスパー（Potassium Feldspar）「カリ長石」に属します。なお、同じグループに、マイクロクリーン（Microcline）「微斜長石」とオーソクレース（Orthoclase）「正長石」があります。

粗面岩や流紋岩などの火山性火成岩中に生成し、また、何種類かの接触変成岩中に産するものもあります。

単斜晶系に属した柱状結晶体で見られま

すが、しばしば板状の2個の結晶が入り組んだ形の、カルルスバッド式双晶で発見されることもあります。

色は、無色や白色、淡褐色で、条痕は白色を示します。

ガラス光沢のある透明石で、劈開は完全で、断口は貝殻状から不平坦状となります。

名称は、この鉱物がしばしば板状を示すことから、ギリシャ語で板の意味の言葉に由来します。

頭脳を明晰にして、思考力を高めたい時に持つと良いとされる鉱物。

超能力と結びつく力が強く、それを言語化または文字化して、現実のものとして残しておくことが可能となるよう導く力があると言われています。

直感力、洞察力も高まるようです。

細胞の再生を促して身体を活性化させ、体内の水分を一定に保つ働きがあるとされています。

[119]
サファイア
（Sapphire）「青玉」

成分：Al_2O_3
硬さ：9
産地：スリランカ

酸化アルミニウム鉱物の一つ、コランダム（Corundum）「鋼玉」のうちの、赤色を除いたすべての色のものを指しますが、一般的には青色のものがなじみがあります。

ある種の火成岩と変成岩の中に生成し、また、漂砂鉱床中にも産出することがあります。

六方晶系に属する六角柱状結晶、複六角錐結晶、樽形結晶をつくり、他には塊状や粒状の晶癖をもつものもあります。

色は、少量の酸化チタニウムを含んでなった青色をはじめ、無色や緑色、帯黄緑色、黄色、黄金色、ピンク色のものなどがあり、条痕は白色を示します。

透明ないし半透明で、ガラス光沢か金剛光沢をもち、劈開はなく、断口は貝殻状から不平坦状となります。

名称は、「青色」の意味を表すラテン語のsapphirus、またはギリシャ語のsappheirosに由来します。

一説には、古代にサファイアと呼ばれていたのはラピス・ラズリ「瑠璃」で、今日のサファイアにあたるものはプリニウスの『博物誌』で、ヒアキントゥス（hyacinthus）と呼ばれるものだとも、アルベルトゥスの『鉱物書』でサフィルス（sapphirus）と呼ばれるものだとも言われています。どちらにしても、「貞節な愛を表し、不貞を働くと光沢が失われる」などと記述されています。

霊魂を鎮めて憎悪の感情を和らげ、持ち主を邪悪なものから守る力があると言われています。

古くは、眼病やできものを治す力があるとされ、他には発熱を抑えて過度の出血を防ぐ働きがあると伝えられています。

[120]
ザラタイト
（Zaratite）「翠ニッケル鉱」

成分：$Ni_3(CO_3)(OH)_4 \cdot 4H_2O$
硬さ：3.5
産地：オーストラリア

塩基性火成岩中および蛇紋岩中から産出する二次鉱物で、多くは、他のニッケル鉱に伴います。

等軸晶系に属しますが、多くは微晶質の皮殻状や粒状、塊状などで発見されます。

色はエメラルド・グリーン色で、条痕はそれよりもやや淡色となります。

透明ないし半透明石でガラス光沢から油脂光沢を放ち、断口は貝殻状を示します。

この鉱物の純粋なものは、NiO 59.56％、CO_2 11.70、H_2O 28.74％を含みますが、Niの一部はMgで置換されることが多く、閉管中では水とCO_2を出して、灰黒色磁性の残渣を残します。

吹管では不熔。温稀塩酸に発泡しながら容易に溶けます。

確かな直感力に恵まれる鉱物とされています。

他から発せられる情報を受け取る力が養われ、それを現実のものに変換することができるよう導く力があると言われています。

洞察力を高めて超能力を引き出し、自己の内なる力が認識できるようになるそうです。

熱病の治療に用いられた他に、循環器官の不調を改善する力があると言われています。

....

[121]
サルファー
（Sulphur）「硫黄」

成分：S
硬さ：1.5〜2.5
産地：イタリア

硫黄には、斜方硫黄と単斜硫黄とがあり、前者は95.5℃で後者に変わり、後者は120℃で溶融します。

火山の火口や温泉の噴出孔付近などから産出し、また、湯沼の中に沈殿して沈殿硫黄となって、多孔質の母岩中に吹き込んで交代鉱床を作ったりします。

天然産のものはほとんど斜方硫黄です。四角錐形の結晶で、錐面はだいたい階段状になっています。くぼみができやすく、その他には塊状や腎臓状、鐘乳状、粉状などで発見されます。

色は黄色のものが普通ですが、中には、橙黄色または橙色のものがあり、これをセレン・サルファー（Selen sulphur）と呼んでいます。これは、含有されたセレンによってなる色だと思われていましたが、含有

量は極めて少なく、硫黄の変種とした方が良いという説も生まれました。条痕は白色。

透明または半透明で樹脂光沢をもち、劈開は底面に不完全で、断口は不平坦状から貝殻状を示します。

『アラビア鉱物書』ではキブリート（kiblit）と呼ばれ、「金を薄く圧延し、硫黄と一緒に擦り、火に入れて熱するとガラスが粉末になるように、金も粉末になる。……」と記述されています。また、偉大なる医化学の父と言われたパラケルススは、この硫黄と水銀・塩を指して三原質とし、「万物はこの三原質を元にして成り立つ」と述べたと言われています。

精神や感情の混乱を鎮めて、悪霊や夜の妄想から身を守る力があるとされ、儀式や祭礼によく用いられたそうです。

古くは、カンシャクや偏頭痛、卒中の発作に効果があるとされ、他には皮膚病の治療に用いられたと言われています。

・・・・・・・・・・・・・・・・・・・・・・・・・

[122]
サンストーン
(Sunstone)「日長石」

成分：$(Na,Ca)Al(Al,Si)Si_2O_8$
硬さ：6〜6.5
産地：インド

紅色のフェルドスパー（Feldspar）「長石」で、アベンチュレッセンスをもつので、アベンチュリン・フェルドスパーとも呼ばれています。

オリゴクレース（Oligoclase）「灰曹長石」やアルバイト（Albite）「曹長石」中に、ヘマタイト（Hematite）「赤鉄鉱」やゲーサイト（Goethite）「針鉄鉱」などの薄片を混じえて産出します。

三斜晶系に属しますが、通常は塊状で発見されます。色は、本来のものは無色ですが、インクルージョンによって黄色や紅色、赤色、褐色など様々な色のものが見られます。

半透明で強いガラス光沢を放ち、劈開は三方向に完全です。

ムーンストーン（Moonstone）「月長石」との対照でサンストーンの名前となり、また、光輝ある銅色を示すところからヘリオライト（Heliolite）「太陽石」とも称されています。

古代ギリシャでは、この鉱物を太陽の神の象徴として崇め、お守り石としたり、毒を中和させる目的で杯や皿にして使用してきました。その他古代のカナダやインド民族の間でも、セレモニーの道具としてよく用いられていたようです。

隠れた力を引き出して心身に受けた傷を癒す効果があるとされ、敏感で豊かな想像力に恵まれ、あらゆる行動の勝利者となるよう導く力があると言われています。

古くはリウマチの治療に用いられたそうですが、その他には、無理な体の動きによる脊柱の不調を改善する力もあると伝えられています。

[123]
シアノトリカイト
(Cyanotrichite)「青針銅鉱」

成分：$Cu_4^{2+}Al_2(SO_4)(OH)_{12}\cdot 2H_2O$
硬さ：3
産地：U.S.A.

　銅の硫酸塩鉱物の一つで、鉱脈、特に銅鉱脈の酸化帯に生成します。
　斜方晶系に属する小さな針状の結晶が羽毛状の塊になったものや、被膜状、繊維状の葉脈のものなどがあります。
　色は、淡青色から濃青色のものまで見られ、条痕は淡青色を示します。
　透明で絹糸光沢をもち、劈開はなく、断口は不平坦状です。
　酸に溶け、炎で溶融する性質をもちます。
　この鉱物は1808年に発表され、その時は「ベルベット銅鉱」と呼ばれていました。
　現在の名称は、ギリシャ語で「青」の意味のcyanosと「針」の意味のthrixに由来し、1832年に提案されました。

　積極性を身に着けたい時に持つと効果的とされる鉱物。
　目標を高い所に定めて、それに向かって挑戦していこうという意欲を湧きたたせる力があると言われています。
　目的達成に向かっての着実な努力ができるよう導く力があるそうです。

腎臓組織の細胞の再生を促し、体内の水分、タンパク質の分量を一定に保つ働きがあると言われています。

[124]
シェーライト
(Scheelite)「灰重石」

成分：$CaWO_4$
硬さ：4.5～5
産地：U.S.A.

　タングステン酸塩鉱物の一つで、重要なタングステン鋼の原料とされ、日本からもよく産出する鉱物です。
　ペグマタイト性石英脈中や接触鉱床中に、チャルコパイライト（Chalcopyrite）「黄銅鉱」を伴って産出します。
　正方晶系の錐形半面像に属する八面体式の結晶体で発見されることが多く、他には卓状結晶や塊状、粒状などでも見ることができます。
　色は、無色や白色、灰色、帯黄白色、黄色、オレンジ色、褐色、紫色、帯緑色のものなどがあり、条痕は白色を示します。
　透明ないし半透明で、ガラス光沢または金剛光沢をもち、劈開は一方向に明瞭で、断口はやや貝殻状から不平坦状となります。
　この鉱物は、紫外線で青白い螢光を放つことで有名です。

名称は、この鉱物中にタングステンを含有していることを発見したスウェーデンの化学者、K.W.Scheeleの名前にちなんで命名されました。

誠実、素直、真面目を象徴する鉱物とされています。

自らの進路を開き、行程に立ちふさがる障害物についてはこれを消去し、目標に早く達することができるよう導く力があると言われています。

理性的な推理能力を補うそうです。

足の筋肉を強化する力があり、けいれんの再発を防ぐ働きもあるとされています。

[125]
ジェダイト
（Jadeite）「ヒスイ輝石、硬玉」

成分：$Na(Al,Fe^{3+})Si_2O_6$
硬さ：6.5～7
産地：ミャンマー

パイロクシーン（Pyroxene）「輝石」グループに属し、アンフィボール（Amphibole）「角閃石」グループのネフライト（Nephrite）「軟玉」と共にジェード（Jade）と称されています。ネフライトより硬度が高いことから硬玉とも言われています。

蛇紋岩化した超塩基性火成岩や片岩中に生成し、チャートなどに小さいレンズ状の包有物としても産出することがあります。

単斜晶系に属しますが、結晶体で見られることは稀で、細かい繊維状のものを織り交ぜたようになったもので産出します。そのため、とても強靱で、砕こうとするとかえって鉄鎚が欠けてしまうほどです。

色は白色のものが多く、その他には、クロム分の含有によって緑色を示すものや、チタンの混入による青紫色のものなどがあります。また、鉄分を多量に含有して暗緑色になったものは、クロロメラナイト（Chloromelanite）「濃緑玉」と呼ばれています。いずれも条痕は無色です。

半透明でガラス光沢をもち、劈開は良好で、断口は多片状を示します。

名称は、古いスペイン語で「腰の石」の意味のpiedra de hijadaに由来します。

古くから洋の東西を問わず、いろいろな民族が「魔法の石」として崇めてきた鉱物。古代のアメリカ先住民は、グァテマラに産出するこの鉱物に彫刻をほどこして護符とし、スペイン人は、中央アメリカを侵略した時にこの石を発見して、お守りなどに用いるようになったとされています。また、日本での歴史も古く、縄文時代から勾玉として使用されてきました。

沈着さと忍耐力を養い、災難から身を守る力があると言われています。

腰や横腹の不調を改善し、腎臓や眼の病気の治療や体内の毒素を排除する時に用いられたそうです。

[126]
ジェット
（Jet）「黒玉」

成分：C＋不純物
硬さ：2.5〜4
産地：U.S.A.

ギリシャ語で「ガガテス」gagates（小アジア、リュキアのガガイの町）とも言い、松拍類樹木の化石化したもので、褐炭の黒色変種を指します。

丸太などの漂流する植物質でできた海成層で成長し、その後に水を吸い込んで浮力を失い、海の泥へ沈んだと考えられています。

歴青頁岩に見られる緻密な物質で、褐色のすじをつくります。

イギリスやスペイン、フランス、ドイツ、ロシア、アメリカのユタ州・コロラド州、ニューメキシコ州などの石炭層に産出しますが、歴史上最も重要な産地は、初めてジェットが採掘されたイングランドのヨークシャー州ホイットビーです。ここから産出するものは、19世紀、喪服用の宝飾品として普及していきました。

光沢は普通は鈍いのですが、研磨によってガラス光沢を示します。

殻状の割れ目をもち、石炭と同様に可燃性です。

琥珀と同じく摩擦すると帯電することから、黒琥珀とも呼ばれます。

紀元前1400年頃から採掘されていたようで、有史以前の墓の塚から加工したものが発見されています。また、古代ローマでは修道士のロザリオに用いられ、あるいは、粉末にして水やワインに溶かしたものは薬効があると信じられていました。

争いや怒り、困惑などの束縛から苦しむことなく解放されるようになり、心の中の混乱を鎮める力があると言われています。

古くはてんかんの治療薬として用いたとされ、他には腹痛や頭痛を改善する力があるとされています。

[127]
シデライト
（Siderite）「菱鉄鉱」

成分：$Fe^{2+}CO_3$
硬さ：4
産地：U.S.A.

カルサイト（Calcite）「方解石」グループの一種で、マグネサイト（Magnesite）「菱苦土石」、ロードクロサイト（Rhodochrosite）「菱マンガン鉱」とは類質同像の鉱物。

深熱水鉱脈またはその母岩中に、トルマリン（Tourmaline）「電気石」などを伴って産出し、また、温泉や湖水の沈殿物として鉱層をなしたりします。

六方晶系の菱面体結晶で発見されたり、緻密な塊状や粒状、ブドウ状、魚卵状の晶癖のものも見られます。

色は、淡黄色、淡緑色、灰色、帯緑灰色、黄灰色、緑褐色、褐色のものなどがあり、条痕は白色を示します。

透明ないし半透明で、ガラス光沢または真珠光沢をもち、菱面体方向に完全な劈開があり、断口はやや貝殻状から不平坦となります。

名称は、この鉱物が鉄鉱石として採掘されたことから、ギリシャ語で鉄の意味のsiderosに由来します。

神聖、統合、尊厳を説く鉱物とされています。

日常の中に隠されている自然の摂理が理解できるようになると言われています。

慈愛に満ちた心を育て、自己を大切にしながら、新しい環境や状況になじんで、上手に自己表現ができるよう導く力があるそうです。

骨格組織の病気の治療に用いられた他に、肝臓の病気による黄疸症状を改善する力があると言われています。

[128]
シトリン
(Citrine)「黄水晶」

成分：SiO_2
硬さ：7
産地：ブラジル

クォーツ（Quartz）「石英」グループの透明結晶石中、色の濃淡にかかわらず、黄色の水晶を言います。

各地のペグマタイトの晶洞中や、各種鉱脈の脈石中、珪岩中などに産出します。

六方晶系に属した六角柱状や錐面と六方柱との集形などで見られ、また、その同集晶や塊状などでもよく発見されます。

シトリンの天然の色のものは少なく、アメジスト（Amethyst）「紫水晶」に加熱処理をして変色させたものや、ロック・クリスタル（Rock crystal）「白水晶」を放射線処理（コバルト60照射）したものなどがあります。

主産地は、ブラジルやチリ、メキシコなどですが、最近ベトナムから上質のものが発見されました。

名称は、柑橘類のシトロンの果実の色に似ていることにちなんで命名されました。

昔から、商売の繁栄と富をもたらす「幸運の石」として人々に珍重されたと言われている鉱物。

潜在能力を引き出し、心身のバランスをとって、暖かいエネルギーで包み込む力があると伝えられています。

神経をリラックスさせて、ストレスから解放する効果もあるそうです。

視神経を活性化してその働きを高め、また、胸腺の不調を改善する力があると言われています。

[129] ジプサム
（Gypsum）「石膏」

成分：$CaSO_4 \cdot 2H_2O$
硬さ：2
産地：U.S.A.

鉛、亜鉛鉱に伴って、第三紀火山岩中に黒鉱鉱床をつくったり、また、これらよりやや離れて単独に塊状の鉱床をつくります。

単斜晶系に属する卓状やダイヤモンド形の結晶で、たいていは双晶をなし、このタイプで透明のものをセレナイト（Selenite）「透石膏」と言っています。また、粒状の微晶質塊状で白色のものはアラバスター（Alabaster）「雪花石膏」、繊維状集合でシルク光沢の強いものをサティン・スパー（Satin spar）「繻子石膏」と呼んでいます。

色は、多くは白色または灰色ですが、不純物のために、黒、褐、赤、黄、青色になることもあり、条痕は白色を示します。

透明のものから不透明のものまであり、光沢もガラス光沢や真珠光沢、絹糸光沢など様々です。

一方向に完全な劈開があり、断口は多片状となります。

古くは紀元前4000年の昔、メソポタミアのシュメール人はこの鉱物で作った円筒印章を使用したとされ、また、「豊かなる大地をもたらす幸運の石」として珍重されたと言われています。

集中力を高めて意志を強く持たせ、高ぶった感情を鎮めて人間関係を良くする働きがあるとされています。

強い骨や歯を作る助けとなり、また、血管組織の不調を改善する力があると言われています。

[130] シャーレンブレンド
（Schallenblende）

成分：混合物により違います
硬さ：2.5～7
産地：U.S.A.

スファライト（Sphalerite）「閃亜鉛鉱」

やガレーナ（Galena）「方鉛鉱」が層状をなし、その隙間にハイドロジンサイト（Hydrozincite）「水亜鉛鉱」やマーカサイト（Marcasite）「白鉄鉱」などが見える鉱物の集合体を言います。

　熱い溶液が地殻の表面近くまで上昇して、熱水鉱脈中に生成します。

　色は、スファレライトの部分は褐色、ガレーナの部分は鉛色、ハイドロジンサイトの部分は白色、マーカサイトの部分は灰色となります。

　この鉱石の産地は、ドイツ、ベルギー、オーストリア、ポーランドで、名称は、叩くと高い音がでるところから、ドイツ語で「響く鉱石」の意味のSchallenblendeとなりました。

　古くはケルト民族のシャーマンが、儀式の際に、この石のエネルギーを借りて祈りを実現させていたと伝えられている鉱物。
　超能力に関する力を増強することが可能となり、神々との意思の疎通や神託を受けることができるようになるとされています。
　夢を実現させる力があるそうです。

　古くは血液にかかわる病気の治療に用いられたとされ、他には神経組織の不調を改善する力があると言われています。

[131]
ジャスパー
（Jasper）「碧玉」

成分：混合物により違います。
硬さ：7
産地：南アフリカ共和国

　不純な潜晶質石英で、不透明なものを言います。

　アゲート（Agate）「瑪瑙」、カルセドニー（Chalcedony）「玉随」と同種ですが、それらが半透明なのに対して、ジャスパーは不純物が20％以上混入しているために不透明になったものです。その混入された成分によって、様々な色や模様、形態を示し、その主なものには、酸化鉄の含有によって赤色を示すもの（佐渡の赤石もその一つ）や俗に青瑪瑙と称される暗緑、暗青、暗緑褐色のもの、縞模様のあるもの、団球状で累帯構造のもの、ジャスパーとオニクスとの縞状をなす縞瑪瑙に似たもの、珪化木の一種のジャスパーライズド・ウッド（Jasperized wood）と呼ばれるもの、オパールとの中間性のオパール・ジャスパー（Opal jasper）「蛋白碧玉」、粘土が火成岩の変質を受けてできたポーセライン・ジャスパー（Porcelain jasper）「陶碧玉」などのものがあります。

　アルベルトゥスの『鉱物書』ではイアスピス（jaspis）と呼ばれ、古くから「聖な

る石」として崇められてきた鉱物で、身に着けると太陽エネルギーと共鳴して、大きな保護力が生まれると言われてきました。

赤色のものは判断を正しい方向に導く力があるとされ、青色を含んだものは未来とのつながりが意識でき、黄色がかったものは、船での冒険や旅行を安全なものにする力があるとされてきました。

中世ヨーロッパでは聴力や嗅覚の回復を促す力があるとされ、他には腎臓や胆のう、脾臓の働きを高める効果があると言われています。

----

[132] シャッタカイト
（Shattuckite）「シャッツク石」

成分：$Cu^{2+}_5(SiO_3)_4(OH)_2$
硬さ：3.5～4
産地：メキシコ

銅鉱の一種で、クリソコラ（Chrysocolla）「珪孔雀石」やプランシェアイト（Plancheite）「プランヘ石」と酷似しているために、よく混同される鉱物。

単斜晶系に属しますが、大半は塊状や粒状、繊維状などで産出し、ごく稀には微少結晶体で発見されることもあります。

色は、淡青色や青色、暗青色、濃青色のものなどがあります。

不透明で、ガラス光沢ないし絹糸光沢を放ちます。

劈開は二方向に良好で、断口は不平坦状を示します。

アメリカのアリゾナ州では、マラカイト（Malachite）「孔雀石」の仮晶として産出します。

名称は、最初に発見されたアメリカ、アリゾナ州のShattuck鉱山の鉱山名にちなんで命名されました。

霊的な感性を高め、直感力や理解力が増して、物事の真の意味を察知する能力が備わるとされる鉱物。

すべてのものに強力な作用をおよぼし、邪悪なものに対しては、強い保護力でこれらから身を守る力があると言われています。

集中力も高まるようです。

血液の病気、喉の炎症、腎臓の病気の治療に用いられたようです。

----

[133] ジャパニーズ・ロー・ツイン・クォーツ
（Japanese law twin quartz）「日本式双晶」

成分：SiO_2
硬さ：7
産地：ペルー

ロック・クリスタル（Rock crystal）「水晶」の双晶の一種。傾軸式双晶で、二つの結晶の主軸（C軸）が直角に交わっているように見えますが、実際は84°33′の角度をなしています。

接合部分は必ずしも平面ではなく、多くは屈曲しています。

扁平な晶癖をもつ平板水晶が2個接合しているところから、俗に夫婦水晶とも呼ばれています。

ジャパニーズ「日本式」の名称は、この式の双晶が主に日本に産出することに由来します。

著名な産地に山梨県乙女鉱山や長崎県奈留島などがあり、その他にはブラジルやペルー、アメリカ、コロンビアなどにも産出します。

なお、特性値はクォーツ（Quartz）「石英」と同一です。

意識、思考、感情をより高度なものへと導く力があるとされる鉱物。

自然のうちに自身を強いエネルギーフィールドで保護し、外からの有害な電磁波を分散させて、調和のとれた有益な環境を作り出すことができるようになると言われています。

細胞の再生を促して新陳代謝を活発にし、免疫組織に働きかけて病気の回復を図る力があるとされています。

[134] ジャメソナイト
（Jamesonite）「毛鉱」

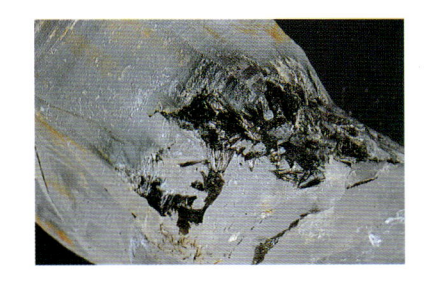

成分：$Pb_4FeSb_6S_{14}$
硬さ：2〜3
産地：メキシコ

熱水鉱脈中に生成する硫塩鉱物の一つで、元素を豊富に含む熱い溶液が節理や断層に浸透し、冷却して沈殿したもの。ブーランジェライト（Boulangerite）「ブーランジェ鉱」など、他の硫塩鉱物や硫化鉱物、炭酸塩鉱物とよく共産します。

単斜晶系の針状の結晶が毛状を示す鉱物で、そのため、日本名は毛鉱となりました。他には、その結晶が繊維状になったものや塊状、羽毛状などの晶癖をもつものもあります。

色は、条痕とも灰黒色で、不透明で金属光沢をもっています。

底面に良好な劈開があり、断口は不平坦状ないし貝殻状となります。

英名は、スコットランドの地質学者で、この鉱物の発見者、Jamesonの名前にちなんで命名されました。

はっきりとした意思表示をしたい時に持つと良いとされる鉱物。

頭脳を明晰にして、曖昧だった考えをはっきりとさせ、また、状況を的確に把握して、行動に移せるよう導く力があると言わ

れています。

心に描いたものを現実にする力があるとされています。

解熱剤として用いられたり、神経系統に対する不調の改善や肺炎の治療などにも効果的とされていました。

---

[135]
ショール
(Schorl)「鉄電気石」

成分：$NaFe^{2+}_3Al_6(BO_3)_3Si_6O_{18}(OH)_4$
硬さ：7〜7.5
産地：ブラジル

11種類あるトルマリン（Tourmaline）「電気石」グループ中の一種で、鉄分を多く含有しているものを言い、グループの中では一番産出が多い鉱物です。

ペグマタイト中や気成鉱床中に、他のトルマリン類などと共産します。

六方晶系の菱面体半面晶族に属し、多くは柱状の結晶体で発見され、その結晶面に伸びる方向に平行な条線があります。また、針状結晶の集合したものでも見られることがあります。

色は、含有された鉄分の作用で黒色となり、従って、ブラック・トルマリンはほとんどこの種類に属しています。条痕は無色。

透明から不透明でガラス光沢をもち、劈開はなく、断口は不平坦状から貝殻状を示します。

名称は、ドイツの古い鉱山用語で、鉱山に付着した不要の鉱物という意味の用語から出たとされています。

昔のアメリカ先住民は、この鉱物の帯電および電気の発散を大地のエネルギーのお告げだとし、「ひらめきを与える石」として儀式に用い、また、ヨーロッパのビクトリア朝には喪服用の宝石として広く使用されたと伝えられています。

肉体と精神、感情のバランスを整えてこれらを提携、浄化して、あらゆるものを活性化する力があるとされています。

内分泌系のバランスを整えて細胞の再生を促し、体全体を活性化する働きがあると言われています。

---

[136]
シリマナイト
(Sillimanite)「珪線石」

成分：Al_2SiO_5
硬さ：6.5〜7.5
産地：インド

ファイブロライト（Fibrolite）ともいう

珪酸塩鉱物の一つで、アンダリュサイト（Andalusite）「紅柱石」とカヤナイト（Kyanite）「藍晶石」とは同質異像です。

変成岩中あるいはある種の火成岩中に、アルマンディン（Almandine）「鉄ばん柘榴石」やルビー（Ruby）「紅玉」などを伴って産出します。

斜方晶系に属する柱状、針状結晶が平行に集合して、繊維状になることが多く、塊状の晶癖をもつものもあります（通常の結晶に対してはシリマナイト、繊維状の塊状石に対してはファイブロライトの名称が適用されます）。

色は、無色や白色、灰色、帯黄色、帯褐色、帯緑色、帯青色、青色、青紫色などのものがあり、条痕は無色を示します。

透明から半透明で、ガラス光沢ないし絹糸光沢をもち、劈開は一方向に完全で、断口は不平坦状となります。

名称は、エール大学のB.Sillimanの名前にちなんで命名されました。

成長、清浄、光輝を表す鉱物とされています。

悲しみの感情を和らげ、身に迫った危険を予知してこれを回避するよう導く力があると言われています。

直感力、洞察力を高めて勇気と行動力を養い、身体中に活力を行きわたらせる力を授けるとされています。

筋肉を強化する力があるとされ、他には甲状腺の働きを正常に保つ効果があると言われています。

[137]
ジルコン
（Zircon）「風信子石」

成分：$ZrSiO_4$
硬さ：7.5
産地：ブラジル

閃長岩などの火成岩や一部の変成岩中に生成します。ジルコンを含む岩石が、風化、浸食、堆積されて形成された砕屑質堆積岩中に産することもあります。

正方晶系の四角錐状や短柱状の結晶をつくるほかに、放射構造の繊維状の集合体や粒状、礫状のものもあります。

色は、淡黄色や橙色、白色、青色のものなどがあり、他にも無色のものは屈折率が高く、光沢も同様のダイヤモンド（Diamond）「金剛石」のイミテーションとして用いられたこともありました。また、白色、青色のものの多くは、褐色石の熱処理によるものだそうです。

透明から不透明で、ガラス光沢、金剛光沢、油脂光沢をもち、劈開はなく、断口は不平坦状ないし貝殻状を示します。

名称ですが、和名は、この鉱物を古代ギリシャ人がヒヤシンスと呼んでいたのでその当て字に、英名は、ペルシャ語で金色の意味のzargunか、アラビア語で朱の意味のzarguinに由来します。

スリランカでは2000年以上前から産出していた鉱物とされ、古代ギリシャではヒュアキントス（hyakinthos）と呼んで珍重したようです。それは、この石の光輝の強さからギリシャ神アポロンを連想し、よって、ギリシャ神話でそのアポロンに愛された美少年（Hyakinthos）の名前にちなんだと言われ、マルボドゥスの『宝石について』では「悲しみを取り除き、いわれのない嫌疑を晴らす」と記述されています。

精神を癒し、静かで平和な方向へと導き、持つ人やその周りの人々にも、自分の中にある美しさや柔らかさについて気付かせる力があると言われています。

古くは体内の毒素を排除する力があり、骨折の治療や出産時の苦痛を和らげる効果があるとされていました。

[138]
シルバー
（Silver）「自然銀」

成分：Ag
硬さ：2.5〜3
産地：ペルー

自然金属として最も普通に見られるものの一つで、熱水鉱脈や鉱床の酸化帯中に、金や銀を含む鉱物、硫化物と一緒に生成します。

結晶は、等軸晶系に属する六面体または八面体ですが、めったに見られず、多くは針状や毛髪状、塊状、板状、鱗片状、樹枝状、苔状をしています。

色は銀白色ですが、空気に触れると表面が酸化して、灰色か黒色になります。条痕は銀白色。

不透明で金属光沢があり、劈開はなく、断口は針状を示します。

展性、延性に富んでいて、電気および熱の伝導率は金属中で第一とされ、宝飾品をはじめ、銀器や感光材料、電気部品材料として重要である他に、各種の合金として広く用いられている鉱物です。

紀元前1500年頃から採掘され続けている鉱物で、純銀では軟らかすぎることから、古代ギリシャ時代には、他の金属との合金にするか、金の層で表面を覆ったりしたようです。

古くから聖なる月の金属として、さらにはヨーロッパ中世錬金術時代をとおしてよく知られていたもので、古代七金属の一つにも数えられていました。

感情面のバランスを整える働きがあり、他の石と一緒に使用するとその鉱物の長所を上手に引き出して、より増幅した効果が得られると言われています。

古くは、眼にかかわる不調を改善する力があるとされ、他には体内の毒素の除去と浄化に用いられていたようです。

[139]
ジンカイト
(Zincite)「紅亜鉛鉱」

成分：$(Zn, Mn^{2+})O$
硬さ：4〜4.5
産地：U.S.A.

　変成石灰岩および亜鉛鉱に産出する鉱物。
　六方晶系（異極像晶族）の六角錐状の結晶体で発見されることもありますがごく稀で、多くは葉状の塊状や粒状などで見ることができます。
　色は、純粋なものは無色ですが、含有されたマンガンの作用で濃黄色や黄橙色、橙色、橙赤色、赤色、暗赤色とだんだん濃色となります。条痕は橙黄色です。
　透明ないし不透明で、やや金剛光沢および金剛光沢をもち、劈開は完全で断口は貝殻状を示します。
　産地がアメリカのニュージャージー州だけと限られていましたが、今から約100年前に、ポーランドのジンク鉱山で鉱物が燃えた際に偶然につくり出され、これをポリッシュ・ジンカイト（Polish zincite）と名付けました。
　名称は、ジンク石であることを示しています。
　創造力、個性、復活を意味する鉱物とされています。
　精神面と肉体面を提携、結合させて強い保護力を生み出し、より高度な次元に意識を導くことができると言われています。
　円滑な人間関係を築くことができ、また、集団生活においても上手になじんでいけるよう促す力があるそうです。

　細胞の再生を活発化する働きがあり、また、血管と肌の不調を改善する力があるとされています。

[140]
シンナバー
(Cinnabar)「辰砂」

成分：HgS
硬さ：2〜2.5
産地：中国

　水銀の原料や赤色顔料として用いられていた硫化鉱物。
　安山岩中に石英と共に脈状で、また、黒雲母花崗岩中などからよく発見されます。
　六方晶系の六角板状や柱状結晶体で見られ、また、貫入式双晶をなすこともあります。他には皮殻状や土状、塊状などでも産出します。
　色は、朱赤色や帯褐赤色、褐色、黒色、灰色などのものがあり、だいたいは不透明石ですが、ごく稀に透明結晶のものがあります。
　金剛光沢ないしやや金属光沢を放ち、劈

開は一方向に完全です。

名称ですが、中国の辰州（現在の湖南省）で産出する鉱物のために日本名は辰砂となり、英名はギリシャ語で赤い絵の具の意味のKinnabarisに由来します。

有史以前から、中国では顔料の他にも様々な使用法がなされ、古代ギリシャでもディオスコリデスが、「非常に僅少なために、画家が描線に彩りを添えるにも足りないほどである。」と叙述しています。

気品と優雅さを強調する鉱物とされ、金運を高めて財力を強め、物事を順調に遂行して成功に導く力があるとされています。

古くは目薬として用いられ、また、収れん作用も強く止血効果もあるとされ、火傷の治療にも使用されたと言われています。

---

[141]
スキャポライト
（Scapolite）「柱石」

成分：マイオナイト（Meionite）「灰柱石」
$3CaAl_2Si_2O_8・CaCO_3$

マリアライト（Marialite）「曹柱石」
$3NaAlSi_3O_8・NaCl$

硬さ：5.5
産地：カナダ

スキャポライトはグループ名で、マイオナイトとマリアナイトがあり、この両者の間は連続しています。

斑れい岩中の燐灰石脈や花崗岩に貫かれた水成岩中などに産出します。

正方晶系に属する柱状結晶体で発見されることが多く、他には塊状や粒状、劈開状などで見られます。

色は、主に無色や白色ですが、灰色や黄色、帯青色などもあり、時には紫色のものも産出することがあります。条痕は無色。

透明ないし半透明で、ガラス光沢をもち、劈開は二方向に明瞭で、断口は不平坦状から貝殻状を示します。

名称は、この鉱物の結晶が四角柱状になることが多く、柱のように見えることから、日本名は「柱石」、英名はギリシャ語でシャフトの意味のskaposに由来して名付けられました。

依頼心を取り除いて、精神的に自立するよう助ける働きがある鉱物とされています。

状況や環境に左右されないよう保護し、無意識のうちに選択したことが、正しかったという結果に導く力があると言われています。

個人の意識の向上にも貢献するそうです。

古くは骨や歯の病気の治療に用いられたとされ、他には呼吸器官の不調を改善する働きもあると言われています。

[142] スギライト
(Sugilite)「杉石」

成分：$KNa_2(Fe^{2+},Mn^{2+},Al)_2Li_3Si_{12}O_{30}$
硬さ：5.5〜6.5
産地：南アフリカ共和国

マンガン鉱の一種で、黒色のブラウン・マンガン鉱床中に、細かい粒状の褐色のエジリン（Aegirine）「錐輝石」と共に層状で産出します。

最初に、日本の岩城島でうぐいす色のものが発見されましたが、その後、南アフリカ連邦のケープ州北部のクルマン北西のウェッセル鉱山から紫色の鉱物が発見され、これもこの鉱物であると判明しました。

六方晶系の細かい結晶が稀に見られますが、大半は塊状で発見されます。

色は、うぐいす色や紫色、濃紫色などのものがあります。

半透明ないし不透明石ですが、カットされて宝石として用いられ、特にアメリカ人の間では「スジライト」と呼ばれて人気を得ている鉱物です。

名称は、1977年この鉱物を発表した岩石学者、村上充英氏の師である杉健一教授の名前にちなんで命名されました。

一説には、「今世紀中に発見された鉱物の中でも1、2を競う癒す力のある石」と言われ、その力は永久不変の愛を象徴するとされています。

心身の各組織を浄化、活性化する働きがあり、また、その強い心霊的な力で、悪夢や危険から身を守る効果があると言われています。

内なる知恵と洞察力を高めて、普遍的な真理を追求するための力をもたらしてくれるそうです。

細胞の再生を促して心臓を強化する力があり、また、頭痛の治療にも用いられたと言われています。

[143] スコレサイト
(Scolecite)「スコレス沸石」

成分：$CaAl_2Si_3O_{10} \cdot 3H_2O$
硬さ：5〜5.5
産地：インド

ゼオライト（Zeolite）「沸石」グループの一種で、ナトリウムを含まないカルシウムの沸石を言います。

玄武岩の気孔に生成し、よくヘウランダイト（Heulandite）「輝沸石」などと共産します。

単斜晶系または三斜晶系（擬斜方晶系）に属する、縦に条線のある細かい柱状の結晶をつくる他に、放射状の繊維状晶癖をも

つものもあります。
　色は、無色や白色、白黄色のものなどがあります。
　透明ないし半透明で、ガラス光沢から絹糸光沢をもち、劈開は完全で、断口は不平坦状を示します。
　名称は、この鉱物の結晶の針を熱すると虫のように曲がることから、ギリシャ語で条虫の意味のskolexに由来します。

　思慮深さ、自然の恩寵、先人の智知を説く鉱物とされています。
　洞察力、直感力を高めて、確かな過去の情報を認識する力があり、それを現実のものへ利かせるよう導く力があると言われています。
　管理能力に優れ、人間関係もスムーズになるよう働きかける力があるそうです。

　脊柱を正常に保つ力があり、骨折やひびの手当てに用いられた他に、打撲による内出血の改善にも効果があるとされています。

[144]
スタウロライト
(Staurolite)「十字石」

成分：$(Fe^{2+},Mg,Zn)_2Al_9(Si,Al)_4O_{22}(OH)_2$
硬さ：7.5
産地：U.S.A.

　広域変質作用によって生じた変成岩や、稀に接触変成岩中に、マスコバイト（Muscovite）「白雲母」やアルマンディン（Almandine）「鉄ばん柘榴石」、カヤナイト（kyanite）「藍晶石」などを伴って産出します。
　単斜晶系（擬斜方晶系）の柱状結晶が90°または60°の角度で交わった透入双晶で見られることが多く、それが十字の形になるところから、名称も「十字石」となりました。
　色は、暗赤褐色や褐黒色、黄褐色のものなどがあり、条痕は無色から灰色を示します。
　透明ないし不透明で、樹脂光沢に近いややガラス光沢をもち、劈開は一方向に明瞭で、断口は不平坦状からやや貝殻状となります。
　名称はギリシャ語で十字の意味のstaurosに由来します。

　この鉱物が示す「十字形」から、キリスト教国でよく珍重され、中世の十字軍兵士のお守り石となったり、洗礼式に用いられたりしてきたようです。
　また、この鉱物の産地のアメリカ・バージニア州パトリックでは、この石は、キリストの死を知った妖精たちの涙が結晶化したものという伝説があります。
　強い保護力があり、危険なものから身を守る働きがあると言われています。
　いつでも冷静さを保つよう導く力があるそうです。

　古くは、マラリアの治療に用いられたとされ、他には呼吸器の病気の治療にも使用されたと言われています。

[145]
スタンナイト
(Stannite)「黄錫鉱」

成分：Cu_2FeSnS_4
硬さ：4
産地：チェコスロバキア

　錫の鉱石として有意義な鉱物で、気成鉱床にキャシテライト（Cassiterite）「錫石」と共産し、また、他の熱水性金属鉱床にも伴われて産出します。
　正方晶系に属する結晶が厚板状となったり、双晶によって擬八面体で見られるものなどがあります。
　色は、褐灰色のものの他には、含有する成分の化学組成の変動によって、種々の黄色を示すものなどがあります。
　現在、10種類ほどの、スタンナイト・グループと呼ばれる鉱物があり、いずれも正方晶系の結晶体をなすもので、ファマチナイト（Famatinite）「ファマチナ鉱」やルソナイト（Luzonite）「ルソン銅鉱」などのものがこのグループに属する鉱物です。
　名称は、ラテン語で錫の意味のstannumにちなんで、1832年に命名されました。

　人間関係や組織社会での結束力を強め、団結心のある行動がとれるよう促す力があるとされる鉱物。
　自信と落ち着きが増し、肉体と感情、精神のバランスのとれたエネルギーで、前面に立ちはだかった障害物も乗り越えて行けるよう導く力があると言われています。

　腎臓、脾臓、膀胱などの病気の治療に用いられた他に、消失した嗅覚を回復する効果もあるとされています。

[146]
スティーブナイト
(Stibnite)「輝安鉱」

成分：Sb_2S_3
硬さ：2
産地：中国

　最も重要なアンチモンの鉱物で、浅熱水鉱床中に石英を脈石として、パイライト（Pyrite）「黄鉄鉱」やアルセノパイライト（Arsenopyrite）「硫砒鉄鉱」などと共産します。
　斜方晶系の柱状結晶体でよく発見され、それが刀のような美結晶形を示すために、鉱物標本として、コレクターの間では人気のある鉱物の一つとなっています。特に、かつて日本の愛媛県市ノ川鉱山から産出したものは、1メートル近い見事な結晶で、それ以来、日本産が世界的な注目を集めたこともあります。
　色は、条痕も含めて鉛灰色ですが、多くは帯黒色に変色してしまいます。

不透明で金属光沢をもち、劈開は完全で、断口は不平坦状からやや貝殻状となります。

名称は、ギリシャ語でアンチモンの意味の接頭語stibiを語源としますが、この鉱物を還元してアンチモンを単離することは、15世紀に入ってから、行われるようになりました。

耐久力、完璧、復活を象徴する鉱物とされています。

高い向上心を持ち、目標に向かって努力を積み重ねていけるよう導く力があると言われています。

強い保護力と包容力で持つ人を守り、人間関係をスムーズにして、与えられた仕事も能率よくこなせるよう養う力があるとされています。

古くは体内の毒素を除去する力があるとされ、他には消化器官の不調を改善する働きもあると言われています。

[147]
スティルバイト
(Stilbite)「束沸石」

成分：$NaCa_2Al_5Si_{13}O_{36}・14H_2O$
硬さ：3.5〜4
産地：U.S.A.

ゼオライト（Zeolite）「沸石」グループの一種で、玄武岩の空洞や花崗岩、片麻岩の割れ目などに、他のゼオライト類と共に産出します。

単斜晶系に属しますが、いつも底面を双晶面とする透入双晶をなすために、斜方晶系のように見える結晶が束状の集合体でよく発見されます。

色は、白色や黄色、褐色、赤色などのものがあり、条痕は無色です。

透明ないし半透明で、ガラス光沢または真珠光沢をもち、一方向に完全な劈開があり、断口は不平坦状を示します。

十字形の透入双晶のため、スタウロライト（Staurolite）「十字石」の代用石として用いられています。

名称は、日本名ではその形から「束沸石」となり、英名は、ギリシャ語で微光を放つという意味のstilbeinに由来します。

本能の感覚が鋭くなり、特に直感力が強まって物事の深部に隠された問題点を探り出し、その解決策が見い出せるよう導く力があると言われています。

強さ、温かさ、活力を与えて人格形成の基盤をつくり、同時に明晰な頭脳と英知に富んだ思考を授けてくれるとされています。

古くは肌をなめらかにする働きがあるとされ、他には喉にかかわる不調を改善する力もあると言われています。

[148]
ストロンチアナイト
(Strontianite)「ストロンチアン石」

成分：$SrCO_3$
硬さ：3.5
産地：スコットランド

ストロンチウムを主成分とする低温熱水鉱物で、バーライト（Barite）「重晶石」やセレスタイト（Celestite）「天青石」、カルサイト（Calcite）「方解石」などと共に産出します。

斜方晶系の柱状や針状結晶体で発見されることが多く、他には繊維状や柱状構造の塊や粒状などで見られることもあります。

色は、無色や灰色、帯黄色、帯緑色、帯赤色のものなどがあり、条痕は白色です。

透明ないし半透明で、ガラス光沢を帯び、参差状の断口は樹脂光沢を示します。柱面に完全な劈開があります。

名称は、この鉱物の主成分の元素Srが発見された、スコットランド南部の町、Strontianの地名にちなんで命名されたことによります。

創造、伝授、智知を表す鉱物とされ、また、「旅路の平安を守る石」として珍重されたと言われています。

いかなる環境に身を置いても、優れた順応性を発揮してすぐになじむことができ、周りを取り巻く人たちとも和やかな関係が保てるよう導く力があるとされています。

成長、好転させる力が強いそうです。

古くは害虫退治にこの石を用いたとされ、他には視力の回復や体中の浄化などの効果もあると言われています。

---

[149]
ズニアイト
(Zunyite)「ズニ石」

成分：$Al_{13}Si_5O_{20}(OH,F)_{18}Cl$
硬さ：7
産地：南アフリカ共和国

弗素の含有された熱水の交代作用を受けた堆積岩中や火山岩中から産出する鉱物で、主成分は珪酸、アルミナ、水酸基、弗素、塩素です。

等軸晶系の正四面体結晶で発見されることが多く、一つ一つは微小ですがよく群生し、時にはズニ石岩と言えるほど集合するものもあります。

色は、無色や灰白色、淡褐色などのものがあり、その色や形、生成条件などがよく似ているものに、トパーズ（Topaz）$Al_2SiO_4(F,OH)_2$があり、共産もします。

耐火物の原料用として採掘される「ろう石」に、この鉱物も含まれています。

名称は、主産地のアメリカ、コロラド州

のZuniの地名にちなんで命名されました。

　創造、理想、寛容を説く鉱物とされています。
　悲しみや寂しさ、悔しさなどの苦難に負けない強い精神力を養い、穏やかな気持になれるよう導く力があると言われています。
　感性が研ぎ澄まされて自己表現が上手になり、心に描いたイメージを現実のものに形作ることができるようになるそうです。

　耳や目、消化器系の病気の治療に用いられた他に、肌をなめらかにする働きがあると言われています。

[150]
スパーライト
（Spurrite）「スパー石」

成分：$Ca_5(SiO_4)_2(CO_3)$
硬さ：5
産地：U.S.A.

　炭酸基をもつ珪酸塩鉱物で、アメリカのニューメキシコ州に良石が産出し、ストロンボライト（Strombolite）の呼び名があります。
　塩基性の岩石と石灰岩との接触変成作用によって生成します。
　単斜晶系に属しますが、結晶体で発見されることはごく稀で、大半は粒状や塊状、緻密などとなります。
　色は、純粋なものは無色ですが、含有する成分によって白色や灰色となり、チタンを含有した美しい紫色のものもあります。
　透明から不透明でガラス光沢をもち、ほぼ完全な劈開があります。
　名称は、アメリカの地質学者、J.E.Spurrの名前にちなんで命名されました。

　和平、平穏、優美を表す鉱物とされています。
　温厚で柔和な性格となるよう導き、周りの人たちとも仲良く付き合っていけるよう促す力があると言われています。
　協調性と耐久性を養い、集団生活も上手にこなすことができるそうです。
　包容力も生まれるようです。

　腸の不調を改善する力があるとされる他に、目、肺にかかわる病気の治療にも用いられたようです。

[151]
スピネル
（Spinel）「尖晶石」

成分：$MgAl_2O_4$
硬さ：8
産地：スリランカ

MgとAlの酸化鉱物で、蛇紋岩や片麻岩、大理石などの変成岩や塩基性火成岩の中に生成します。

等軸晶系に属する八面体結晶や三角板状の双晶（スピネル式）をつくり、他には塊状や粒状、緻密な晶癖をもつものもあります。

色は、本来のものは無色ですが、含有する鉄、クロム、亜鉛、マンガンなどの作用によって、赤、青、緑、黄、褐、黒など様々な色を表すものがあります。条痕は白色。このうち宝石に用いられるものは、鉄やクロムを含んだ紅色透明のもので、ルビー・スピネル（Ruby spinel）「紅尖晶石」と呼んでいます。

透明のものと半透明のものがあり、ガラス光沢をもち、劈開はなく、断口は貝殻状から不平坦状を示します。

スピネル型の結晶で、$R^{\prime\prime}O \cdot R^{\prime\prime\prime}_2O_3$の構造をもつ類質同像の鉱物を、スピネル・グループと呼んでいます。

名称は、尖った形の結晶にちなんで、ラテン語でとげの意味のspinaに由来します。

古来からよく見られた鉱物ですが、18世紀にその呼び名が決まるまでは、ルビーだとされていました。インドには、ルビーにもカースト制を引用して珍重していましたが、その一番目を除いた三階級は、スピネルだったと言われています。

様々な方面で新しいエネルギーを生み出し、常に新鮮さを保って明晰な思考でいられるよう導く力があるとされています。

努力、発展、向上を説き、目標に向かって前進を試みようという意欲を湧き立たせてくれるそうです。

古くは風邪や肝臓病の治療に用いられたとされ、また、体内を活性化して免疫力を高める働きもあると言われています。

[152]
スファレライト
（Sphalerite）「閃亜鉛鉱」

成分：$(Zn,Fe)S$
硬さ：3.5〜4
産地：U.S.A.

最も重要な亜鉛鉱物とされ、熱水鉱脈にガレーナ（Galena）「方鉛鉱」やドロマイト（Dolomite）「苦灰石」などとよく共産します。

等軸晶系四面体半面像晶族に属し、斜方十二面体やその他の結晶体で発見されることが多く、他には塊状や粒状、ぶどう状、緻密などの晶癖のものなどで見られます。

色は、無色や白色のものもありますが、含有される鉄分が多くなるに従って、黄色、オレンジ色、褐色、黒色などの色になります。条痕は、淡い褐色か白色となります。

透明から半透明で、樹脂光沢ないし金剛光沢をもち、劈開は斜方十二面体に完全で、断口は貝殻状を示します。

ジンクブレンド（Zincblend）またはブレンド（Blend）の通称があります。Zincは亜鉛、Blendは欺くの意味ですが、これは共産するガレーナと形や色などが似ていて、分析の際に惑わされたところから付いたものです。

名称も、ギリシャ語で裏切りの意味のsphalerosに由来します。

古くから「霊力を高める石」として崇拝

され、古代のアフリカやオーストラリア民族、アメリカ先住民の間では、儀式の際には必ず使用したとされる鉱物。

直感力、洞察力を高めて、外部から送られてくる情報をキャッチする力を強め、また、頭脳を明晰にする働きもあると言われています。

片寄った思考や行動を防ぐ力があり、何事においても調和と中庸の精神で対処できるよう導く力があるとされています。

古くは眼病の治療に用いられたとされ、他には擦り傷や切り傷の手当てにも使用されたと言われています。

[153]
スフェーン
(Sphene)「くさび石」

成分：$CaTiSiO_5$
硬さ：5～5.5
産地：カナダ

チタンを含んだ珪酸塩鉱物で、チタナイト（Titanite）とも言い、深成岩などの中性火成岩の副成分として、広く分布します。

成分中のTiの一部は、Fe、Mn、またはYによって置換され、Mnを含んで赤色のものをグリーノバイト（Greenovite）、YおよびCeを含むものをカイルハウアイト（Keilhauite）「カイルハウ石」と言います。

単斜晶系に属する結晶がくさび状になったものでよく産出し、その他には柱状や緻密塊状などでも発見されることがあります。

色は、黄色や緑色、灰色、褐色、青色、バラ紅色、黒色などのものがあり、条痕は白色となります。

透明ないし半透明で、金剛光沢または樹脂光沢を帯び、劈開は明瞭で、断口は貝殻状を示します。

名称は、この鉱物の結晶の形から、ギリシャ語でくさびの意味のsphenosに由来します。

宇宙的な意思の疎通、純粋、永久不変を象徴する鉱物とされています。

精神を平静に保ち、持つ人の高貴さをより強調して、すべてにおいてバランスのとれた性格となるよう導く力があると言われています。

目的が達成され、最高の幸福感にひたれるそうです。

肌をきめ細かくなめらかにする働きがあるとされ、他には消化器官の病気の治療にも用いられたと言われています。

[154]
スペサルタイト
(Spessartite)「満ばん柘榴石」

成分：$Mn_3^{2+}Al_2(SiO_4)_3$
硬さ：7～7.5
産地：U.S.A.

　ガーネット（Garnet）「柘榴石」グループの一種で、流紋岩や変質岩中から産出する鉱物。
　アルマンダイト（Almandite）「鉄ばん柘榴石」とよく似た、等軸晶系に属した斜方十二面体や偏菱二十四面体などの結晶体でよく発見されます。
　色は、灰色やオレンジ色、褐色、赤色、帯褐赤色などのものの他に、酸性火山岩中のものは黒色となります。
　透明でガラス光沢を放ち、美しいものは宝石用に研磨されることもあります。
　劈開はなく、裂開は一方向に明瞭で、断口はやや貝殻状ないし不平坦状を示します。
　名称は、ドイツの産地Spessartの地名にちなんで命名されました。

　古くから世界各地の広範囲の人々の間で、「身を守り、優れた治療力をもつ石」として崇められたとされる鉱物。
　深い情愛に恵まれ、肉体と精神、感情などのバランスを保って、身体中に活力を行きわたらせる働きがあると言われています。
　ストレス解消の効果もあるそうです。

　血液の循環を良くして体内に十分な酸素を送り、心臓や肺の働きを活発にする力があると言われています。

[155]
スポデューメン
（Spodumene）「リシア輝石」

成分：$LiAlSi_2O_6$
硬さ：6.5～7
産地：ブラジル

　パイロクシーン（Pyroxene）「輝石」グループの一種で、花崗岩質ペグマタイト中から、レピドライト（Lepidolite）「リシア雲母」、エルバイト（Elbaite）「リシア電気石」などのリシウム鉱物を伴って産出します。
　単斜晶系の柱状結晶体や平坦状結晶体、かなり大きな塊状などで発見され、時には双晶をなすこともあります。
　色は、無色や灰白色、黄紫色のものなどがあり、他にはピンク色のものはクンツァイト（Kunzite）、緑色ないし黄緑色のものはヒッデナイト（Hiddenite）と呼ばれています。条痕は白色。
　透明でガラス光沢を放ち、劈開はほぼ直交する二方向に完全で、断口は不平坦状を示します。
　名称は、この鉱物を加熱すると著しく熱発光することから、ギリシャ語で焼けて灰になるの意味のspodumenosに由来します。

　この鉱物は、1877年にブラジルで発見されましたが、1879年に初めてクンツァイトとヒッデナイトが同一鉱物の変種であ

ることがわかりました。
　無限の愛、自然の恵み、清浄を説く鉱物とされています。
　純粋で温かなエネルギーで持つ人を包み、明晰な思考となるよう導く力があると言われています。
　自己の内側にある潜在的な意識を発見できるそうです。

　心臓の働きを正常にするのに用いられた他に、循環器系の病気の治療にも使用されたと言われています。

---

[156]
スミソナイト
（Smithsonite）「菱亜鉛鉱」

成分：$ZnCO_3$
硬さ：4〜4.5
産地：メキシコ

　カルサイト（Calcite）「方解石」グループの一つで、硫化亜鉛に富む鉱床の酸化によって生じる硫酸亜鉛水溶液と石灰岩の作用によって産出する鉱物。
　六方晶系（菱面体晶系）の菱面体結晶で発見される他、腎臓状やブドウ状、結晶質の皮殻状などでよく見られます。
　色は、元来は無色か白色をしていますが、結晶構造上から発色性イオンを取り込んで、Co（ピンク色）、Cd（黄色）、Cu（緑色）などの色のものもあります。条痕は白色。
　透明ないし不透明で、ガラス光沢や真珠光沢、土状光沢を帯び、劈開は菱面体方向に完全で、断口はやや貝殻状から不平坦状を示します。
　名称は、ワシントンのスミソニアン研究所の創立者でイギリス人、J.Smithsonの名前にちなんで命名されました。

　古くは、ギリシャ語で「カドモスの土」の意味のカドメイアと呼ばれた鉱物。カドモスというのはギリシャ神話時代のテーバイ王のことで、従って、「テーバイ地方でとれる石」ということになります。
　好感、信頼、良識を象徴とし、物事の混乱してしまった箇所を見つけ出してこれを修正し、恐れや不快な感情を解消する働きがあると言われています。
　穏やかで優しい性格となるよう導く力があるとされています。

　肝臓の働きを正常に保って肌のあれを治し、体内の毒素を除去する力があると言われています。

---

[157]
スモーキー・クォーツ
（Smoky quartz）「煙水晶」

成分：SiO_2
硬さ：7
産地：ブラジル

　結晶質の石英で、色が煙色や茶色で透明のものを言います。
　各地のペグマタイト中の晶洞や、石英脈などから産出します。
　六方晶系に属する柱状結晶体やその双晶などで発見される他、塊状などでよく見られます。
　この鉱物が示す茶色になる発色の原因は、天然の放射能の影響によるものですが、加えて中に含まれているアルミニウム・イオンによるもので、その色より濃色のものは、ケアンゴーム（スコットランド名）の別名で呼ばれることもあります。条痕は白色。
　また、濃色のものを熱処理によって淡色や黄水晶にしたり、反対に、無色の水晶にコバルト60を放射してスモーキー・クォーツにしたりすることもあります。
　新しい面はガラス光沢をもち、劈開はなく、断口は貝殻状から不平坦状を示します。

　古くから「悪霊を追い祓うお守り石」として崇拝され、また、争いごとに勝ち、種族を保持する力があるとも言われていました。そのため、古代ローマ時代にはカメオやインタリオなどの彫刻を施した印章などにして、これを代々使用していたようです。
　恐怖心や不安感、焦燥感などから心を解放し、リラックスさせる効果があるとされ、潜在能力を開発し、引き出す力があると言われています。
　力強さと耐久力を養うそうです。

　古くは不眠症の治療に用いられたとされ、他には手足の不調を改善する働きがあると言われています。

[158]
セージニティック・クォーツ
（Sagenitic quartz）「針入り水晶」

成分：SiO_2＋内包されている鉱物の成分
硬さ：7
産地：ブラジル

　セージナイト（Sagenite）とも言われ、ルチル（Rutile）「金紅石」やアクチノライト（Actinolite）「緑閃石」、ゲーサイト（Goethite）、トルマリン（Tourmaline）「電気石」その他の鉱物の細長い結晶である針状インクルージョンを内包するロック・クリスタル（Rock crystal）「水晶」のこと。ちなみに、ラテン語で大きな魚網を示す言葉はsagenaです。
　花崗岩の接触変質作用を受けた点紋粘板岩中の石英脈に生成します。
　この針状インクルージョンを内包する水晶は、狭義では無色透明もしくはほぼ無色に近い水晶となりますが、他にもシトリンやスモーキー・クォーツ中に存在するものを含むこともあります。
　日本名の針入り水晶については、このセージニティック・クォーツ中では最も一般的なものである、ルチレーテッド・クォーツを示す名称としても用いられることもあります。

　古くからの言い伝えでは、内包された針がキラキラ光ることから「キューピットの

矢」と呼ばれ、恋を運んでくる石とされていました。

持つ人を強い愛のバリアーで保護し、個人の意識、思考を高い所にまで導き、保持する働きがあると言われています。

強い浄霊力がある鉱物とされています。

喉、脳、目、筋肉構造の病気の治療に用いられる他、循環器系の不調を改善する力があると言われています。

---

[159]
ゼオライト
（Zeolite）「沸石」

成分：混合物により異なります。
硬さ：混合物により異なります。
産地：インド

ゼオライトはグループ名で、これに属する鉱物は約50種類あり、また、その定義は珪素の一部をアルミニウムに置き換えて、酸素との比が（Al＋Si）：O＝1：2となる含水珪酸鉱物ということになります。また、これらは熱すると、水分を失って不透明となります。

名称も、加熱すると水分を分離し、その様子が沸騰しているように見えるところから、ギリシャ語で沸騰するの意味のzeinに由来します。

このグループ中のアナルシム（Analcime）「方沸石」、カバザイト（Chabazite）「菱沸石」、ハーモトーム（Harmotome）「重土十字沸石」、ヘウランダイト（Heulandite）「輝沸石」、ラウモンタイト（Laumontite）「濁沸石」、メソライト（Mesolite）「中沸石」、モルデナイト（Mordenite）「モルデン沸石」、ナトロライト（Natrolite）「ソーダ沸石」、フィリプサイト（Phillipsite）「灰十字沸石」、スコレサイト（Scolecite）「スコレス沸石」、スティルバイト（Stilbite）「束沸石」、トムソナイト（Thomsonite）「トムソン沸石」についての詳しいことは、各項目をご覧ください。

大地の恵み、自然の恩寵、再生を表す鉱物とされています。

力強さと耐久力を養い、邪悪なものや悪霊から身を守る力があると言われています。

田畑や農地の浄化に用いられ、作物や家畜を健やかに成長させて豊饒となるよう導く力があるとされています。

古くは体内から毒素を取り除く働きがあるとされ、他には喉の不調を改善する力があると言われています。

---

[160]
セナルモンタイト
（Senarmontite）「方安鉱」

成分：Sb_2O_3
硬さ：2〜2.5
産地：アルジェリア

スティブナイト（Stibnite）「輝安鉱」やネイティブ・アンチモニー（Native Antimony）「自然アンチモニー」、その他のアンチモニー鉱物の酸化によって生じる二次鉱物で、ヴァレンチナイト（Valentinite）「アンチモニー華」やケルメサイト（Kermesite）「紅安鉱」などと共産します。

偽等軸晶系に属する八面体結晶で発見されることが多く、他には粒状の塊や皮殻状で見られることもあります。

色は、無色や帯灰白色、灰色ですが、表面は黒ずんでいることが多いようです。

透明ないし不透明で、やや金剛光沢に近い樹脂光沢を放ちます。

名称ですが、フランスの鉱物学者、H.Senarmonの名前にちなんで1851年に命名されました。

永久不変、神々との意思の疎通を説く鉱物とされています。

自己の内側を深く見つめることができるようになり、また、それによってあらゆる次元での真実を見抜くよう導く力があると言われています。

自然や宇宙の秩序、法則を理解し、そこに存在するすべてのものに対して、崇敬をもって接することができるよう育む力があるとされています。

目や耳にかかわる病気の治療に用いられた他に、体内の老廃物を除去する働きがあると言われています。

[161]
ゼノタイム
(Xenotime)「燐酸イットリウム鉱」

成分：YPO_4
硬さ：4〜5
産地：ブラジル

酸性およびアルカリ火成岩の副成分として、ペグマタイト中や気成鉱脈中、変成岩中の分結脈などに産出します。

正方晶系の柱状や両錐状の結晶をつくり、立方体の結晶や粗い結晶の集合体、球状の集合体としても見るられることがあります。

色は、稀には無色のものもありますが、多くは黄褐色や赤褐色、灰褐色、緑灰色、灰色、淡黄色、帯赤色で、条痕は淡褐色か黄褐色です。透明から不透明で、ガラス光沢から樹脂光沢をもち、柱面に明瞭な劈開があり、断口は不平坦状を示します。

ウランやトリウムを少量ですが含んで放射能をもちますが、その程度はウラニナイト（Uraninite）「閃ウラン鉱」よりは弱く、コルンバイト（Columbite）「コルンブ石」よりは強い放射能です。

玄武岩質岩石に、この鉱物がジルコン（Zircon）「風信子石」を伴って、菊の花のような放射状結晶として存在しているものがあり、これを菊花石と言っています。

名称は、この鉱物中に、それまで未発見の元素が含まれていると考えられましたが、

その後あやまりだとわかったために、ギリシャ語で「むなしい名誉」という意味の名が付けられました。

創造、成長、向上を象徴する鉱物とされています。物事の真実、本質を見抜く力を授け、様々に寄せられてくる雑多な情報に振り回されることなく、今の自分にとって必要なものだけを選択できるよう導く力があると言われています。粘り強さと耐久力も養うそうです。異常な細胞を除去する働きがある他、関節炎や心臓病、副腎の病気の治療に用いられたそうです。

[162]
セプター・クォーツ
（Sceptre quartz）

成分：SiO_2
硬さ：7
産地：中国

王笏の形に結晶しているロック・クリスタル（Rock crystal）「水晶」のことで、和名では松茸水晶または茸水晶と呼ばれています。

一個の柱状結晶の頂部に並行連晶として、それより大きく発達した結晶が累帯的に生成したものを言います。

いろいろな地域から産出しますが、特に韓国産のアメジスト（コリアン・アメジスト）にはこのタイプの結晶が多く見られます。

名称は、その結晶の形が似ていることにちなんで、英名も和名も名付けられました。

なお、特性値はクォーツ（Quartz）「石英」と同一です。

頭脳を刺激して思考力を増幅する力があるとされる鉱物。

有益なエネルギーを心身に取り入れ、潜在した能力を引き出す働きもあると言われています。

知性と霊性を結合させ、肉体面、精神面の両方のバランスを保って互いにパワーアップするよう導く力があるとされています。

体細胞組織の構造を正常にする働きがあるとされる他に、心臓や肺、気管支などの病気の治療に用いられていたようです。

[163]
セランダイト
（Serandite）「セラン石」

成分：$Na(Mn^{2+},Ca)_2 Si_3O_8 (OH)$
硬さ：5～5.5
産地：カナダ

ペクトライト（Pectolite）「ソーダ珪灰石」と類質同像鉱物で、アルカリ閃長岩ペグマタイト中にアナルシム（Analcime）「方沸石」などと共産します。

三斜晶系に属する結晶体で発見されます。色は、ピンク色やオレンジ色のものなどがあります。

劈開は完全で脆く、風化されやすい性質があります。

良質のものが、カナダのモン・サン・チラール（Mont Saint-Hilaire）から採掘されますが、日本でも岩手県の田野畑鉱山産のものがあり、ここは花崗岩の貫入によって変成作用をうけたマンガン鉱床で、その石英中から発見されます。

1931年にギニアで発見され、フランスのJ.M.Sérandの標本が研究に用いられたのにちなんで命名されました。

苦痛や不安、困惑などの束縛から解放され、本来持ち合わせた本質に気付いて、自己の表現が上手にできるよう導く力があると言われています。

傷つきやすい繊細な神経を保護し、目標に向かっての前進を促してこれを維持するよう養う力があるとされています。

体内に必要な栄養分を補給する働きがあり、また、細胞の再生を促してこれを活性化させる力もあると言われています。

[164]
セルサイト
（Cerussite）「白鉛鉱」

成分：$PbCO_3$
硬さ：3〜3.5
産地：U.S.A.

鉛、亜鉛鉱床の酸化帯の第二次生鉱物として、ガレーナ（Galena）「方鉛鉱」やバーライト（Barite）「重晶石」に伴われて産出します。

斜方晶系に属した板状や柱状の結晶体で見られ、また、その三個の結晶が双晶をなして六角形になりやすく、はたまた三方向に並行集合した板状結晶が互いに双晶をなして、星形となることもあります。

色は、たいてい白色か無色ですが、鉛などが含まれているので灰色や帯緑色、青色にもなり、条痕は白色です。

透明で屈折率も高く、金剛光沢をもちますので、無色のカット石はダイヤモンド（Diamond）「金剛石」にも匹敵する美しさを示します。

名称は、ラテン語で鉛白の意味のcerussaに由来します。

古くは宗教上のセレモニーの際に、「皆が同じ意識になれる石」として用いたとされる鉱物。

あらゆる状況下においても、新しい環境に適合できるよう導く力があると言われています。

持つ人を温かで穏やかな気持ちにしてくれるとされ、また、知恵も授かるよう育む力があるそうです。

昔は、土地や作物を豊かにする効果があるとされ、また、不眠症を改善する力もあると言われています。

[165]
セルレアイト
（Ceruleite）

成分：$Cu_2Al_7(AsO_4)_4(OH)_{13} \cdot 12H_2O$
硬さ：5～6
産地：チリ

1976年に発表された、ターコイス（Turquoise）「トルコ石」によく似た新種の鉱物で、クォーツ（Quartz）「石英」やバーライト（Barite）「重晶石」、ゲーサイト（Goethite）「針鉄鉱」などとよく共産します。
三斜晶系に属していますが、その結晶体は極めて微細で、その微晶質の結晶が集合して塊状となった形で発見されることがほとんどです。
色は、淡青色から濃青色までを示します。透明度はなく、樹脂光沢を放ちます。
産地はチリ、ボリビアなどです。
名称は、この鉱物が青色を示すところから、ラテン語で青色の意味のcoeruleusに由来します。

目的意識をはっきりさせるのに効果的とされる鉱物。
集団生活やその中での活動をも含めた人間関係をスムーズにして、仕事の能率も高まるよう働きかける力があると言われています。
与えられたものに対して、喜びをもって接することができるよう導く力があるそうです。

体内の水分を十分に満たし、細胞を活性化して、免疫力を高める働きがあるとされています。

---

[166]
セレスタイト
（Celestite）「天青石」

成分：$SrSO_4$
硬さ：3～3.5
産地：マダガスカル

ストロンシウムの鉱物で、ジプサム（Gypsum）「石膏」やハーライト（Halite）「岩塩」などと共に堆積鉱床中に発見されたり、ストロンシウム鉱やカルサイト（Calcite）「方解石」、フローライト（Fluorite）「螢石」などに伴われて、石灰岩や苦灰岩中の空洞中に産出したりします。
斜方晶系に属する板状や短冊状などの結晶体で見られる他、繊維状のものが平行または放射状に密集してボール状になったもの、粒状の塊、葉片状などで現れるものなどがあります。
色は、無色や白色、灰色、帯緑色、帯黄色、帯橙色、帯赤色などのものもあります

が、最も一般的なのは淡青色のものです。
透明ないし半透明で、ガラス光沢を放ち、劈開は一方向に完全、一方向に良好です。
名称は、その色が天青色を示すことから、ラテン語で天の意味のcoelestisに由来します。

清浄、博愛、魂の浄化を表す鉱物とされています。
ストレスを軽減して心に平安と安定をもたらし、あらゆるもののバランスを調整する力があると言われています。
創造力や表現力を養い、より高次な意識へと導く力があるそうです。

古くは消化器官にかかわる病気の治療に用いられた他に、目や耳などの不調を改善する力があると言われています。

[167]
セレナイト
(Selenite)「透石膏」

成分：$CaSO_4・2H_2O$
硬さ：2
産地：メキシコ

ジプサム（Gypsum）「石膏」の中でも、無色透明のものを言います。
鉛や亜鉛鉱に伴って、第三紀火山岩中に黒鉱鉱床を作り、また、これらよりやや離れて単独に塊状の鉱床をつくります。
単斜晶系に属する、単純な扁平結晶体で見られることが多く、他には結晶が斜めに切れた短冊状や、双晶によって矢筈状になったものなどがあります。
ややガラス光沢ないし真珠光沢を帯び、一方向に完全な劈開があって、断口は多片状を示します。
なお、この鉱物の変種にサンド・ローズ（Sand rose）「砂漠のバラ」があり、これは砂漠中のミネラル分を含んだ湖や沼の水中から結晶ができてつくられたもので、表面には砂漠の砂粒が付いています。
名称は、ギリシャ語で月の意味のseleneに由来します。

一説には、プリニウスの『博物誌』でセレニテス（selenites）と呼んだものとも、マルボドゥスの『宝石について』でイーリス（iris）と呼んだものとも言われ、特定はできないようです。
古くから洞察力や直感力を高める鉱物とされ、精神をリラックスさせると共に思考を明晰にし、集中力を高める効果があると言われています。
優柔不断さを取り除き、しっかりとした自己を意識できるよう導く力があるとされています。

骨や歯を強化する力があり、骨格組織を正常に保って細胞質を保護する働きがあると言われています。

[168]
ゾイサイト
（Zoisite）「ゆうれん石」

成分：$Ca_2Al_3(SiO_4)_3(OH)$
硬さ：6〜7
産地：ノルウェー

エピドート（Epidote）「緑れん石」グループ中の一種で、変成岩の成分として、また、石英脈中やペグマタイト中、或種鉱床中などに産出します。

斜方晶系の柱状結晶体で発見され、また、針状結晶やそれが平行集合してすだれ状になったもの、塊状などでも見ることがあります。

色は、灰色や淡褐色などのものがあり、他には青色で透明なブルー・ゾイサイトを商品名でタンザナイト（Tanzanite）、ピンク色で不透明なものをチューライト（Thulite）「桃れん石」、緑色の不透明石をタンザニアの現地名でアニョライト（Anyolite）などと呼んでいます。このアニョライトはルビーと共産することが多く、ルビー・イン・ゾイサイトとも呼ばれ、装飾用の石材として利用されています。条痕は無色。

透明から半透明でガラス光沢をもち、劈開は完全で、断口は不平坦状から貝殻状を示します。

名称は、スロベニアの貴族のS.Zoisの名前にちなんで命名されました。

神秘性、霊力、永遠を象徴する鉱物とされています。

判断力を正しい方向に導き、自己を奮起させて積極的な行動をとるよう促す力があると言われています。

意識を高次元にまで引き上げる力があり、直感力や洞察力を強めて霊的ヒーリング効果を高める働きがあるとされています。

心臓、肺、脾臓、腸の病気の治療に用いられた他、眼にかかわる不調を改善する力があると言われています。

---

[169]
ソーダライト
（Sodalite）「方ソーダ石」

成分：$Na_8Al_6Si_6O_{24}Cl_2$
硬さ：5.5〜6
産地：ブラジル

ソーダライト・グループに属する鉱物で、霞石閃長岩のようなソーダ分に富んでいて、珪酸に比較的乏しいアルカリ火成岩の初成鉱物として産出します。

等軸晶系に属した斜方十二面体の結晶で発見されることもありますが、多くは塊状や同心円状の団塊で見られます。

色は、濃青色のものの他に、無色や黄色、灰色、帯緑色、帯赤色のものなどがあり、

条痕は無色です。

半透明ないし不透明で、ごく稀には透明のものもあります。ガラス光沢から油脂光沢をもち、劈開は一方向に明瞭で、断口は不平坦状から貝殻状を示します。

濃青色の塊状石は、同じグループ中の鉱物ラピス・ラズリ（Lapis lazuli）「瑠璃」の類似石として、宝飾品などに用いられることもあります。

名称は、この鉱物がソーダ分を含有していることに由来します。

古くから、ラピス・ラズリと並行した歴史をもつ鉱物とされ、古代の墓では、本来ラピス・ラズリがあるべきところにこの鉱物が発見されています。

古代エジプトでは「悪霊を祓い、邪悪なものから身を守る石」として崇拝され、僧侶たちの間でよく使用されていたと言われています。

恐怖心や心の混乱を鎮め、強い意志と鋭い直感力にも恵まれるようになると伝えられています。

理性的な行動がとれるよう導く力があるそうです。

古くは眼の病気の治療に用いられたとされ、他には新陳代謝を活発にして解毒作用もあると言われています。

[170]
ソーマサイト
（Thaumasite）「ソーマス石」

成分：$Ca_6Si_2(CO_3)_2(SO_4)_2(OH)_{12}\cdot24H_2O$
硬さ：3.5
産地：ノルウェー

エトリンガイト（Ettringite）「エトリング石」グループ中の一つで、石灰岩の地層を貫くアルカリ火山岩や、各地のスカルン、熱水性金属鉱床脈中などに産出する鉱物。

六方晶系の針状結晶体や、熔岩中の晶洞からは、繊維状などで発見されることもありますが、それはごく稀で、通常は塊状でよく見られます。

色は、無色や白色のものなどがあります。半透明ないし不透明で、ガラス光沢および絹糸光沢を放ちます。

ファセット用透明石はほとんど存在しませんが、繊維状塊状石は弱いシャトヤンシーを示してキャッツ・アイ石となります。

名称は、この鉱物の成分が注目すべき構成のために、ギリシャ語で驚くという意味のthaumaseinに由来します。

向上心、進化、保護を説く鉱物とされています。

行動力を高めて、定めた目標に向かって無理することなく到達できるよう導く力があると言われています。

日常の中に安堵感とやすらぎをもたらし、静かで平和な気持ちになるよう促す力があるとされています。
自分の限界を知ることができるそうです。

脳にかかわる病気の治療に用いられた他、骨や歯の不調を改善する力があると言われています。

[171]
ターコイズ
(Turquoise)「トルコ石」

成分：$Cu^{2+}Al_6(PO_4)_4(OH)_8 \cdot 4H_2O$
硬さ：5〜6
産地：U.S.A.

6種類あるターコイズ・グループの中の一つで、名称が色の名前（ターコイズ・ブルー）にも使われるように、その美しい空色が特徴とされる鉱物です。その空色の発色は、含有された銅（Cu）の作用によるもので、これは鉄（Fe）に置き換わることができます。ちなみに、この鉱物の組成がFe＞Cuになると緑色のチャルコシデライト（Chalcosiderite）「鉄トルコ石」に、銅（Cu）の代わりに亜鉛（Zn）が主成分になるとファウスタイト（Faustite）「ファウスト石」となります。

三斜晶系の微小結晶で発見されることもありますがごく稀で、多くは塊状や腎臓状、皮膜状などで産出します。
結晶は透明で樹脂光沢をもち、塊状のものはにぶい光沢をもちます。劈開は良好で、断口は貝殻状ないし不平坦状を示します。

名称は、トルコでの産出を意味するのではなく、古くからペルシャ（イラン）産がトルコを経由して、またはトルコ人の隊商によって地中海方面に持ち込まれたことに由来します。

この鉱物の最上質のものを産出するペルシャ（現在のイラン）では、約6000年前より採掘されていたとされ、古代エジプトの初期の墳墓や古代インカなどの財宝の中からこの鉱物の装飾品が発見されていることなどから、人類とのかかわりの最も古い石の一つだと言われています。

『アラビア鉱物書』には「目の粉末薬に混合するといっそうよく目に効く」と記述され、他には「勇気とやる気をつけ、邪悪なものや迫り来る危険から身を守る力がある」「旅の守護石となる」などとされています。

古くは視力を守る力があるとされ、他には肝臓や胆のうの機能を強化する働きがあると言われています。

[172]
ダイオプサイド
(Diopside)「透輝石」

成分：CaMgSi$_2$O$_6$
硬さ：5.5〜6.5
産地：U.S.A.

　苦土質石灰岩中に、接触変質作用または広域変質作用によって生じる鉱物で、ヘデンベルガイト（Hedenbergite）「灰鉄輝石」CaFeSi$_2$O$_6$とは類質同像。
　単斜晶系の柱状結晶体や粒状の集合体、葉片状の塊などで発見されます。
　色は、白色や灰色、淡緑色、濃緑色、褐色、黒色、クロム緑色などのものがあり、また、稀には青色のものも見ることができます。条痕は白色か灰色です。
　半透明ないし透明で、ガラス光沢をもち、劈開はほぼ直交する二方向に完全です。断口は不平坦状を示します。
　この鉱物に針状のマグネサイト（Magnesite）「菱苦土石」がインクルージョンすると、スターやキャッツ・アイ効果が見られます。
　名称は、ギリシャ語で透明の意味のdiopsisに由来します。

　理性・知識を表す鉱物とされています。
　混乱しがちな感情を鎮めて、冷静で理性的な意識でいられるよう導く力があると言われています。
　精密に組み立てられた論理のもと、未来に向かって動き出す原動力を与えてくれるそうです。

　古くは神経衰弱の治療に用いられたとされ、他には大腸や消化器官の不調を改善する力があると言われています。

[173]
ダイオプテーゼ
（Dioptase）「翠銅鉱」

成分：Cu^{2+}SiO$_2$(OH)$_2$
硬さ：5
産地：ナミビア

　乾燥地域の銅の酸化帯に、カルサイト（Calcite）「方解石」やドロマイト（Dolomite）「苦灰石」、リモナイト（Limonite）「褐鉄鉱」、クォーツ（Quartz）「石英」などと共産する鉱物。
　六方晶系に属した極めて小さい短柱状や菱面体式の結晶体で見ることができます。
　色は緑色や帯青緑色で、半透明ないし透明石のため、1785年に最初にカザフスタンで発見された時にはエメラルド（Emerald）と間違われました。しかし、エメラルドとは結晶も成分も違うことがわかって、1797年にダイオプテーゼと命名されました。
　ガラス光沢をもち、劈開は菱面に完全です。
　名称は、この鉱物が通常は小結晶や劈開小片状のために、ギリシャ語でとおしてよく見えるの意味のdiaopsomaiに由来します。

　控えめな愛、自由な生き方を説く鉱物とされています。
　自己を深く見つめ、あらゆるものの真実を見極めることができるよう導く力があると言われています。
　乱れた感情を鎮めて不安感を取り除き、

精神を安定させる働きがあるそうです。

　高血圧による不調を改善し、また、体内にたまった毒素を排除する力があるとされています。

[174]
タイガー・アイ
（Tiger's eye）「虎目石」

成分：NaFe$(SiO_3)_2$＋混合物
硬さ：7
産地：南アフリカ共和国

　アンフィボール（Amphibole）「角閃石」の一種のクロシドライト（Crocidolite）「青石綿」という鉱物に石英が浸み込んで硬くなり、その原石の青色が酸化して、金褐色や黄褐色に変化したものを言います。

　単斜晶系の細くてしなやかな繊維状の結晶で見られます。

　この鉱物が示す黄褐色の色は、鉄分を含有しているためで、これを加熱処理して、鉄分を赤鉄鉱に変化させると赤褐色になり、これをレッド・タイガー・アイ（Red tiger's eye）「赤虎目石」と呼んでいます。また、酸処理で鉄分を溶出させ、脱色して淡黄色や淡灰色にしたものは、キャッツ・アイ石の代用品とされています。

　名称は、この鉱物をカボション・カットすると、光線の反応（シャトヤンシー）で虎の目のように見えることにちなんで命名されました。

　古代では幸運を招く聖なる石として崇められ、エジプト人は神々の像の目に使用して聖なる視野を表し、ローマ人は霊力を授ける護符とし、また、インド人はその色変わりする美しさから最も貴重な宝石として珍重したと言われています。

　洞察力や決断力を養って物事を成功へと導き、邪悪な力を跳ね返して仕事運、金運を良くすると伝えられています。

　古くは夜盲症の治療に用いられたとされ、他には頭痛や喉の不調を改善する力もあると言われています。

[175]
ダイヤモンド
（Diamond）「金剛石」

成分：C
硬さ：10
産地：南アフリカ

　万物中の至宝にして宝石の冠たるものですが、成分は純然たる炭素でグラファイト（Graphite）「石墨」と何ら異ならない鉱物です。

　砂鉱をなす他に、キンバレー岩と称され

る角礫状黒雲母橄欖岩中に、血赤色のガーネット（Garnet）「柘榴石」などと共産します。

等軸晶系の八面体、十二面体、六面体の基本結晶体と、それらの組み合わせの各種の双晶を示したり、また、結晶面が湾曲したり、形状がゆがんだり、双晶をなしたりと多種の形状で産出します。

色は、無色を基準として黄色や褐色、青色、緑色、オレンジ色、ピンク色のものなどもあり、条痕は白色を示します。

透明で金剛光沢をもち、八面体に平行な4方向に完全な劈開があります。

名称は、万物最高の硬さのために、ギリシャ語で征服し難いという意味のa（否定辞）＋damazein（征服する）に由来します。

この鉱物が最初に発見されたのは2000年以上前のインドだとされ、それがヨーロッパの国々で見られるようになったのは、ずっと後のことで、従って、『アラビア鉱物書』をはじめ、数々の文献にある「アダマス」とは単にこの鉱物ではなく、硬い石を指して言ったものだとされています。

永遠の絆、清浄無垢を象徴とし、不滅、勝利を導く、潜在能力を引き出す、敵に打ち勝つなどの効果があると言われています。

古くは毒を中和して、精神錯乱を防ぐ力があるとされ、新陳代謝を活発にして抵抗力を高める働きもあると言われています。

[176]
ダトーライト
（Datolite）「ダトー石」

成分：$Ca_2B_2Si_2O_8(OH)_2$
硬さ：5～5.5
産地：ロシア

硼素を含む珪酸塩鉱物の一つで、鉱脈や玄武岩質火成岩の空洞中に生成します。カルサイト（Calcite）「方解石」やクォーツ「石英」、ゼオライト（Zeolite）「沸石」族などの鉱物と共産します。

単斜晶系に属する短柱状や板状の結晶をつくる他、粒状やブドウ状、緻密な塊状などのものもあります。

色は、無色や白色、淡黄色、淡緑色、ピンク色、帯赤色などで、不純物を含んでいると褐色になります。条痕は無色。

透明ないし半透明で、ガラス光沢をもち、無色透明のものはクォーツに似ていますが、硬度が低く劈開がありませんので、区別ができます。断口は不平坦状ないし貝殻状を示します。

名称は、この鉱物がよく粒状を示すところから、ギリシャ語で分割するという意味のdateisthaiに由来します。

古くは、記憶力を高めたい時に用いたとされる鉱物。

過去の経験や助言を現実に生かし、より

高度な次元の意識へと高めることができるよう促す力があると言われています。

先人の知恵や知識の伝達がスムーズに運び、それを基盤とした確かな考え方となるよう導く力があるとされています。

神経細胞の再生を促し、大脳の組織機能の働きを助ける効果があると言われています。

....

[177]
タンザナイト
（Tanzanite）

成分：$Ca_2Al_3(SiO_4)_3(OH)$
硬さ：6〜7
産地：タンザニア

1967年にタンザニアから発見された青色透明のゾイサイト（Zoisite）「ゆうれん石」に対して、ニューヨークのティファニー社が産出国にちなんで命名した商品名でしたが、現在では本来のブルーゾイサイトという名前よりも、こちらの名称の方が一般化されてしまいました。

ゾイサイトについては、変成岩中や石英脈中、ペグマタイト中などから産出する鉱物で、斜方晶系に属する柱状や針状で発見される他には、塊状などでも見ることができます。柱状結晶のものには垂直な著しい条線があり、劈開は一方向に完全で、断口は不平坦状を示し、ガラス光沢をもっています。

色は、灰色や淡褐色、緑色、ピンク色などの色のものがあります。

タンザナイトの青紫色は、微量のバナジウムを含有しているためだとされています。条痕は無色。

一説には、古代ケルト民族の間で「霊力を授ける魔法の石」として崇められ、特別な儀式用の用具や首長の装飾品として使用されたと言われています。

神の啓示、永遠性、先人の智知を表し、意識を高次元にまで高めるために用いるには最適の鉱物とされています。

正しい判断を下す能力を与え、落ち着きと思慮深い思考で物事を成功に導く力があると伝えられています。

古くは眼にかかわる病気の治療に用いられたとされ、他には体内の毒素を排除する力があるとされています。

....

[178]
タンタライト
（Tantalite）「タンタル石」

成分：$(Fe^{2+},Mn^{2+})O・Ta_2O_5$
硬さ：6
産地：ブラジル

コルンバイト（Columbite）「コルンブ石」$(Fe^{2+}, Mn^{2+})O, Nb_2O_5$ の Nb_2O_5 を Ta_2O_5 で置換した鉱物で、タンタル（Ta）の含有の多いものを言い、ニオブ（Nb）の多いものをコルンバイトとしていますが、両者はあらゆる割合に混溶しますので、中間のものは区別するのが困難とされています。

ペグマタイト中に比較的普通に産出します。
斜方晶系の柱状や板状の結晶体で発見されたり、他には塊状などで見ることがあります。
色は黒色や帯褐黒色、帯赤褐色のものなどがあります。
やや金属光沢ないし金剛光沢を放つ、不透明石ですが、このシリーズのマンガノタンタライトは美しい赤色透明石です。
名称は、コルンバイトと共産することから、神話のNiobeの親のTantalusにちなんで命名されました。

古くはロシアや中央アジアの国々の遊牧民の間で、「悪霊を払い、牧養動物を守る力がある石」として崇拝されたと言われ、慈悲、包括、豊饒を象徴する鉱物とされています。
思考の中の行き過ぎや過激さを防いで、中庸の精神を保つよう導く力があると言われています。
邪悪なものから身を守り、洞察力、直感力を高める働きがあるそうです。

古くは狂気を治し、手足の痛みを和らげる効果があるとされ、他には心臓病の治療に用いられたと言われています。

[179]
ダンブライト
(Danburite)「ダンブリ石」

成分：$CaB_2(SiO_4)_2$
硬さ：7～7.5
産地：U.S.A.

スカルン中に産する硼素を含んだ珪酸塩鉱物で、しばしばアキシナイト（Axinite）「斧石」などと共産します。
斜方晶系の柱状結晶で、その面角や晶相がトパーズ（Topaz）とよく似ていますが、こちらは底面に劈開がなく、また、硬度も多少低いので識別が可能です。
色は、無色や白色、ピンク色、淡黄色、濃黄色、帯黄褐色、褐色のものなどがあります。
透明ないし半透明で、ガラス光沢ないし脂光沢をもち、特に結晶面は光沢が大きく、無色、透明のものは、昔ダイヤモンドの代用品に用いられたそうです。
名称は、この鉱物の発見されたアメリカ、コネチカット州のDanburyの地名にちなんで名付けられました。

幅広い知性を授かりたい時に持つと高い効果が得られるとされる鉱物。
理性と感情のバランスを保ち、完全性のある理想に近い現実に到達することが可能となり、それを維持していくよう導く力が

あると言われています。
　冷静さも養われるそうです。

　膀胱にかかわる病気の治療に用いられ、また、体内の老廃物を排除する力もあるとされています。

[180]
チャルコパイライト
（Chalcopyrite）「黄銅鉱」

成分：$CuFeS_2$
硬さ：3.5〜4
産地：ペルー

　銅の最も重要な鉱石鉱物で、鉱脈中にパイライト（Pyrite）「黄鉄鉱」やシデライト（Siderite）「菱鉄鉱」と共産したり、クローライト（Chlorite）「緑泥石」に覆われた安山岩中の割れ目から発見されたり、また、スファラライト（Sphalerite）「閃亜鉛鉱」と共にクォーツ（Quartz）「石英」に覆われて現れたりします。

　正方晶系の扁平な三角形の結晶で、それが二個組み合わさって双晶をなすものもあり、他には塊状やブドウ状、腎臓状などで見られることもあります。

　色は真ちゅう色で、条痕は緑黒色となり、金属光沢をもちます。また、時として表面が変色しやすく、長い年月を経ると黒色に変色してしまいます。

　宝石用のカット石は「オリエンタル・ゴールド」と呼ばれています。

　名称は、ギリシャ語で銅の意味のchalkosと火の意味のpyrに由来します。

　過去とのかかわりが深い鉱物で、古くは「失せ物」を見つけ出す時に使用されていたそうです。

　忘れてしまっていた昔のことがヒントとなって現在起こっている問題を解決したり、先人の知恵によって窮地を脱出したりすることができるようになると言われています。

　昔は頭髪障害の治療に用いられたとされ、他には新陳代謝を活発にして体中に酸素を行きわたらせる働きがあるとされています。

[181]
チャロアイト
（Charoite）

成分：$K(Ca,Na)_2Si_4O_{10}(OH,F)\cdot H_2O$
硬さ：5
産地：ロシア

　1978年に新鉱物として認定されたもので、それ以前からも彫刻用の石材としては利用されていました。

　単斜晶系に属して、通常は黒色部はエジ

リン（Aegirine）「錐輝石」、帯緑灰色部はマイクロクリン（Microcline）「微斜長石」、オレンジ色部は新鉱物のティナクサイト（Tinaksite）などの鉱物集合体として、繊維状や放射状で産出します。

色は、淡紫色から鮮紫色のものまで見られ、ガラス光沢をもちますが、透明感はありません。

名称は、ロシアの女性鉱物学者がシベリアのアルダン地区のチャロ川流域で発見したために、その川の名にちなんだとする説と、この鉱物の美しさに魅了されたためにロシア語で魅惑するという意味のcharoに由来するとの説があります。

清く正しい考え方をしたい時に持つと良いとされる鉱物。

精神と感情のバランスを保ちながら両者を融合させ、互いに高め合いながら発展するよう導く力があると言われています。

浄化にとても優れた石で、持つ人を純粋で優しい気持ちにし、心身の働きを正常にする力があるとされています。

肝機能の働きを良くして、体内に溜まってしまった毒素を排除する力があると言われています。

[182]
チューライト
(Thulite)「桃れん石」

成分：$Ca_2Al_3(SiO_4)_3(OH)$
硬さ：6〜7
産地：ノルウェー

ゾイサイト（Zoisite）「ゆうれん石」の一種で、ピンク色の不透明塊状のものを言います。

変成堆積岩や花崗岩など、いろいろな岩石中に生成します。

斜方晶系のすだれを連ねたような外観の塊状の晶癖をもちます。

この鉱物が示す桃色またはバラ紅色は、含有されたマンガンの作用によるもので、そのためにマンガンゆうれん石とも言われています。条痕は無色。

やや鈍い真珠光沢をもち、劈開は完全で、断口は不平坦状から貝殻状となります。

著しい多色性を示すのを特徴としています。

名称は、この鉱物がノルウェーの花崗岩地域で多産することから、ノルウェーの古代の地名Thuleにちなんで命名されました。

神秘性に目覚めたい人が持つには最適とされる鉱物。

霊的な感性に恵まれて、直感力や洞察力を高める働きがあると言われています。

自己を奮起させて積極的な行動をとり、新しい目標に向かって前進するよう促す力

があると伝えられています。

　消化器官の不調を改善する力があるとされる他に、切り傷や火傷の手当てにも効果があると言われています。

[183]
チルドレナイト
（Childrenite）「チルドレン石」

成分：$Fe^{2+}Al(PO_4)(OH)_2 \cdot H_2O$
硬さ：5
産地：ブラジル

　イオスフォライト（Eosphorite）「曙光石」$Mn^{2+}Al(PO_4)(OH)_2 \cdot H_2O$とシリーズで、Feの一部がMnと置換すると近づきます。
　斜方晶系の柱状結晶や錐形結晶、両錐形結晶などと結晶体のみで発見されます。
　色は、褐色や帯黄褐色、黄金色などのものがあり、ガラス光沢ないし樹脂光沢をもちます。
　半透明石が多く、透明石は結晶も小さく、稀少産です。
　劈開は不完全で、断口は不平坦状ないしやや貝殻状を示します。
　イオスフォライトのカット石はよく見られますが、この鉱物のカット石は少なく、入手も困難となります。
　名称は、イギリスの鉱物学者J.G.Childrenの名前にちなんで命名されました。

　進歩、成長、前進を説く鉱物とされています。
　協調性が養われて人づきあいが良くなり、誰とでも気軽に話ができるよう導く力があると言われています。
　直感力、洞察力が高まり、積極性も備わって物事の対処の仕方もスピーディーになるそうです。

　細菌やウィルスに対する抵抗力を強めて、それらによって起こる病気を防ぐ力があると言われています。

[184]
テクタイト
（Tektite）

成分：$SiO_2 (+Al_2O_3)$
硬さ：5〜6
産地：タイ

　かつては隕石だと思われていましたが、現在では、巨大な隕石が地球に衝突した際に、地球の物質がとけて空中に飛び散り、それが急激に冷やされてガラス状になったものだと考えられるようになりました。
　地表近くに、小円盤状やそろばん玉状、流線形状などで産出します。非晶質の天然ガ

ラス物質で、半透明から透明でガラス光沢をもち、劈開はなく断口は貝殻状を示します。

色は黒色や無色、褐色のものなどがありますが、旧チェコスロバキア産の緑色で透明のものは、モルダバイト（Moldavite）と呼ばれています。他にも産地によって、オーストラリア（オーストラライト）、フィリピン（フィリピナイト）、インドネシア（ジャワナイト）、アメリカ（ベディアサイト）などの呼び名があります。

名称は、ギリシャ語で溶けた、鋳造されたという意味のtektosに由来します。

今から約2500年前より、インドネシアやインド、中国、チベットなどで「アグニマニ（火の真珠）」と呼ばれて神聖視され、儀式上の道具や装飾品などに使用されたと言われています。

地球以外の惑星から発せられる永遠、理想を表すとされる情報を受け取り、それを解読して自然の理念に基づいた思考となるよう導く力があるとされています。持ち前の霊性をより高度なものにする効果もあるそうです。血液の流れをスムーズにして細胞の活性化を促し、循環器系組織の不調を改善する力もあると言われています。

---

[185]
デクロワザイト
（Descloizite）「バナジン鉛鉱」

成分：PbZn（VO$_4$）（OH）
硬さ：3〜3.5
産地：U.S.A.

バナジウム酸塩鉱物の一つで、鉱脈や鉱床の酸化帯に、二次鉱物として生成します。

斜方晶系に属する錐状や卓状、柱状の結晶をつくりますが、結晶面が粗いものや不平坦状のものが多く見られます。その他、皮殻状や羽毛状の塊や、ぶどう状などで産出します。

色は、橙赤色から帯赤褐色、帯黒褐色までであり、条痕は、黄橙色ないし赤褐色を示します。

透明から半透明で、ガラス光沢ないし油脂光沢をもちます。

劈開はなく、断口は不平坦状から貝殻状となります。

名称は、フランスの鉱物学者、A.Des Cloizeauxの名前にちなんで、1854年に名付けられました。

斬新な発想と思考に恵まれたい時に持つと効果的とされる鉱物。

個性豊かな性格を保持し、その自己表現力を増強して、外向的な手腕に磨きがかかるよう導く力があると言われています。

知覚を鋭くするそうです。

脊柱や肺、心臓の働きを正常に保ち、筋肉組織の病気の治療に用いられたと言われています。

[186]
テノライト
（Tenorite）「黒銅鉱」

成分：$Cu^{2+}O$
硬さ：3.5〜4
産地：U.S.A.

　銅鉱床の酸化帯に、クープライト（Cuprite）「赤銅鉱」やリモナイト（Limonite）「褐鉄鉱」、クリソコラ（Chrysocolla）「珪孔雀石」、アズライト（Azurite）「藍銅鉱」などと共に産出し、また、火山の溶岩の表面に昇華物として結晶することもある鉱物です。
　単斜晶系に属して、薄い板状や鱗片状、放射星状などで発見され、他には薄い双晶の集合体や、羽毛状のもの、複雑な樹枝状の模様を示すものなどがあります。
　色は、黒灰色や鉄灰色、黒色などのものがあり、また、ごく薄い裂片は通過光線で褐色に見えます。条痕も同じ。
　不透明で金属光沢をもち、劈開はなく、断口は貝殻状ないし不平坦状を示します。
　名称は、この鉱物が初めて発見されたイタリア、ベスビアス地方出身の植物学者、Tenoreの名前にちなんで命名されました。

　一説には、恐れや不安を打ち消す力がある鉱物とされています。
　栄光、柔軟、成長を表し、統率力を養う働きがあると言われています。

意識と霊性を高めて、よりレベルアップした自己を確立することができ、すべての活動において自信と落ち着きをもたらすよう導く力があるそうです。

　心臓の働きを活発にして、腎臓、脾臓の病気の治療に用いられ、髪の毛を正常に保つ力があると言われています。

[187]
テフロイト
（Tephroite）「テフロ石」

成分：$Mn_2^{2+}SiO_4$
硬さ：6
産地：U.S.A.

　オリビン（Olivine）「橄欖石」グループの中の一つで、灰色のものが多いので、灰色マンガン鉱とも言います。
　ロードナイト（Rhodonite）「バラ輝石」などを伴って、ロードクロサイト（Rhodochrosite）「菱マンガン鉱」やアレガニーアイト（Alleghanyite）「アレガニー石」などのマンガン鉱物と共産します。
　斜方晶系に属し、大半は塊状ですが、稀には橄欖石のような結晶体で見られることもあります。また、フォルステライト（Forsterite）「苦土橄欖石」と混晶を作って、その中間物をピクロテフロイト

（Picrotephroite）「苦土テフロ石」と言っています。

色は、灰色や帯青灰色、帯緑灰色のものなどがありますが、時間が経つと色褪せてしまいます。

名称は、この鉱物の示す色から、ギリシャ語で灰色の意味のTephrosに由来します。

光明、崇敬、飛躍を説く鉱物とされています。

邪悪なものを追い払い、霊性を高めて他から送られてくる情報をキャッチする力が強まり、今の自分に有益となるものだけを選別できるよう促す力があると言われています。

根元、起源、基盤などとのかかわりの強い石で、身近に起こる問題も、原因となるものを見つけ出して解決の糸口をつかめるよう導く力があるそうです。

古くは骨や歯の病気の治療に用いられ、他には体温を最適な状態に保つ働きもあるようです。

[188]
テルリュウム
(Tellurium)「テルル」

成分：Te
硬さ：2〜2.5
産地：メキシコ

重金属元素の一つで、本鉱山からの産出よりも、含金石英脈中に多量に含まれていることが多く、元素としてのテルルの発見もテルル金鉱からでした。

通常は、陶器に似た緻密なクォーツ（Quartz）「石英」中に、六方晶系の結晶が六角柱状や小球状で発見され、また、含金石英脈中に含まれるものは針状や粒状などで見ることができます。

色は、純白色や錫白色のものなどがあり、条痕は灰色を示します。

強い金属光沢をもち、一方向に完全な劈開があります。

この鉱物を含有した石英は黄色くなり、また、濃硫酸に浸すと溶けて特有の紫赤色となります。

名称は、ラテン語で地球の意味のtellūsに由来します。

1782年にドイツのミュラーが、ある金の鉱石中にこの元素を発見しました。しかし、これが新元素であることを確認したのは、1798年、クラップロードでした。そして彼は、これをわれわれにとって最も親しみのある星の名前にちなんで「地球」と命名しました。

抑圧されていた感情を解放して自分らしさが表現でき、穏やかで優しい気持ちでいられるよう導く力があると言われています。

精神の安定を促す働きもあるそうです。

肺の病気の治療と血液に酸素を供給するのを助け、痛みや炎症を和らげる力があると言われています。

[189]
デンドリチック・アゲート
（Dendritic agate）

成分：SiO_2＋酸化マンガンなど
硬さ：7
産地：マダガスカル

　モス・アゲート（Moss agate）「苔瑪瑙」の一種で、樹枝状インクルージョンを示すものを言います。
　マンガンの水溶液が、アゲート（Agate）「瑪瑙」やカルセドニー（Chalcedony）「玉髄」の亀裂中に浸透した後、再結晶して美しい黒色の樹枝状模様を生成するものです。時には、骨格状や網目状の形状を示すもの、シダ状や木の葉状のものなどがあり、中でも風景画的なものは、ランドスケープ・アゲート（Landscape agate）と呼んでいます。
　このデンドリチック・インクルージョンは、アゲートの他にはロック・クリスタル（Rock crystal）「水晶」中に生成されることが多く、他にはローズ・クォーツ（Rose quartz）「紅水晶」中にも見られることがあります。
　名称は、ギリシャ語で樹木という意味のdendronに由来します。

　古代ギリシャでは、豊饒を象徴する鉱物として珍重されていました。そして、農作業の安全と能率向上の守り石として崇拝されていたと伝えられています。
　自然界の偉大さを認識して、これらを自身の内に取り込み、精神の浄化と調和のとれた性格を形成する働きがあると言われています。
　霊性も高まるそうです。

　骨や歯を強化して細胞組織の再生を促し、体内の毒性を排除する力があるとされています。

[190]
デンドリチック・クォーツ
（Dendritic quartz）「樹枝入り水晶」

成分：SiO_2＋酸化マンガンなど
硬さ：7
産地：ブラジル

　透明のロック・クリスタル（Rock crystal）「水晶」中に、酸化マンガンによる樹枝状インクルージョンの含まれたものを言います。
　マンガン分が水溶液の形で水晶結晶の亀裂中に浸透して、その後に再結晶して、美しい黒色の樹枝状模様のインクルージョンを生成するもので、このデンドリチック・インクルージョンは後生インクルージョンの代表的なものです。
　また、時には骨格状や網目状の形状を示すこともあり、複雑な美しい模様は特に珍

重されています。

　このデンドリチック・インクルージョンは、水晶中に生成されることが多いのですが、他にもアゲート（Agate）「瑪瑙」内やローズ・クォーツ（Rose quartz）「紅水晶」中にも見られることがあります。

　なお、その石質に関係なく、樹枝状や羊歯状のデンドリチック・インクルージョンの内包のある石をデンドライト（Dendrite）と呼び、日本名は「模樹石」あるいは「シノブ石」と言っています。

　名称は、ギリシャ語で樹木という意味のdendronに由来します。

　大いなる自然や大地を保護する力があるとされる鉱物。

　肉体、感情、精神のバランスを保って、それらの浄化、再生を繰り返し、自己をより高度なものに導く力があると言われています。

　瞑想の際に用いると、清涼感で全身が包まれたような気持ちになれるそうです。

　直感力、洞察力に恵まれるとされています。

　細胞組織の再生を促して免疫力を強化し、心肺器官の働きを活発にする力があると言われています。

[191]
テナンタイト
（Tennantite）「四面砒銅鉱」

成分：$(Cu,Ag,Fe,Zn)_{12}As_4S_{13}$
硬さ：3〜4.5
産地：U.S.A.

　テトラヘドライト（Tetrahedrite）「四面安銅鉱」グループ中の一つで、このうちSb（アンチモン）を主成分とするものをテトラヘドライトとし、As（砒素）を主成分とするものをこの鉱物としています。また、SbとAsは任意の比率で置換しあって、その中間のものもあります。

　鉱脈や接触鉱床、黒鉱鉱床、などの各種銅鉱中に産出します。

　等軸晶系四面体半面晶族に属した正四面体結晶で発見されることが多く、他には塊状や粒状のものなどがあります。

　色は、暗灰色から黒色のものまであり、条痕は黒色か褐色、暗赤色を示します。

　不透明で金属光沢をもち、劈開はなく、断口は不平坦状からやや貝殻状となります。

　名称は、イギリスの化学者、S.Tennantの名前にちなんで命名されました。

　行動的になりたい時に持つと良いとされる鉱物。

　感情、理性、知性を統合してバランスを保ち、いつも前向きな方向へと考えを導く力があると言われています。

　客観性や論理性に長け、いつも冷静に物事に対処できるよう育む力があるそうです。

　中枢神経の働きを正常にしてホルモンの分泌を促し、年齢にかかわると考えられる病気の治療に用いられたようです。

[192]
トパーズ
(Topaz)「黄玉」

成分：$Al_2SiO_4(F,OH)_2$
硬さ：8
産地：ブラジル

　日本から産出する唯一の宝石鉱物で、ペグマタイトに生成することが多く、鉱脈や花崗岩の空洞に産するものもあります。
　斜方晶系に属する柱状結晶体や卓上結晶体、時には脈状で発見されることもあり、他には塊状や粒状のものもあります。
　トパーズで代表されるのは、ブラジルのミナス・ジェライス州オーロプレト付近に産出する「インペリアル・トパーズ」と言われている黄色石ですが、その他には無色や淡青色、ピンク色、青色、オレンジ色のものなどがあります。条痕は無色。
　気を付けなければならないのは、熱処理による黄色石や、放射線処理による青色石もあるという点です。
　透明から半透明でガラス光沢をもち、劈開は一方向に完全で、断口はやや貝殻状から不平坦状を示します。
　名称は、ギリシャ語で探し求めるという意味のtopazosに由来します。

　古代にトパゾス（topazos）と呼ばれていたのは現在のペリドットのことで、逆に「ペリドット」はトパーズを指していました。プリニウスの『博物誌』でのトパゾスはトパズィン（topazin）からきているとし、また、「この鉱物が豊富に採取されていた紅海の島を、船乗りが『探し求める』のに困難な深い霧に包まれていたためにトパーズ島と呼んでいた」と記述されていました。
　創造性や感受性を高めて霊的能力を強め、幸福、友愛、希望をもたらす働きがあると言われています。

　古くは痛風や冷え性の症状を改善する力があるとされ、他には肝臓病や皮膚病の治療にも効果があると伝えられています。

[193]
トムソナイト
(Thomsonite)「トムソン沸石」

成分：$NaCa_2Al_5Si_5O_{20}\cdot 6H_2O$
硬さ：5～5.5
産地：U.S.A.

　ゼオライト（Zeolite）「沸石」グループの中の一種で、グループ中でも珪酸分が少なく、玄武岩中などに産出します。
　斜方晶系（擬正方晶系）の針状結晶が放射状や繊維状に集合したものや、稀には柱状結晶体で発見されることもあります。
　色は、無色や白色、帯黄色、ピンク色、

156

帯緑色、帯灰色のものなどがあり、条痕は無色となります。

半透明ないし不透明で、ガラス光沢および真珠光沢をもち、劈開は完全で、断口は不平坦状からやや貝殻状を示します。

多くは種々の色の斑点もしくは縞目があり、球状斑のあるものはアイ・ストーン（目の玉模様）としてカットされるものもあります。

名称は、この鉱物を初めて化学分析したイギリスのT.Thompsonの名前にちなんで命名されました。

心の迷いや曖昧な思考を取り去ることのできる鉱物とされています。

両局面をもつ二つのものに対して、各々の良い面を伸ばしながら両者を統合し、よりパワフルなものになるよう導く力があると言われています。

決断力や洞察力も高まるそうです。

気管支の不調を改善する力があり、また、体内に蓄積された毒素を排除して、若さを保つ働きもあると言われています。

[194]
ドメイカイト
（Domeykite）「砒銅鉱」

成分：Cu_3As
硬さ：3～3.5
産地：U.S.A.

アルゴドナイト（Algodonite）「アルゴドン石」Cu_6Asとは同グループ鉱物で、また密に連晶をなして、銅鉱山に産出します。

等軸晶系に属しますが、通常は腎臓状やブドウ状などの塊で発見され、結晶で見られるのはごく稀とされています。

色は銀白色や銅灰色ですが、空気中にさらしておくと、表面酸化によって暗褐色に変わってしまいます。

不透明で、新鮮なものは金属光沢をもっています。

劈開はなく、断口は不平坦状を示します。

塩酸には溶けませんが、硝酸には溶解する性質をもちます。

名称は、この鉱物の研究者であるチリの鉱物学者、I.Domeykoにちなんで命名されました。

一説には、火山の噴火を抑える力があるとされた鉱物。

変化したことによって起こる摩擦や副作用を取り除いて、短時間でよい結果へと導く力があると言われています。

変換とは、向上することだということに気付かせてくれるそうです。

内分泌腺の不調からくる病気の治療に用いられ、また、細胞の再生力を高める働きもあると言われています。

[195]
ドラバイト
(Dravite)「苦土電気石」

成分：$NaMg_3Al_6(BO_3)_3Si_6O_{18}(OH)_4$
硬さ：7～7.5
産地：オーストラリア

　11種類あるトルマリン（Tourmaline）「電気石」グループの中の一種で、マグネシウム成分を多く含有したものを言います。
　変成岩や火成岩中に産する他には、しばしばペグマタイト中に見られ、稀には高温鉱脈をなすものもあります。
　六方晶系に属した柱状結晶体で発見される他には、細針状結晶の脈状集合体や塊状などで見ることができます。
　色は褐色のものが多く、短波紫外線で黄色の螢光を発して、その特徴と色がアンダリュサイト（Andalusite）「紅柱石」と似ているために混同することがありますので注意が必要です。
　名称は、オーストリアのDrava（Drau）川の名前にちなんで命名されました。

　肉体と精神、感情に働きかけてこれらを統合し、互いに刺激浄化しあって、体内のすみずみにまでエネルギーを運んで活性化するよう導く力があると言われています。
　集中力を高めて洞察力を増し、高い意識にまで到達できるよう育む力があるとされています。
　新陳代謝を活発にして身体の発育を促す力があり、また、余分な脂肪分を体外に排除する働きがあると言われています。

[196]
トリフィライト
(Triphylite)「トリフィル石」

成分：$LiFe^{2+}PO_4$
硬さ：5
産地：U.S.A.

　この鉱物は科学的に不安定で、他の種類の燐酸塩鉱物に変化しやすく、燐酸塩鉱物の元祖とでも言うべきものです。ちなみに、鉄（Fe）の代わりにマンガン（Mn）の入ったものをリシオフィライト（Lithiophylite）と言い、両者の間は連続しています。
　燐酸塩ペグマタイト中に産出します。
　斜方晶系の柱状結晶体で発見されることもありますがごく稀で、多くは塊状などで見られます。
　色は、帯灰青色や灰緑色、褐色のものなどがあり、条痕は白色となります。
　名称は、この鉱物の成分のリチウム（Li）、鉄（Fe）、燐酸（PO）が1：1：1になるところから、ギリシャ語で三部族の意味のTriphylosに由来します。

結束、忠実、誠意を表す鉱物とされています。

持ち前の陽気さが発揮されて、周りの人たちの気分まで明るくなるよう働きかける力があると言われています。

直感力や洞察力を高めて、自身のこれからの進路や行動が、良い方向に向くよう導き、最良の結果を得られるよう促す力があるそうです。

古くは狂気や乱心を鎮める力があるとされ、他には血液にかかわる病気の治療に用いられたと言われています。

[197] トルマリン
(Tourmaline)「電気石」

成分：$XY_9B_3Si_6O_{27}$
（X=Ca,Na,K,Mn　Y=Mg,Fe,Al,Cr,Mn,Ti,Li）
硬さ：7～7.5
産地：ブラジル

種々の成分元素の入り混じった複雑な硼珪酸塩鉱物のグループ名で、その主成分差によって、今のところ11種に分けられています。ここでは、以下の5つに分類して別記しましたので、詳しくは各々の項目をご覧下さい。

- ドラバイト（Dravite）「苦土電気石」
- ウバイト（Uvite）「石灰苦土電気石」
- エルバイト（Elbaite）「リチア電気石」
- ショール（Schorl）「鉄電気石」
- リディコタイト（Liddicoatite）
「リディコート電気石」

名称は、和名はこの鉱物の結晶が上端と下端で異なる異極晶で、加熱すると（＋）（－）に帯電することから命名され、英名はスリランカのシンハリ語のジルコンの呼び名turmaliに由来します。

古くから様々な民族の間で、儀式や祈祷、占いの際や、いろいろな病気の治療薬として用いられたようですが、この鉱物名がヨーロッパに認識されたのは18世紀以降で、例えば、哲学者ジョン・ラスキンの著書では、その化学構造の複雑さに「トルマリンの化学は宝石のつくりというより中世の錬金術師の処方箋に近い」と言わしめています。

衰弱した精神を強化して身体の活性化を図り、集中力、感受性、理解力を高める効果があるとされています。

内分泌系のバランスを整えて肥満を解消し、体組織細胞の再生を促して喉の不調を改善する力があると言われています。

[198] トレモライト
(Tremolite)「透角閃石」

成分：$Ca_2(Mg,Fe^{2+})_5Si_8O_{22}(OH)_2$
硬さ：5〜6
産地：U.S.A.

アクチノライト（Actinolite）「陽起石」と同じく、アンフィボール（Amphibole）「角閃石」鉱物で、両者の間は連続的に変化します。

高温高圧のもとで、二次鉱物として不純な石灰岩中などに産出します。

単斜晶系の明瞭な結晶体のものもありますが、多くは繊維状の集合体や緻密な粒状の塊状などで発見されます。

色は、無色や灰色、緑色、ピンク色のものなどがあり、特に白色のものをグラマタイト（Grammatite）、ラベンダー色のものをヘキサゴナイト（Hexagonite）と呼んでいます。条痕は白色。

透明ないし不透明で、ガラス光沢および絹糸光沢を放ち、劈開は、約56°で交わる二方向に完全で、断口は不平坦状を示します。

名称は、この鉱物の産地のスイス、トレモラ（Tremola）谷の名前に由来します。

神々との意思の疎通、啓示、開眼を説く鉱物とされています。

この鉱物が多く産出する地は大方磁場が強く、従って、その豊かなエネルギーは霊性を高めるのに効果があると言われています。

あらゆるものに対しての浄化力が非常に強く、短時間で稀に見るほどの効果が表れるそうです。

体内に栄養分を補給して神経細胞の再生を促し、脳にかかわる器官の不調を改善する働きがあると言われています。

[199]
ドロマイト
（Dolomite）「苦灰石（白雲石）」

成分：$CaMg(CO_3)_2$
硬さ：3.5〜4
産地：スペイン

水成岩をなしたり、また、マグネシウム鉱脈中や銅、亜鉛などの金属鉱脈中などに産出する鉱物。

アンケライト（Ankerite）「アンケル石」$CaFe(CO_3)_2$ は Mg と Fe を置換し、クトナオライト（Kutnahorite）「クトナホラ石」$CaMn(CO_3)_2$ は Mg と Mn を置換した鉱物です。

六方晶系に属した菱面体の結晶や双晶、塊状、粒状などで発見されます。

色は、無色や白色、灰色、緑色、淡褐色、ピンク色などのものがあり、条痕は白色を示します。

透明ないし不透明で、ガラス光沢ないし真珠光沢をもち、劈開は菱面に完全で、断口はやや貝殻状となります。

名称は、この鉱物の研究者であるフランスの鉱物学者 Deodat Dolomieu の名前にちなんで命名されました。

跳躍、勇敢を意味する鉱物とされています。

何事にも意欲をもって取り組むことができるようになり、積極性と活発さ、大胆さのある行動で、問題を解決するよう導く力

があると言われています。
　弱気を追い払って発展的な思考となるよう育む力があるそうです。

　副腎の不調を改善し、ビタミン類などの消化吸収を助けて細胞の再生を促す効果があるとされています。

----

[200]
ナトロライト
（Natrolite）「ソーダ沸石」

成分：$Na_2Al_2Si_3O_{10}・2H_2O$
硬さ：5〜5.5
産地：U.S.A.

　ゼオライト（Zeolite）「沸石」グループの中では5番目、1803年に認定された、ソーダ（ナトロン）を主成分とする鉱物。
　玄武岩や閃長岩、蛇紋岩などのペグマタイト中に産出します。
　斜方晶系（擬正方晶系）の針状結晶が放射状に集合したり、繊維状に集合したものなどで見られ、また、時には柱状結晶や塊状で発見されることもあります。
　色は、無色や白色、灰色、帯黄色、帯赤色のものなどがあり、条痕は白色を示します。
　透明ないし不透明で、ガラス光沢や真珠光沢をもち、劈開は二方向に完全で、断口は不平坦状となります。

　名称は、ラテン語でソーダの意味のnatroに由来します。

　宿命、必然、啓示、生誕を象徴する鉱物とされています。
　霊性を高めて、特別に送り出されている情報を受信することができるようになると言われています。
　内面に隠されていた本質を引き出し、個性的な魅力として認められるよう導く力があるそうです。

　血管にかかわる不調を改善して、血液の循環を良くする働きがあると言われています。

----

[201]
ニコライト
（Niccolite）「紅砒ニッケル鉱」

成分：NiAs
硬さ：5〜5.5
産地：ドイツ

　主力となるニッケル鉱の一つで、熱水鉱脈やノーライト中に、銀、ニッケル、コバルトなどの鉱石と一緒に生成します。
　六方晶系に属しますが結晶を示すのは稀で、結晶で産する時は錘状の小結晶となります。普通は同心的帯状構造の球塊でよく見られ、日本に産出するものもこのような球状

で多く発見されます。他には腎臓状や柱状の晶癖をもつものもあります。

色は、帯黄桃色やその名前通りの紅色、明るい桃色や帯褐帰黄色などで、いずれも真ちゅう色がかっていて、変色すると黒くなってしまいます。条痕は黒褐色。

不透明で金属光沢をもち、劈開はなく、断口は不平坦状を示します。

名称は、この鉱物がニッケル分を含有していることに由来します。

力強さと持続力を高めたい時に用いると良いとされる鉱物。

意識の中で設定した目標に向かって、前進することを思い描くことが上手にできるよう導く力があると言われています。

高ぶってしまった感情を鎮めて、忘れかけていた理性を引き戻す力があるそうです。

眼にかかわる病気の治療に用いられ、また、視力を標準まで回復する働きがあると言われています。

....

[202]
ネフェリーン
(Nepheline)「霞石」

成分：(Na,K)AlSiO$_4$
硬さ：5.5〜6
産地：カナダ

準長石（アルカリ火成岩石中、長石類は完全に晶出したものですが、珪酸が不足した場合に長石の代わりに産する鉱物類）の代表鉱物で、シリカ分の少ない塩基性の火成岩、特に中性岩中に生成し、閃長岩（霞石閃長岩）やペグマタイト、時には片岩や片麻岩中にも産します。

六方晶系に属しますが、その柱状結晶体で見られることは稀で、多くは塊状や粒状集合体で発見されます。

色は、無色や白色、灰色、帯黄色、帯緑色、赤褐色などのものがあり、条痕は白色です。

透明ないし半透明で、ガラス光沢をもち、劈開はなく、断口は貝殻状を示します。

名称は、この鉱物を酸に浸しておくと曇りが生じ、それがちょうど霞がかったようになるところから、ギリシャ語で雲の意味のnepheleに由来します。

不変、忍耐、調和、一層の跳躍を表す鉱物とされています。

いつもは想像や空想の世界でしか出会えないような高い次元の意識を持つことができ、それを継続して維持するよう導く力があると言われています。

知性も引き出してくれるそうです。

古くは腹痛を治す力があるとされ、他には血液の浄化作用や肌をなめらかにする効果があると言われています。

[203]
ネプチュナイト
(Neptunite)「海王石」

成分：$KNa_2Li(Fe^{2+},Mn^{2+})_2Ti_2Si_8O_{24}$
硬さ：5〜6
産地：U.S.A.

　副成分鉱物として、中性岩や深性岩、霞石閃長岩などの火成岩、同じように多様な化学組成をもつペグマタイト中に生成します。蛇紋岩中に、ベニトアイト（Benitoite）「ベニト石」やナトロライト（Natrolite）「ソーダ沸石」、エジリン（Aegirine）「錐輝石」などと共産します。
　単斜晶系の柱状結晶体をつくる他、卓状や粒状の晶癖をもつものもあります。
　色は、暗赤色や赤褐色、帯赤黒色、黒色のものなどがあり、その発色は、成分中の鉄とマンガンの作用によるもので、マンガンの多いものほど赤味が増してきます。条痕は赤褐色。
　不透明でガラス光沢をもち、完全な劈開があって、断口は貝殻状を示します。
　名称は、この鉱物とよく共生するエジリンの語源のスカンジナビアの海の神Aegirと、ローマ神話の海の神Neptuneにちなんで命名されました。

　荒廃からの保護、生命の永遠性を説く鉱物とされています。

　的確な判断力と鋭い直感を合わせ持ち、優れた統率者となるよう導く力があると言われています。
　人生の目標を定め、その達成に向けての一歩一歩の努力が続けられるよう働きかける力があるそうです。

　歯の痛みを和らげ、血管を強化して血液の流れをスムーズにする効果があると言われています。

[204]
ネフライト
(Nephrite)「軟玉」

成分：$Ca_2(Mg,Fe^{2+})_5Si_8O_{22}(OH)_2$
硬さ：6〜6.5
産地：U.S.A.

　アンフィボール（Amphibole）「角閃石」グループの一種で、パイロクシーン（Pyroxene）「輝石」グループのジェダイト（Jadeite）「硬玉」と共にジェードと呼ばれ、本ヒスイのジェダイトより硬度が低いために軟玉と言われています。
　主として変成岩中などに産出し、単斜晶系に属するアクチノライト（Actinolite）「緑閃石」の繊維状集合体の繊維が顕微鏡的な微小スケールになり、肉眼的には緻密な塊になったもの。

色は、白色から淡黄色、緑色と様々ですが、これは含有された鉄分の多少によるものです。

半透明で、真珠光沢ないしガラス光沢をもちます。

中国で古くから愛好されたヒスイは、すべてこの鉱物です。

名称は、ギリシャ語で腎臓という意味のnephrosに由来します。

有史以前から様々な種族の人々に「聖なる石」として崇められてきた鉱物で、中国では2000年以上も彫刻を施す材料として、初めは武器に、のちには装飾品に加工されたりしていたそうです。

ニュージーランドの南島と北島では種々の岩石中に産出し、マリオ族は彫刻したものをミアと呼んで儀式に用いたと言われています。

災いや呪いを退け、精神力を強めて移り気を防ぐ力があるとされています。

新陳代謝を活発にして細胞組織の再生を促し、腎臓、副腎、脾臓の病気の治療に効果があると伝えられています。

....

[205]
ハーキマー・ダイヤモンド
（Herkimer diamond）

成分：SiO_2
硬さ：7
産地：U.S.A.

アメリカのニューヨーク州ハーキマー（Herkimer）地区に産出する水晶のこと。

ハーキマーは、ニューヨーク市の北方約50km地点の堆積岩でできた丘陵地帯で、これは多量の珪酸分を含む苦灰岩からなり、この岩石中に開いた穴の中から発見されるのがこの鉱物です。

六方晶系の完全結晶体で、柱面を欠いた六方両三角錐で見られ、透明度も高く、ダイヤモンドの八面体結晶とよく似ているところから、ハーキマー・ダイヤモンドの名称がつきました。

他の水晶に比べて光輝が強いのは、この鉱物が入っている晶洞中がコールタールのような有機物質で覆われていて、その薄膜が結晶面にコーティングされているためとの説があります。そして、その黒い有機物質は、よく水晶中にもインクルージョンされています。

肉体と精神、感情のバランスを保ちながら、各々を提携、強化する力があるとされています。

意識を高めて、自身の内にある宇宙にまで到達できるよう導く力があると言われています。

夢の中の気付きを拡大する働きがあるために、「ドリーム・クリスタル」とも呼ばれています。

細胞の再生を促して身体を活性化させ、体内に蓄積された毒素を排除する力があると言われています。

[206]
パープライト
(Purpurite)「紫鉱」

成分：$Mn^{3+}PO_4$
硬さ：4～4.5
産地：ナミビア

　トリフィライト（Triphylite）およびリシオフィライト（Lithiophilite）の酸化によって生じた二次鉱物で、このうちFe＞Mnをヘテロサイト（Heterosite）、Mn＞Feをパープライトとしています。
　斜方晶系に属しますが、結晶体で発見されることはごく稀で、大方は小塊で産出します。
　色は、マンガンのイオンに起因して赤紫色ないし褐色ですが、すぐに暗色に変化してしまいます。
　半透明ないし不透明石で、やや金属光沢を放つものもあり、また、無光沢のものもあります。
　劈開は一方向に良好で、断口は不平坦状となります。
　名称は、この鉱石の色から、ラテン語で赤紫の意味のpurpuraに由来します。

　合理性を追求したい人が持つと良いとされる鉱物。
　正しい知識と思想に恵まれ、また、古くさい権威や支配に立ち向かっていこうという勇気を湧きたたせる力があると言われています。
　頭脳を明晰にしてストレスを解消し、瞑想にも優れた効果を発揮するそうです。

　打撲による内出血の手当てに用いられた他に、口腔内の病気の治療にも使用されたようです。

[207]
ハーモトーム
(Harmotome)「重十字沸石」

成分：$(Ba,K)_{1-2}(Si,Al)_8O_{16} \cdot 6H_2O$
硬さ：4.5
産地：スコットランド

　ゼオライト（Zeolite）「沸石」グループ中の一種で、玄武岩やその他の火山岩の空隙中に、他のゼオライト類、特にカバザイト（Chabazite）「菱沸石」に伴って産出し、また、時にはある種の脈床中に脈石として発見されます。
　単斜晶系に属しますが、ほとんどが透入双晶をなして十字型となるために、偽斜方晶系、偽正方晶系のものとされ、また、成分には変化が多くて単純ではなく、これは他成分が混晶をなすためと考えられます。
　色は、白色や、やや灰色、黄色、赤色、褐色を帯びるものなどがあり、条痕は白色です。
　やや透明ないしは半透明石で、ガラス光

沢をもちます。

劈開はなく、断口は不平坦状からやや貝殻状を示します。

忠誠、向上、安定を表す鉱物とされています。

知恵と分別が与えられて考え深くなり、意志を強固に保って目標に向かって進んでいくよう導く力があると言われています。

日頃の地道な努力の積み重ねと継続によって、物事を成功に導く力があるそうです。

足にかかわる病気の治療に用いられた他に、口内炎や関節炎、リューマチ、皮膚病などの症状を改善する力があると言われています。

[208]
ハーライト
（Halite）「岩塩」

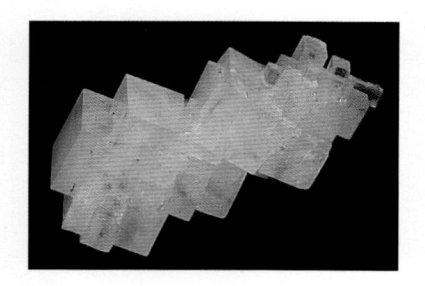

成分：NaCl
硬さ：2
産地：カナダ

蒸発岩起源の鉱物でロック・ソルト（Rock salt）とも言い、塩湖や浅い海が蒸発した時に沈澱したものです。ジプサム（Gypsum）「石膏」やドロマイト（Dolomite）「苦灰石」、アンハイドライト（Anhydrite）「硬石膏」など、他の蒸発岩鉱物と共に生成します。

等軸晶系の六面体結晶で見られることが多く、他には塊状や粒状、緻密などの晶癖をもつものもあります。

色は、無色や白色、黄色、橙色、赤色、青色、紫色など様々ですが、条痕は白色を示します。

半透明ないし不透明でガラス光沢をもち、劈開は立方体方向に完全で、断口は不平坦状から貝殻状となります。

潮解性があって、空気中の湿気によって容易に溶解してしまうために宝飾品にはなりませんが、コロンビア産エメラルド（Emerald）の典型的な特徴の三相インクルージョンの中の固体は、この鉱物の結晶です。

名称は、ギリシャ語で塩の意味のhalsに由来します。

古くは『アラビア鉱物書』の44番目にミルフとして叙述され、「金を美しくし、銀を白くし、鉱物の汚れを洗い流す」とされています。

憂鬱を追い払って高ぶった感情を鎮め、柔和で優しさに満ちた気持ちになるよう導く力があると言われています。

「あらゆるものの基礎となるべくは、先人の知恵の中にあり」ということに気付くよう促す力があるそうです。

古くは婦人病の治療に用いられた他に、内臓機能の低下を改善する力があるとされていました。

[209]
バーライト
（Barite）「重晶石」

成分：$BaSO_4$
硬さ：3～3.5
産地：U.S.A.

バリウムの鉱石として採掘される鉱物。

この鉱物の鉱床には、黒鉱鉱床と単独鉱床があり、黒鉱はこの鉱物の他にスファライト（Sphalerite）「閃亜鉛鉱」、ガレーナ（Galena）「方鉛鉱」、パイライト（Pyrite）「黄鉄鉱」などの緻密な混合からなり、15～35％の$BaSO_4$を含みます。一方、単独鉱床からも組成鉱物の混合が見られますが、その結晶は粗粒なものとなります。

斜方晶系の板状や柱状の結晶体で発見され、色は無色や白色、淡黄色、褐色のものなどがあり、紫外線で蛍光を発するものもあります。なお、この鉱物の変種にサンド・ローズ（Sand rose）「砂漠のバラ」があり、これは、砂漠中のミネラル分を含んだ湖や沼の水中から結晶ができてつくられたもので、表面は砂漠の砂粒がついています。

名称は、主成分がバリウムのために比重が重く、ギリシャ語で重いの意味のbarysに由来し、そのほとんどが結晶することから、日本名は重晶石となりました。

アメリカ先住民の間では、戦士のお守り石としてこの「砂漠のバラ」が用いられたようで、愛と平和が支配する世界が最良であることを認識させてくれる鉱物だとされています。

持つ人の身辺の環境を保護して安定させる力があり、平穏な生活が送れるよう導く力があると言われています。

体内の有害物質を分解、酸化、還元などによって無害化して、体外に排出するのを助ける働きがあるとされています。

[210]
パール
（Pearl）「真珠」

成分：$CaCO_3$＋有機質＋水分　$CaAl_4Si_2O_{10}(OH)_2$
硬さ：2.5～4.5
産地：日本

炭酸カルシウムのアラゴナイト（Aragonite）「霰石」結晶の六角形細片の集合に、コンキオリン（Conchioline）というケラチン型の硬蛋白質が規則正しい層状構造として接合し、支えて、この両者の層が交互に積み重なって形成されたものを言います。

色は、ホワイトやクリーム、シルバー、ピンク、イエロー、ゴールデン、ブルーブラックの色のものがあります。

不透明で、光沢は文字通りの真珠光沢を

示します。
　真珠の分類ですが、法律上では「生きた真珠貝の中で球状または半球状に形成される代謝生産物であり、その主なる構成物質が真珠貝の真珠層と等質のもの」となり、形成上では「天然真珠と養殖真珠」に分けられています。また、母貝の生息水域と種類によっては「海水真珠のアコヤ貝真珠、白蝶貝真珠、黒蝶貝真珠、マベ貝真珠、アワビ貝真珠などと、淡水真珠の池蝶貝真珠、烏貝真珠など」に分類されています。

　『アラビア鉱物書』では、ドゥッル（durr）、テオフラストスの『石について』ではマルガリーテース（margarités）、マルボドゥスの『石について』ではウニオ（unio）、アルベルトゥスの『鉱物書』ではマルガリータ（margarita）と呼ばれ、各々様々な伝承、記述があります。その他、真珠の説話としてはあまりにも有名な、クレオパトラの話が記載されているプリニウスの『博物誌』も含めて、大方は「天の露で受胎、産生する真珠」と伝えられています。
　母貝の防衛手段から生まれたもののため、強い保護力があり、悪霊から身を守って邪気を払い、抵抗力、創造力を高める働きがあると言われています。

　古くは、お産を軽くしたり、解熱、解毒の効果があるとされた他に、粉末を蜂蜜やワインと一緒にして、様々な病気の治療に用いたとされています。

[211]
バイオタイト
（Biotite）「黒雲母」

成分：$K(Mg,Fe^{2+})_3(Al,Fe^{3+})Si_3O_{10}(OH,F)_2$
硬さ：2～3
産地：旧チェコスロバキア

　マイカ（Mica）「雲母」グループ中の一種で、火成岩、変成岩などの成分鉱物となります。
　単斜晶系に属する六角板状の結晶体で発見され、底面に平行に完全劈開があって、板状の薄片に剥離する特徴があります。
　色は暗褐色ないし黒色、条痕は無色です。
　透明から不透明に近いものまであり、ガラス光沢ないし真珠光沢をもっています。
　この鉱物は、多くの宝石鉱床中の共生鉱物として不可分のもので、多種の宝石中でマイカ・インクルージョンとして存在していることが多く、特にコロンビア産などを除く多くの産地からのエメラルド（Emerald）は、主としてこの鉱物の片岩を母岩とするために、それらの中にこの鉱物の内包を見る機会が多くなります。
　名称は、フランスの物理学者、J.B.Biotの名前にちなんで命名されました。

　昔から「命の石」と呼ばれ、いろいろな病気の治療薬として広く利用された鉱物と伝えられています。

現在より未来に目を向けるようになり、また、新しく希望に満ちた将来の出来事を感知できるよう導く力があると言われています。

迷いや不安を消し去り、あきらめていた思いを成就させるよう促す力があるようです。

細胞の変形によって起こる様々な病気の治療に用いられる他に、胆のうの機能を正常に保つ働きがあると言われています。

---

[212]
ハイ・クォーツ
（High quartz）「高温水晶」

成分：SiO_2
硬さ：7
産地：日本

ロック・クリスタル（Rock crystal）「水晶」の主成分の珪酸（SiO_2）が、573℃以上870℃までの間で結晶化が進んだものを言い、β水晶とも呼ばれています。

これに対し、573℃未満で結晶が形成されたものが低温水晶で、α水晶とも呼ばれ、普通に見られる水晶はこちらのタイプです。

高温のマグマから直接晶出する火山岩中などから発見され、これらの水晶を含んだ岩石が風化され分解された後に、風化に強い高温水晶が残されて存在します。

低温水晶が三方晶系的な柱状結晶体で見られるのに対し、高温水晶は、純六方晶系的な三角形の面の大きさのそろった柱面の、短いかあるいはほとんどない結晶体で産出されます。この六方両三角錐の結晶体が、ダイヤモンドの八面結晶とよく似ているために、ダイヤモンドが産出したと勘違いした例があるそうです。

結晶面や先端から独自のパワーを放射状に出して、持つ人のエネルギーと共鳴させて、これを増幅する力があると言われています。

いわゆる低温水晶と比較すると、使い方によってはよりパワフルで強固な作用があるとされています。

あらゆる状況、環境を浄化する働きがあるそうです。

細胞組織の再生を促して新陳代謝を活発にし、体内に蓄積された毒素を排除する力があると言われています。

---

[213]
ハイドロジンサイト
（Hydrozincite）「水亜鉛鉱」

成分：$Zn_5(CO_3)_2(OH)_6$
硬さ：2〜2.5
産地：U.S.A.

ヘミモルファイト（Hemimorphite）「異極鉱」やスミソナイト（Smithsonite）「菱亜鉛鉱」などと同じく、亜鉛鉱床の酸化帯に産出する二次鉱物で、昔はこれらをまとめてカラミン（Calamine）と呼んでいました。

単斜晶系に属しますが結晶体ではほとんど見られず、土状や多孔質、緻密質の塊状、またはリモナイト（Limonite）「褐鉄鉱」などの表面に皮殻状などで発見されます。

色は、純白や灰色、黄色、褐色、帯紅色などのものがあり、条痕は白色を示します。

半透明で、真珠光沢ないし絹糸光沢をもち、断口は不平坦状で、劈開は一方向に完全です。

紫外線を当てると輝青色の蛍光を発し、熱すると230℃で水と炭酸を失って、ジンカイト（Zincite）「紅亜鉛鉱」に変化します。

名称は、ギリシャ語で水の意味のhydro-に由来します。

自由、未来、飛躍、反射を説く鉱物とされています。

過去にとらわれることなく、現実的で実用性に富んだ考え方ができるよう導く力があると言われています。

自身とそれを取り巻く環境も含めて、あらゆるものを浄化、保護する力があるとされています。

血液の流れを良くして体を活性化し、また、鼻の不調を改善する力もあると言われています。

[214]
ハイパースシーン
（Hypersthene）「紫蘇輝石」

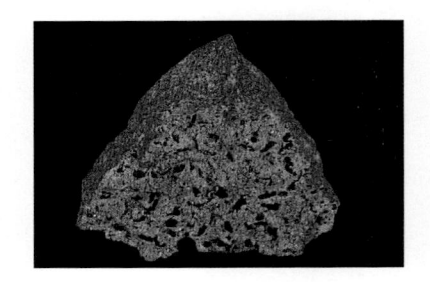

成分：$(Fe^{2+}, Mg)_2Si_2O_6$
硬さ：5〜6
産地：U.S.A.

マグネシウムと鉄と珪酸を成分とするパイロクシーン（Pyroxene）「輝石」の一種で、一番Feが多いものをフェロシライト（Ferrosilite）「鉄珪輝石」、一番Mgの多いものをエンスタタイト（Enstatite）「頑火輝石」と言い、その中間のものがこの鉱物。

塩基性と超塩基性の火成岩中に生成します。

斜方晶系に属する柱状結晶体でも見られますが、多くは塊状や薄片状のものとなります。

色は、帯紫褐色や黒色、灰黒色などのものがあり、条痕は帯褐灰色です。

透明から不透明のものまであり、ガラス光沢をもち、劈開はほぼ直交する二方向に完全で、断口は不平坦状です。

名称は、英名がギリシャ語で超越の意味のhyper、強さの意味のsthenosに由来し、日本名は薄片にして顕微鏡で見ると赤紫蘇色を示すところから、各々命名されました。

誠実さや温情を表す鉱物とされています。

忍耐強く実直な態度で接するため、周りの人たちからの深い信頼を得ることができ

るようになると言われています。

思慮深い行動と決断のもと、優れた指導者となるよう促す力があるそうです。

心肺機能の働きを正常に保ち、鉄分などの吸収作用を増強する力があると言われています。

---

[215]
パイライト
(Pyrite)「黄鉄鉱」

成分：FeS_2
硬さ：6〜6.5
産地：スペイン

最もポピュラーに見られる硫化鉱物で、多くは種々の熱水性鉱床中に広く産出し、また、時には堆積岩などの中にも含まれて低温で生じる場合もあります。

等軸晶系五角半面晶族に属して、六面体、五角十二面体、八面体などに結晶しやすく、また、粒状、塊状の集合体をなすことが多く、腎臓状、球状などで放射繊維状の構造を示すものもあります。

色は真ちゅう黄色で、条痕は黒色でわずかに緑色または褐色を帯びます。

不透明で強い金属光沢をもち、劈開は不明瞭で、断口は貝殻状から不平坦状を示します。

この鉱物の結晶が、インクルージョンとして主な宝石中に見られることも多く、例えば、コロンビアのチボール鉱山産のエメラルド（Emerald）やダイヤモンド（Diamond）「金剛石」、サファイア（Sapphire）「青玉」などの中にも見ることができます。

名称は、ギリシャ語で火の意味のpyrに由来します。

古くは古代ギリシャやローマ、インカ帝国の都市の遺跡から発見され、アルベルトゥスの『鉱物書』ではウィリーテース（virites）と呼ばれて「もし誰かがこの石をきつく握り締めるならば、それはすぐに彼の手にやけどを負わせる。」と記述されています。なお、このウィーリーテースは「火打ち石」の意味のピュリーテース（pyrites）の訛ったものだと言われています。

強い保護力で持つ人を危険から遠ざけ、意識を高いところに導いて意志を強くする働きがあると伝えられています。

気管支炎や肺の病気の治療に用いられ、また、血液に酸素を供給して循環を良くする働きがあると言われています。

---

[216]
パイラルガイライト
(Pyrargyrite)「濃紅銀鉱」

成分：Ag_3SbS_3
硬さ：2.5
産地：カナダ

　プルースタイト（Proustite）「淡紅銀鉱」と共に、銀鉱鉱化作用の末期に初成鉱物として、低温銀鉱床に産出します。また、時には二次富化作用によって生成されることもあり、多くは鉱脈上部の晶洞中などから発見されます。
　六方晶系に属した微細な柱状の異極晶で見られることが多く、他には塊状、緻密質で産出することもあります。
　色は、その日本名の通りの濃紅色です。そのために、プルースタイトと共にルビー・シルバー・オア（ruby silver ore）「紅銀鉱」と総称されて人気も高いのですが、時間が経つにつれて黒っぽくなって、透明度も減少してしまいます。これを防ぐには、黒い紙などで包むなどして保存すると変化が少ないようです。条痕も濃紅色。
　半透明で、金剛光沢や、やや金属光沢をもち、菱面体に明瞭な劈開があって、断口は貝殻状から不平坦状を示します。
　名称は、ギリシャ語で火の意味のpyrと、ラテン語で銀の意味のargent-に由来します。
　静寂、安定をもたらす鉱物とされています。
　直感力、洞察力が研ぎ澄まされ、外部から寄せられる様々な情報から、自身のプラスとなるものだけをピックアップして、行動に移せるよう導く力があると言われています。行動や変化に伴って生まれる摩擦から保護する力があるそうです。

　腎臓や膀胱、尿管などの病気の治療に用いられ、また、血圧を正常に保つ働きもあるとされています。

[217]
パイロープ
（Pyrope）「苦ばん柘榴石」

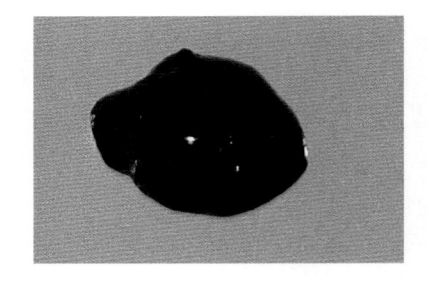

成分：$Mg_3Al_2(SiO_4)_3$
硬さ：7〜7.5
産地：南アフリカ共和国

　ガーネット（Garnet）「柘榴石」グループ中の一種で、マグネシウムとアルミニウムを主成分としています。
　橄欖岩など、種々の超塩基性火成岩中に生成し、また、蛇紋岩に伴って産出することもあります。
　等軸晶系に属した斜方十二面体や偏菱二十四面体などの結晶で見られることもありますが、大方は粒状を示しています。
　色は、この鉱物に含有されたクロム分と鉄分の作用で赤色となったものが多く、他にはピンク赤色、褐色のものなどがあり、また、紫紅色のものはロードライト（Rodolite）と呼ばれています。条痕は白色。
　透明から不透明でガラス光沢をもち、劈開はなく、断口は貝殻状を示します。
　名称は、この鉱物の示す赤色から、ギリシャ語で火の意味のpyrに由来します。

　古くはこの鉱物が似ている柘榴の実が、結束と実りを象徴することから、王族の秘宝として持たれ、例えばロシアのロマノフ王朝では、そこで採れるロードライトを国

石としていたそうです。
　変わらぬ愛情、友愛を招き、肉体と精神、感情のバランスを保って、全身に活力を行きわたらせる働きがあると言われています。

　血液の循環を良くして体内に十分な酸素を送り、各臓器の活性化を促して蓄積した毒素を排除する力があるとされています。

....

[218]
パイロフィライト
（Pyrophyllite）「葉蝋石」

成分：$Al_2Si_4O_{10}(OH)_2$
硬さ：1～2
産地：U.S.A.

　多くは石英斑岩、石英粗面岩、ひん岩などの火成活動に伴う熱水交代作用によるもので、これらの火成岩自体の内部や迸入岩の周囲の砂岩、または頁岩の一部を交代して生じる鉱物。
　単斜晶系に属しますが、多くは細粒状や緻密塊状で産出し、時としてそれが放射束状で発見されることもあります。
　色は、白色や銀白色、淡緑色、淡黄色、淡褐色、帯青色などで、色が一様なものと、各種の色で斑状をなすものとがあります。条痕は白色。
　半透明ないし不透明で、真珠光沢およびガラス光沢をもち、劈開は完全で、断口は不平坦状を示します。
　名称は、加熱すると葉片状にはく離するところから、ギリシャ語で火の意味のpyrと葉片の意味のphyllonに由来します。

　成長、友交、余裕を説く鉱物とされています。
　怒りの感情を鎮めて穏やかな気分にし、欲求不満によるイライラした気持ちを抑える働きがあると言われています。
　高い霊性を養い、直感力や洞察力を高めて精神をより高次なところに導く力があるそうです。

　筋肉組織を強化し、副腎、喉、甲状腺、脳の不調を改善する働きがあると言われています。

....

[219]
パイロモルファイト
（Pyromorphite）「緑鉛鉱」

成分：$Pb_5(PO_4)_3Cl$
硬さ：3.5～4
産地：フランス

　アパタイト（Apatite）「燐灰石」グループ中の一つで、ガレーナ（Galena）「方鉛鉱」などの分解によってできる二次鉱物。

その成分中にAsO$_4$なども加わって、これがPO$_4$よりも多いとミメタイト（Mimetite）「黄鉛鉱」となります。

鉛鉱床の上部の酸化帯に、リモナイト（Limonite）「褐鉄鉱」やバーライト（Barite）「重晶石」、セルサイト（Cerussite）「白鉛鉱」などを伴って産出します。

六方晶系の三角錐形半面晶族に属した柱状結晶体で、時にはその中央部が太くなって樽形を示すもので発見されることが多く、他には球状やブドウ状、腎臓状、粒状、繊維状などのもので見ることができます。

色は、典型的な緑色の他に、褐色、乳白色、黄緑色など各種の色のものがあり、条痕は白色を示します。

やや透明ないし半透明で樹脂光沢をもち、劈開はなく、断口は不平坦状からやや貝殻状となります。

名称は、ギリシャ語で火の意味のpyrと形の意味のmorpheに由来します。

統合、融和、発展を意味する鉱物とされています。

複数のものの各々の長所を引き出し、それらを一つにまとめてより強いエネルギーとなるよう導く力があると言われています。

治療などで使用する時も、単独で用いるよりは他の鉱物と一緒の時の方が高い効果が得られるようです。

血液を浄化して体内に必要な栄養分を補給し、新陳代謝を活発にする働きがあると言われています。

[220]
パウエライト
（Powellite）「パウエル鉱」

成分：CaMoO$_4$
硬さ：3.5〜4
産地：チリ

モリブデナイト（Molybdenite）「輝水鉛鉱」の分解によってできる二次鉱物。

正方晶系に属する錐状や薄板状の結晶体で発見されることが多く、その他には、モリブデナイトの仮晶の葉片状集合体や土状で見られることもあります。

色は、黄色や褐色、緑黄色、淡緑青色のものなどの他、灰白色や灰色、青色、黒色のものなどがあります。

結晶面はやや金剛光沢、断口は脂肪光沢、葉片状の仮晶は真珠光沢を放ちます。

紫外線では、クリーム色ないし金黄色の螢光を示す透明石です。

三方向に不明瞭な劈開があり、断口は不平坦です。

名称は、アメリカの地質学者、J.W.Powellの名前にちなんで命名されました。

内面に秘めた強さ、霊性の目覚めを表す鉱物とされています。

創造性と沈着さが身に着き、自分を見失うことのない強い精神力を養う力があると言われています。

持つ人の愛情を深めて優しい気持ちにさせ、また、芸術的なことにはひらめきを授ける力があるとされています。

血液の循環を良くする働きがあり、また、体内の老廃物や毒素を体外に排除する力があると言われています。

---

[221]
ハウスマンナイト
（Hausmannite）「ハウスマン鉱」

成分：$Mn^{2+}Mn_2^{3+}O_4$
硬さ：5～5.5
産地：南アフリカ共和国

黒マンガン鉱とも言い、重要なマンガン鉱の一つとされています。
接触変成岩や熱水鉱脈中に生成します。ロードクロサイト（Rhodochrosite）「菱マンガン鉱」やテフロイト（Tephroite）「テフロ石」とよく共産します。
正方晶系の正方錐形の結晶をつくり、たいてい双晶になっています。他には粒状の塊のものもあります。
色は黒褐色や黒色で、条痕は褐色を示します。
薄片は半透明ですが、普通は不透明で、やや金属光沢をもっています。
劈開は良好で、断口は不平坦状となります。

一見マグネタイト（Magnetite）「磁鉄鉱」に似ていますが、この鉱物は磁性を欠き、条痕の色が違うことから区別がつきます。
名称ですが、ドイツの鉱物学者であるJ.F.L.Hausmannの名前にちなんで命名されました。

危険と困難の回避、勝利と賞賛を得るなどを意味する鉱物とされています。
恐れや怒り、苦痛などの感情の乱れを鎮めて安定させ、意識を高次元にまで高める働きがあると言われています。
脱力感も解消するそうです。

体内に水分を補給する力があり、また、肌を柔らかくしてなめらかに保つ働きがあるとされています。

---

[222]
ハウライト
（Howlite）「ハウ石」

成分：$Ca_2B_5SiO_9(OH)_5$
硬さ：3.5
産地：U.S.A.

コレマナイト（Colemanite）「灰硼石」やボラサイト（Boracite）「方硼石」などと同じ硼素鉱物の一つで、これらとよく一緒に産出します。

[223]
バスタマイト
（Bustamite）「バスタム石」

成分：$(Mn^{2+}, Ca)_3Si_3O_9$
硬さ：5.5〜6.5
産地：スウェーデン

　マンガン鉱床や接触鉱床中などから発見される鉱物で、ロードナイト（Rhodonite）「バラ輝石」に外観も特性もよく似ていますが、この鉱物の方が多少淡色なのと、光軸角、屈折率が小さいので識別ができます。
　三斜晶系に属して、卓状結晶や柱状結晶で見られることもありますが、通常は円塊状や塊状で産出します。また、繊維状の発達したものはキャッツ・アイ石となりますが、ごく稀少品とされています。
　単斜晶系に属した微結晶体で見られることもありますが、通常は緻密な団球状や小塊状などでよく発見され、内部が素焼きに類しているために、よく染色して使われます。その他には、時として土状や鱗片状またはスレート状の組織を示すものもあります。
　色は白色で、脈状黒色部を伴っています。
　微光沢ないしややガラス光沢を放って、薄い裂片は半透明を示すものもありますが、通常は不透明石となります。
　劈開はなく、陶器質のものは参差状または平坦な断口を示します。
　名称は、カナダの科学者H.Howの名前にちなんで名付けられました。

　色は、鮮やかな淡ピンク色ないし帯褐赤色で、ガラス光沢を放つ透明もしくは半透明石として確認できます。
　名称は、メキシコの将軍、A.Bustamenteの名前にちなんで命名されました。

　清粋、崇高、目覚めを象徴する鉱物とされています。
　心身を浄化する働きがあり、肉体、精神、感情の調和を図りながらこれらを統合し、より強力なものへと導く力があると言われています。
　寂しさや悲しみの感情を和らげ、意識をより高いものへと引き上げる力があるとされています。
　脳にかかわる機能を活発にする他に、骨や筋肉などの組織細胞の再生を促す力があると言われています。

　霊的に高まりたい時に持つと良いとされる鉱物。
　感情と理性のバランスを保ち、調和の取れた穏やかな思考となるよう導く力があると言われています。
　エネルギー不足も補うそうです。

血液に酸素を送る力があり、頭部器官におこる様々な不調を改善する働きがあるとされています。

[224] バナディナイト
（Vanadinite）「褐鉛鉱」

成分：$Pb_5(VO_4)Cl$
硬さ：2.5～3
産地：U.S.A.

　鉛鉱床の酸化帯に見られる二次鉱物で、パイロモルファイト（Pyromorphite）「緑鉛鉱」やミメタイト（Mimetite）「ミメット鉱」、モットラマイト（Mottramite）「モットラム鉱」などに伴って産出します。

　六方晶系に属した六角の結晶が板状や短柱状で発見され、また、時には針状や糸状の集合体で見られることもあります。

　色は、橙赤色からルビー赤色、褐赤色などの赤色や、褐色、黄色、灰色などのものがあり、条痕は白色ないし淡黄色となります。

　半透明ないし不透明で、樹脂光沢およびやや金剛光沢をもち、劈開はなく、断口は貝殻状から不平坦状を示します。

　名称は、1830年にこの鉱物の主成分が元素バナジウム（V）であると発見され、北欧神話で愛と豊饒の女神バナジス（Vanadis）にちなんで命名されました。

明晰な思考、理想、賛美を表す鉱物とされています。

　精神を安定させて集中力を増し、身の周りで起こる様々な問題にも冷静さをもって対処できるよう導く力があると言われています。

　意識を高く持てるよう促す力があり、計画性のある毎日が送れるようになるそうです。

　古くは呼吸器系の病気の治療に用いられたとされ、他には膀胱の不調を改善する力があるとされていました。

[225] パパゴアイト
（Papagoite）「パパゴ石」

成分：$CaCu^{2+}AlSi_2O_6(OH)_3$
硬さ：5～5.5
産地：南アフリカ共和国

　銅鉱床の酸化帯から発見される珪酸塩鉱物で、時にはアホイト（Ajoite）「アホー石」の繊維放射状集合体と共に、また交代作用変質岩石中の被膜として産出することもあります。

　単斜晶系に属した、微細なほぼ等ディメンショナル結晶で見られ、通常はその微結晶質集合体や被膜状をよく示します。

　色は、鮮やかなスカイブルー色を呈します。

透明から半透明でガラス光沢をもち、劈開は一方向に明瞭です。

主な産地は、アメリカ・アリゾナ州のアホー、南アフリカ・トランスバールのメッシナ、チェコスロバキアなどです。

愛情、調和、優しさを説く鉱物とされています。

持つ人を幸福感で満たし、また、それを取り巻く状況をも温情と慈愛に溢れたものに変える力があると言われています。

肉体と精神、感情のバランスを保ってこれらを提携させ、総合的にパワーアップするよう導く力があり、特に瞑想する時に用いるには「最良の石」だとされています。

感染病や膵臓、胆のうの病気の治療に用いられる他、胃や腸などの消化器官の不調を改善する力があると言われています。

[226]
バビングトナイト
（Babingtonite）「バビントン石」

成分：$Ca_2(Fe^{2+},Mn)Fe^{3+}Si_5O_{14}(OH)$
硬さ：5.5〜6
産地：インド

接触鉱床中に、プレナイト（Prehnite）「ぶどう石」、カルサイト（Calcite）「方解石」、エピドート（Epidote）「緑れん石」、オーソクレース（Orthoclase）「正長石」などと共に産出することが多く、その他にはガーネット（Garnet）「柘榴石」やヘデンベルガイト（Hedenbergite）「灰鉄輝石」などと共産することもあります。

三斜晶系に属した小結晶体で見られ、色は暗緑黒色や暗褐色、黒色などのものがあり、劈開は一方向に完全です。

この鉱物は製鉄の溶鉱炉の中でもでき、結晶を伴う緑黒色の塊状となります。

名称は、アイルランドの鉱物学者であるW.Babingtonの名前にちなんで命名されました。

積極性、前進を説く鉱物とされ、直面した問題も難なく解決して、希望に満ちた毎日となるよう促す力があると言われています。

何事にも不屈の精神で立ち向かって、忍耐心のもと、正しい方向に進めるよう導く力があるとされています。

現実的、建設的な思考になるそうです。

喉の不調を改善して細菌やウィルスの侵入を阻止し、カゼなどの感染から身体を守る働きがあると言われています。

[227]
パラサイト
（Pallasite）

成分：混合物により異なります。
硬さ：混合物により異なります。
産地：アルゼンチン

　宇宙空間から地球上に飛来到達したと思われているメテオライト（Meteorite）「隕石」の一種で、石鉄質のものを言います。これは、かつて太陽系に存在していた惑星が破壊されて、その金属核とその上の珪酸塩層との境目付近にできたものとされています。
　約50％のニッケルと鉄の合金と約50％の珪酸塩物質から成り、その珪酸塩鉱物は地球上の多くの岩石に見られ、ペリドット（Peridot）「橄欖石」〔フォルステライト（Forsterite）「苦土橄欖石」〕やパイロクシーン（Pyroxene）「輝石」、プラジオクレース（Plagioclase）「斜長石」などを含みます。
　名称ですが、ドイツの博物学者、P.Pallasが、1749年にロシアのクラスノヤルスク市の南方で発見されたこの鉱物を研究したことにちなんで命名されました。

　太陽の輝きと同様の絶対を意味し、強い保護力で悪霊から身を守り、夜の恐怖を取り除く力があるとされています。
　地球以外の惑星から発せられる永遠、理想を表すとされる情報を受け取り、それを解読して自然の理念に基づいた思考となるよう導く力があると言われています。
　知恵と分別を与えるそうです。

　循環器官、血液などの不調を改善して、運動能力を高める働きがあるとされています。

[228]
バリサイト
（Variscite）「バリッシャー石」

成分：$AlPO_4・2H_2O$
硬さ：3.5～4.5
産地：U.S.A.

　トルコ石の代用として用いられ、アメリカのユタ州から良石が産出することから、ユタライトの別名やユタ・ターコイズの呼び名があります。
　燐酸を含んだ循環水が礬土質岩石に作用して地表付近にできる淡緑色、リンゴ緑色の鉱物のことを言います。
　斜方晶系に属しますが、結晶体で見られることはごく稀で、多くは粒状の塊や団塊状、皮殻状などで発見されます。また、この鉱物はしばしば他の鉱物と混合しますが、カルセドニー（Chalcedony）「玉髄」との混合鉱物がアメリカのネバダ州から産出し、アマトリクスと呼ばれています。
　透明から半透明で、ガラス光沢からにぶい光沢をもち、劈開は完全で、断口は貝殻状または多片状を示します。
　名称は、この鉱物の産地のドイツ、フォクトラント地方の古名Variscianにちなんで命名されました。

　持つ人に富と幸運をもたらすとされる鉱物。
　自信と心の豊かさを育み、理想とするも

のや夢が現実のものとなるよう促す力があると言われています。

感情の高ぶりを鎮静して、理解力を高めるよう導く力があるとされています。

内分泌器官の働きを高めてホルモンの分泌を良くし、肌をなめらかに保つ力があると言われています。

[229]
パリサイト
（Parisite）「パリス石」

成分：$Ca(Ce,La)_2(CO_3)_3F_2$
硬さ：4.5
産地：コロンビア

セリウムその他の希土類元素を含んだフッ化物、炭酸塩を言います。

六方晶系（菱面体晶系）に属した微小錐状結晶体で産出する他には、柱状結晶体でもしばしば発見されることがあります。

色は、無色ないし黄色のものが多く、他にも褐黄色のものも見ることができます。

劈開は一方向に完全です。

主な産出地はコロンビアのムソー鉱山ですが、他にはイタリアやグリーンランドなどからも発見されます。

名称は、この鉱物の発見者、J.J.Parisの名前にちなんで命名されました。

活力不足を補いたい時に持つと効果的とされる鉱物。

頭脳が明晰となって正しい判断力が備わり、物事の真の姿が見えるよう養う力があると言われています。

肉体と精神を統合して自己の内側にある本質を見い出し、これを現実の領域にまで引き出すよう導く力があるそうです。

古くは不眠症の治療に用いられたとされ、他には頭部にかかわる器官の不調を改善する力があると言われています。

[230]
バレンチナイト
（Valentinite）「バレンチン石」

成分：Sb_2O_3
硬さ：2.5〜3
産地：メキシコ

スティブナイト（Stibnite）「輝安鉱」、ケルメサイト（Kermesite）「紅安鉱」、自然アンチモニーなどのアンチモン鉱物の酸化によってできる二次鉱物で、アンチモニー華とも言われます。

ケルメサイト、セルバンタイト（Cervantite）「アンチモニー赭」、スティビコナイト（Stibiconite）「黄安華」などに伴って産出します。

斜方晶系の柱状結晶や、板状、葉片状、粒状構造のある塊状などで発見されます。

色は、無色や雪白色、帯黄色、灰黄色などのものがあります。

金剛光沢を有して、劈開は一方向に完全で、その面は真珠光沢を放ちます。

セナルモンタイト（Senarmontite）「方安鉱」とは同質異像で、よく一緒に産出されますが、色や劈開のある、なしで区別することができます。

名称は、15世紀のドイツの錬金術師、Basil Valentineの名前にちなんで命名されました。

崇高、神聖、幸福感を説く鉱物とされています。

肉体と精神の両面を充実感で満たし、心豊かな愛に溢れた気分でいられるよう養う力があると言われています。

高く定めた自己の目標に向かって、一歩一歩の地道な努力を積み重ねてそこに到達できるよう導く力があるそうです。

細胞の再生を促して体を活性化し、免疫力を高めて、体内への細菌の侵入を防止する働きがあると言われています。

----

[231]
ヒーズレウッダイト
（Heazlewoodite）「ヒーズレウッド鉱」

成分：Ni_3S_2
硬さ：4
産地：オーストラリア

蛇紋岩中などにマグネタイト（Magnetite）「磁鉄鉱」と連晶をなして産出し、ごく少量のペントランダイト（Pentlandite）「硫鉄ニッケル鉱」を含んで、また、表面はザラタイト（Zaratite）「翠ニッケル鉱」に覆われていることが多いようです。

六方晶系に属する結晶で、淡青古銅色を示し、条痕は淡古銅色となります。また、研磨面は帯黄クリーム色で、褐色から青灰色、薄紫色から緑色への多色性があります。

金属光沢を放って、著しい複屈折性がありますが、しかし磁性はありません。

名称は、オーストラリアのタスマニア、ヒーズレウッド（Heazlewood）が主産地のために、その地名にちなんで名付けられました。

純粋さ、誠実さを表す鉱物とされています。

心に受けてしまった傷を癒し、混乱した感情を鎮めて怒りを拭い去る効果があると言われています。

持つ人の一生を通じて、変わらぬ信念を貫き通せるよう導く力があるとされています。

神経痛、胆石、風邪の治療などに用いられた他に、脾臓、膵臓の不調を改善する力があると言われています。

[232]
ビクスバイト
（Bixbyite）「ビクスビ石」

成分：$(Mn^{3+}, Fe^{3+})_2O_3$
硬さ：6～6.5
産地：U.S.A.

　古期岩層中の層状マンガン鉱床中に、ヘマタイト（Hematite）「赤鉄鉱」、ブラウナイト（Braunite）「ブラウン鉱」などと共産したり、酸性の火山岩の空隙中に産出したりする鉱物。
　等軸晶系に属した六面体の結晶で発見されることもありますが、多くは塊状で見ることができます。
　色は灰色から黒色で、条痕も黒色となります。
　透明度はありませんが、金属光沢ないしやや金属光沢を放ち、研磨面は単屈折性ですが、時にはわずかに異方性を示して、集片構造の見られるものもあります。
　名称は、この鉱物の産地のアメリカ、ユタ州トーマス・レンジの研究者、M.Bixbyの名前にちなんで命名されました。

　性格の欠点を補いたい時に持つと良いとされる鉱物。
　与えられたものに対しては、優れた適応力で自分のものにするよう導く力があると言われています。

感覚が研ぎ澄まされてインスピレーションが湧き、あらゆる物の中から自分にとって何が一番大切かを見抜く力を授けるそうです。

　脳の不調に伴う痛みや圧迫感を和らげる働きがあると言われています。

....

[233]
ビスマス
（Bismuth）「蒼鉛」

成分：Bi
硬さ：2.5
産地：ドイツ

　Biの元素鉱物で、熱水性の金属鉱床の石英脈中やペグマタイトの石英脈中に、クォーツ（Quartz）「石英」、ビスマフィナイト（Bismuthinite）「輝蒼鉛鉱」、パイライト（Pyrite）「黄鉄鉱」などと共産します。
　六方晶系の菱面体結晶で発見されることもありますが、大半は塊状や葉片状、放射状、粒状などで見ることができます。また、時には寄木細工状の双晶で見つかることもあります。
　色は帯紅白色ですが、徐々に錆びて褐色に変色してしまい、条痕は銀白色を示します。
　不透明で金属光沢をもち、底面に完全な劈開があります。

断口は不平坦状で、硬度が2.5と脆くて弱い鉱物ですが、熱すると展性があり、小刀で切ることもできます。

名称は、ドイツ語で白い塊という意味のweisse masseに由来します。

15世紀頃に、ドイツのザクセン地方の工夫たちによって、Wismutを新しい金属として採掘したのをはじめとしている鉱物。

思い描いた夢を実現させるためには、あらゆる努力を惜しまず、目的を達成するまで継続できるよう導く力があると言われています。

細胞の再生を促してエネルギー不足を補い、生命力を増強する働きがあると伝えられています。

[234]
ヒッデナイト
(Hiddenite)

成分：$LiAlSi_2O_6$
硬さ：6.5〜7
産地：ブラジル

スポデューメン（Spodumene）「リシア輝石」の黄緑色ないしエメラルド・グリーン色のものを言います。

花崗岩質ペグマタイト中に、レピドライト（Lepidolite）「リチア雲母」、エルバイト（Elbaite）「リチア電気石」などのリシウム鉱物と共産します。

単斜晶系に属して、垂直軸に平行な条線や溝のある柱状の結晶体で見られる他、塊状などでも発見されることがあります。

この鉱物の緑色は、含有されたクロム分の作用によるもので、濃緑色のものは多色性が著しく、また、長波でオレンジ色の螢光を放ちます。条痕は白色を示します。

一方向に完全な劈開があり、また、結晶構造が葉片状のために薄板にはく離しやすい性格の鉱物です。断口は不平坦状です。

名称は、この鉱物が最初に発見された、アメリカ、ノース・カロライナ州の鉱山の監督、A.E.Hiddenの名前にちなんで名付けられました。

新鮮、清浄、謙虚、回復、勝利を意味する鉱物とされています。

頭脳を明晰にして洞察力を養い、肉体と感情のバランスを保つ効果があると言われています。

心の乱れを鎮めて平和な気持ちに導き、集中力を高める働きがあるとされています。

細胞質を正常な状態に保ち、ミネラル分や栄養分の有効な量だけ体内に満たす力があると言われています。

[235] ビビアナイト
（Vivianite）「藍鉄鉱」

成分：$Fe^{2+}_3(PO_4)_2 \cdot 8H_2O$
硬さ：1.5～2
産地：ボリビア

含水燐酸鉄の鉱物で、金属鉱脈中や粘土、亜炭、シデライト（Siderite）「菱鉄鉱」などの層中に産出し、また、湖底の沈殿物となったものや、噴火口付近に付着したものなどがあります。

単斜晶系の柱状結晶体や卓状結晶体で発見される他、放射性群晶や塊状などでも見ることができます。

透明ないし半透明でガラス光沢を有し、劈開は一方向に完全で、その劈開面は絹糸光沢を放ちます。断口は不平坦状。

新鮮なものは無色透明ですが、地上に出すと青紺色から最後には青黒色に変色してしまいます。これは、含有された鉄分の酸化によるものだと思われます。条痕は無色か淡青白色。

名称は、この鉱物を発見したイギリスの鉱物学者、J.G.Vivianの名前にちなんで命名されました。

鋭い洞察力に恵まれるとされる鉱物。

持ち前の自由な精神と高い感性で、身近に起こった問題も勇気をもって解決していけるよう促す力があると言われています。

自己を深く見つめることができるようになり、また、その内側にある本質を見抜けるよう導く力があるそうです。

背骨や脊柱の不調を改善する働きがあり、また、血液の病気の治療に用いられたと言われています。

[236] ヒューブネライト
（Hubnerite）「マンガン重石」

成分：$Mn^{2+}WO_4$
硬さ：4
産地：U.S.A.

主として、花崗岩質貫入岩に伴う気成鉱床に、キャシテライト（Cassiterite）「錫石」、アルセノフィライト（Arsenopyrite）「硫砒鉄鉱」、トルマリン（Tourmaline）「電気石」などと共に、また、高温熱水鉱床中に、硫化鉱物やスシャーライト（Scheelite）「灰重石」、ヘマタイト（Hematite）「赤鉄鉱」などと共に産出する鉱物。

単斜晶系に属する板柱状の結晶体で見られたり、短柱状や結晶が平行、またはやや平行に集まって大塊となったり、稀には放射状に集合した半球状で発見されるものもあります。

色は、赤褐色や黄褐色、黒色のものなどがあり、縦に入った条線は黄色ないし赤褐色、緑灰色を示します。

この鉱物の純粋なものは透明ですが、Feを加え、その量が増加するに従って透明度は減少していきます。

一方向に完全な劈開があります。

名称は、この鉱物の発見者のA.Hübnerの名前にちなんで命名されました。

情熱的で活力に満ちた行動をとりたい人が持つには最適とされる鉱物。

間違っていた信念を消し去り、新しい考えや概念が生まれるよう促す力があると言われています。

決断力も高まるそうです。

気管支にかかわる病気の治療に用いられ、また、目まいを改善する働きもあるとされています。

[237]
ファイヤー・アゲート
(Fire agate)

成分：SiO_2＋内包している鉱物の成分
硬さ：7
産地：メキシコ

リモナイト（Limonite）「褐鉄鉱」などのインクルージョンを含むアゲート（Agate）「瑪瑙」のことで、その部分をカボションにカットすると虹色のファイア状を示すことから、この名称で呼ぶようになりました。

珪酸を多量に含む溶液が様々な岩石の空洞中に沈殿して生成されたアゲート中に、非常に薄い層状のリモナイト、あるいはゲーサイト（Goethite）「針鉄鉱」がブドウ状や腎臓状に広がっているもので、その様子がオパール（Opal）「蛋白石」のプレー・オブ・カラー「遊色効果」に似ていることから、アゲート・オパール（Agate opal）の名で呼ばれていたこともあります。

色は、含有されているリモナイトやゲーサイトの影響から、黄色や褐色、黒色、黒褐色、黄土色のものなどがあります。

透明ないし不透明で、ガラス光沢にぶい光沢をもち、劈開はなく、断口は貝殻状を示します。

古くは悪霊や夜の恐怖を追い払う力があり、また、収穫を増やす働きがあると伝えられています。

大地の神々を鎮めて自己の精神を浄化し、何事につけても良い方向を選択できるよう導く力があると言われています。

前進、進歩、発展を促す効果もあるそうです。

古くは眼病の治療に用いられたとされ、他には血液に関する不調を改善する力があると言われています。

[238]
ファントム・クリスタル
（Phantom crystal）「山入水晶」

成分：SiO_2
硬さ：7
産地：ブラジル

　ゴースト・クリスタルとも呼ばれ、透明のロック・クリスタル（Rock crystal）「水晶」中に、別個の、または繰り返しの結晶が見えるものを言います。
　ファントムとは幻の意味で、透明結晶中に見られる僅かに濃淡の差のある色縞、または色相のかすかに異なる層の繰り返されている状態を指し、成長の周期的な変化による平行的なぼんやりした縦状構造で、しばしば、その山の表面にはクローライト（Chlorite）「緑泥石」が見られます。
　このような構造は結晶成長の不連続性によって起こるもので、成長過程でその結晶面に平行に生じる累帯構造の大きく現れたものも含まれています。
　なお、特性値はクォーツ（Quartz）「石英」と同一です。

　バランスのとれた強いエネルギーをもたらす鉱物とされています。
　潜在能力を引きだし、やる気や決断力を高める効果があると言われています。
　超能力や霊力、浄化力を強くする働きがあり、洞察力を養って瞑想に用いると短時間で深い瞑想状態に入れるとされています。
　細胞の再生を促して新陳代謝を活発にし、また、有害な電磁波や光線の消散作用を高める力があると言われています。

[239]
フィリプサイト
（Phillipsite）「灰十字沸石」

成分：$(K,Na,Ca)_{1-2}(Si,Al)_8O_{16}\cdot 6H_2O$
硬さ：4〜4.5
産地：U.S.A.

　ゼオライト（Zeolite）「沸石」グループの一種で、成分中の珪酸の量が46％前後で、グループ中では低珪酸の方とされています。
　玄武岩の気孔や深海成堆積岩、温泉地帯などに生成し、日本でも各地に産出します。
　単斜晶系（擬斜方晶系）に属した結晶が、必ず双晶となり、そのために十字型を示すところから、日本名は灰十字沸石となりました。また、十字型には見えなくて、一見単結晶の角柱状結晶体とも思えるものがありますが、よく見るとやはり双晶をなしています。
　色は、無色や白色、ピンク色、帯赤色、帯黄色のものなどがあります。
　透明から半透明でガラス光沢をもち、劈

開はなく、断口は不平坦状を示します。

名称は、イギリスの鉱物学者J.W.Phillipsの名前にちなんで命名されました。

高い霊性、神聖、無垢を表す鉱物とされています。

際立った自己主張を抑えて、中庸の精神で物事に対処することができるようになると言われています。

温厚さと穏やかさを引き出し、大地の恵みと自然の保護力にあずかれるよう導く力があるそうです。

身体に表れる慢性的な痛みや不調を、ゆっくりですが着実に改善する働きがあると言われています。

[240]
ブーランジェライト
（Boulangerite）「ブーランジェ鉱」

成分：$Pb_5Sb_4S_{11}$
硬さ：2.5〜3
産地：U.S.A.

熱水鉱脈中に、ガレーナ（Galena）「方鉛鉱」やパイライト（Pyrite）「黄鉄鉱」、スファラライト（Sphalerite）「閃亜鉛鉱」、テトラヘドライト（Tetrahedrite）「安四面銅鉱」、テナンタイト（Tennantite）「砒四面銅鉱」、プルースタイト（Proustite）「淡紅銀鉱」などの硫化、硫塩鉱物、また、クォーツ（Quartz）「石英」や炭酸塩鉱物とともに生成します。

単斜晶系に属する長柱状や針状の結晶をつくる他、塊状や繊維状、羽毛状の晶癖をもつものもあります。

色は、鉛灰色から鉄黒色までであり、条痕は褐色を示します。

不透明で金属光沢をもちます。

劈開は、針を縦に切る方向に良好で、断口は不平坦状です。

名称ですが、フランスの鉱山技師のC.L.Boulangerの名前にちなんで命名されました。

忍耐、努力、継続を象徴とし、また、「不屈の精神を養う石」として珍重されたと言われています。

困難な問題に直面しても、くじけることなく一つ一つ解決していこうという意欲を湧き立たせる力があるとされています。

根気強さと耐久力を養うそうです。

細胞の再生を促して身体を活性化し、感染症などに対する抵抗力を強める働きがあると言われています。

[241]
フェナサイト
（Phenacite）「フェナス石」

成分：Be$_2$SiO$_4$
硬さ：7.5〜8
産地：マダガスカル

　熱水鉱脈やペグマタイト、変成花崗岩などの花崗岩質の火成岩中に生成され、また、片岩中に産するものもあります。
　六方晶系（菱面体晶系）の菱面体結晶や柱状結晶体で発見されることが多く、他には粒上や針状のもの、それらが放射状に並び繊維構造をもつ球晶をつくるものもあります。
　色は、無色や黄色、ピンク色、淡赤色、帯褐赤色のものなどがあり、条痕は白色です。
　透明でガラス光沢をもち、劈開はなく、断口は貝殻状を示します。
　この鉱物のインクルージョンが、合成エメラルド中のみに見られますが、これは、エメラルド合成中にベリルの三成分のうちのアルミナを除いた他の成分のみが早期に結晶したものがこの鉱物で、それが後から育成される合成エメラルドの主結晶中に内包されるためです。
　名称は、この鉱物がクォーツ（Quartz）「石英」とよく似ているところから、ギリシャ語で詐欺師の意味のphenaxに由来します。

　不変、完全、達成を意味する鉱物とされています。
　様々な力を統合して持つ人を無敵にすると言われ、あらゆる行動の勝利者となるよう導く力があると伝えられています。
　憂うつな気分を一掃して隠された魅力を引き出し、知性と勇気を授ける力があるそうです。
　新陳代謝を活発にして免疫力を高め、病気の初期の段階の症状を改善する働きがあると言われています。

[242]
フォルステライト
（Forsterite）「苦土橄欖石」

成分：Mg$_2$SiO$_4$
硬さ：7
産地：エジプト

　オリビン（Olivine）「橄欖石」グループに属し、ファイアライト（Fayalite）「鉄橄欖石」とは類質同像鉱物です。宝石種のペリドット（Peridot）は、ほとんどこの成分に10％前後のファイアライトの混じった固溶体です。
　火成岩の成分として、または接触鉱物として産出し、斜方晶系の結晶体や塊状、粒状、砂状などで見ることができます。
　色は、白色や淡黄色、黄色、淡緑色、緑色のものなどがあり、ガラス光沢をもちます。
　ほとんどこの鉱物からなる橄欖石は、耐火性能に優れるために鋳鉄砂に用いられ、これをオリビン・サンドと呼んでいます。その他にもこの鉱物は、マグネシウムの原鉱にもされています。
　名称は、鉱物学者であるJ.Forsterの名前にちなんで命名されました。

　古代エジプト、ギリシャ、ローマ時代と、古くから護符や薬として用いられてきた鉱物。
　太陽の光と同様の永遠、絶対性を表し、強い保護力で悪霊から身を守り、夜の恐怖

を取り除く力があると言われています。

肉体と精神、感情のバランスを保ってストレスを軽減し、内的に美しく輝かせる効果があるそうです。

細胞の再生を促して肌をなめらかにする働きがあり、肝臓や脾臓などの不調を改善する力もあると言われています。

---

[243]
フックサイト
（Fuchsite）「クロム雲母」

成分：$KAl_2(AlSi_3O_{10})(OH,F)_2+Cr$
硬さ：2～2.5
産地：ブラジル

マイカ（Mica）「雲母」グループ中のマスコバイト（Muscovite）「白雲母」の一種で、緑色のものを言います。

花崗岩や片岩、片麻岩、雲母片岩中に産出します。

単斜晶系（擬六方晶系）の結晶の卓状や薄片状で見られ、また、隠微晶質のものや緻密な塊状、鉱染状のものなどがあります。

この鉱物が示す緑色は、成分中に含まれるクロムの作用によるもので、条痕は無色を示します。

半透明ないし不透明で、ガラス光沢から真珠光沢をもちます。

底面に完全な劈開があり、断口は不平坦状です。

グリーン・アベンチュリン・クォーツ（Grene aventurine quartz）にアベンチュレッセンスを与えるインクルージョンは、この鉱物の細片結晶です。

名称は、スウェーデンの科学者、Fucksの名前にちなんで命名されました。

素直さ、気安さ、あるがままの気分を意味する鉱物とされています。

困難に打ち勝つ勇気を与えて、あらゆる行動の勝利者となるよう導く力があると言われています。

思考に柔軟さが備わり、一つのことだけでなく、他の事柄や状況にも、目を向けることができるよう養う力があるとされています。

血管の細胞組織の再生を促し、栄養分を体中に行きわたらせる働きがあると言われています。

---

[244]
プライセイト
（Priceite）「プライス石」

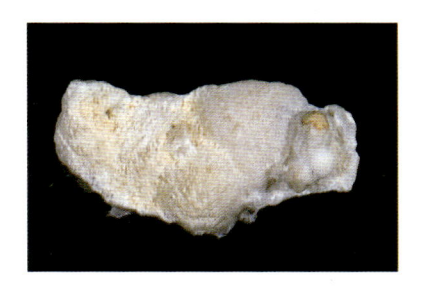

成分：$Ca_4B_{10}O_{19}\cdot 7H_2O$
硬さ：3～3.5
産地：U.S.A.

頁岩中から、コレマナイト（Colemanite）「灰硼石」やセレナイト（Selenite）「透石膏」と共に発見される鉱物。

三斜晶系に属しますが、顕微鏡下で認められる結晶のみで、扁平な粒状や時に58°の角を有する菱形などが知られています。しかし、この他の大半のものは、団球状や不規則な塊状などで産出します。

軟質、白亜質、硬質、緻密、強靭など様々なものが見られますが、硬質緻密なものは貝殻状の断口をもち、硬度も3～3.5ですが、土状のものの硬度はこれよりも低くなります。

色は白色で、土状の光沢があります。

名称は、アメリカの冶金家、T.Priceの名前にちなんで命名されました。

忍耐力や辛抱強さを授ける鉱物とされています。

独自に持っている感性を引き出してより高いものにし、それらを使って行う芸術的表現が多くの人々に支持されるよう導く力があると言われています。

知能を高めて、勉学における達成感が得られるよう促す働きがあると伝えられています。

新陳代謝を活発にして体内の毒素を排除する力があり、また、循環器の不調を改善する働きもあるとされています。

[245] ブラジリアナイト
（Brazilianite）

成分：$NaAl_3(PO_4)_2(OH)_4$
硬さ：5.5
産地：ブラジル

マスコバイト（Muscovite）「白雲母」やアルバイト（Albite）「曹長石」を主体とするペグマタイトの晶洞中に、アパタイト（Apatite）「燐灰石」やトルマリン（Tourmaline）「電気石」などと一緒に産出する熱水性鉱物。

単斜晶系の錐面の発達した柱状結晶体で発見されます。

色は、無色や淡黄色、帯黄緑色、帯緑色のものなどがあります。

透明で、ガラス光沢をもち、劈開は伸長方向に垂直に完全で、断口は貝殻状を示します。

名称は、最初に発見されたのがブラジルのミナス・ジェライス州コンセリェイロ・ペーナだったことから、その国名にちなんで命名されました。

1944年に発見された当時は、クリソベリル（Chrysoberyl）「金緑石」だと思われていましたが、詳しい研究の結果、新鉱物であることが判明し、翌年の1945年に、今世紀初の新種宝石として認定されました。

冷静さ、理知的を表す鉱物とされています。

自分の置かれている状況を的確に認識し、最も良いと思われる方向へと導く力があると言われています。

物事を見極める能力が備わり、心の迷いや曖昧な思考を取り去るよう促す力があるそうです。

身体中の組織細胞をみずみずしく保ち、肌の不調を改善する働きがあるとされています。

---

[246]
プラズマ
（Plasma）「濃緑玉髄」

成分：SiO_2＋内包している鉱物の成分
硬さ：7
産地：ロシア

緑色の半透明、あるいは不透明のカルセドニー（Chalcedony）「玉髄」を言います。

二酸化珪素の微晶質鉱物の変種で、様々な岩石、特に溶岩の空洞に珪酸を多量に含む溶液が沈殿して生成されます。

大半は腎臓状やブドウ状、鐘乳状の塊で産出します。

色は、クリソプレーズ（Chrysoprase）よりは濃い緑色を示しますが、これはクローライト（Chlorite）「緑泥石」を内包することによるためで、他には白色や帯黄白色の部分の点在するものもあります。条痕は白色。

ガラス光沢やにぶい光沢をもち、劈開はなく、断口は貝殻状となります。

主産地はインド、中国、U.S.A.、ロシアなどで、翡翠類似石の一つとされています。

名称は、ギリシャ語で型に入れて作るの意味のplasseinに由来します。

二者択一の決断の時に持つと良いとされる鉱物。

掲げた目標に向かっては、外部の意見に振り回されることなく、最後まで到達できるよう導く力があると言われています。

大地の自然のエネルギーを体内に満たして、心身をバランスの取れた良い状態に保つよう働きかける力があると伝えられています。

古くは血液の浄化作用があるとされ、他には出血、打ち身、浅い傷の手当てにも用いられたようです。

---

[247]
プラチナ
（Platinum）「白金」

成分：Pt
硬さ：4～4.5
産地：U.S.A.

自然金属の代表的なもので、ごく稀に硫化物や砒化物を形作ることもありますが、大半は自然白金として発見されます。

塩基性火成岩、とくに橄欖岩や蛇紋岩中の第一次鉱床に、またはそれらの二次的な漂砂鉱床中に産出します。

等軸晶系に属して、不規則扁平な灰銀白色の砂白金として見られます。条痕も同じ色。

不透明で鮮明な金属光沢をもち、劈開はなく、断口は針状を示します。

貴金属の特性として求められる展性や延性に富み、空気中で高温度に熱しても酸化せず、酸にも溶けません。

イリドスミン（Iridosmine）に似ていますが、この鉱物より硬度は高く、かつ脆いので区別ができます。

名称は、日本名はその色から名付けられ、英名はスペイン語で銀の意味のplataを語源としているそうです。

古くは何千年も前から使われていましたが、化学元素の一つであることがわかったのは1735年になってからのことで、文献の上では、1748年スペインのアントニオ・デ・ウロアの著書の中の記載が最初のものだと言われています。

南米コロンビアがその産地であり、やがてヨーロッパの人たちに注目され、南米からの輸入が相当行われるようになったようです。

高い直感力と洞察力を保持し、物事に対する考え方がいつもよい結果を生むであろうとされる方を選択するよう導く力があるとされています。

古くは肝臓や副腎の不調の改善に用いられたとされ、他には内分泌腺の働きを正常に保つ働きがあると言われています。

[248]
ブラッドストーン
(Bloodstone)「血石」

成分：SiO_2＋不純物
硬さ：7
産地：インド

ジャスパー（Jasper）「碧玉」の一種で、酸化鉄などが含まれているために、暗緑色の地に赤色の斑点が入ったものを言います。

ジャスパーとは、各種の色の不透明の潜晶質石英の総称で、アゲート（Agate）「瑪瑙」、カルセドニー（Chalcedony）「玉髄」と全く同種ですが、それらが半透明なのに対して、ジャスパーは約20％以上の不純物が混入されていて、不透明になったものを言います。

この鉱物上に見られる赤い斑点は、十字架上のキリストの聖血が、碧玉に落ちてできたものとの伝承があります。

昔はこの鉱物が、エジプトのヘリオポリスでよく採れたために、ヘリオトロープ（Heliotrope）とも呼ばれていました。

インド産のものが良石とされ、3月の誕生石にもなっています。

古代エジプトでは、この鉱物を粉にして蜂蜜に混ぜたものを止血剤として用い、また、ローマ人はこの石でできた鏡で天体を見たとされています。

ギリシャ神話では、同じヘリオトロープという植物と共に体をこすると自分の姿が見えなくなるとされ、兵士は傷を受けないお守りとして戦場に持って行ったと言われています。

献身を象徴とし、困難を乗り越える力を授けるとも伝えられています。

鼻血や出血を止めて血液の病気を治し、その他には傷口を雑菌から守って流産を防ぐ力があるとされています。

---

[249]
フランクリナイト
（Franklinite）「フランクリン鉄鉱」

成分：$(Zn,Mn^{2+},Fe^{2+})(Fe^{3+},Mn^{3+})_2O_4$
硬さ：5.5〜6.5
産地：U.S.A.

スピネル（Spinel）「尖晶石」グループ中の一種で、変成作用を受けた石灰岩や苦灰岩中の亜鉛鉱床に、カルサイト（Calcite）「方解石」やジンカイト（Zincite）「紅亜鉛鉱」、ロードナイト（Rhodonite）「バラ輝石」、ガーネット（Garnet）「柘榴石」などと一緒に生成します。

等軸晶系に属する八面体の結晶をつくり、他には粒状や塊状のものなどがあります。

色は墨色で、条痕は赤褐色から黒色まであります。

不透明で金属光沢をもちます。

劈開はなく、断口は不平坦状ないし貝殻状を示します。

この鉱物の特性としては、弱い磁性をもつことと産地が限定されることで、その産出は、アメリカのニュージャージー州のフランクリン（Franklin）鉱山およびそれに隣接するスターリング・ヒル（Sterling Hill）鉱山にまとまっていて、他にはほとんど産地が認められていません。

芸術的感覚や美的意識に目覚めたい時に持つと良いとされる鉱物。

新しい世界での独創性や創造性、自己表現力などを高める力があると言われています。

エネルギッシュで行動的になれるそうです。

生殖腺、泌尿器などにかかわる病気の治療に用いられた他に、副腎の不調を改善する働きがあると言われています。

---

[250]
プランシェアイト
（Plancheite）「プランヘ石」

成分：$Cu_8^{2+}Si_8O_{22}(OH)_4 \cdot H_2O$
硬さ：5.5
産地：U.S.A.

マラカイト（Malachite）「孔雀石」およ

び他の二次的銅鉱物に関連して、銅鉱床の酸化帯の二次的鉱物として産出します。

斜方晶系に属しますが、結晶体で発見されることはごく稀で、大半は繊維状や緻密な塊状で産出します。

色は、スカイブルー色や淡青色、帯緑青色、帯青緑色、青色、濃青色のものなどがあります。

ガラス光沢ないし絹糸光沢を放つ、不透明石です。

この鉱物は、シャッタカイト（Shattuckite）「シャック石」とよく似ているので、混合されていた時もありました。

名称は、Planchéの名前にちなんで命名されました。

先達の英知、明晰な思考を意味する鉱物とされています。

生まれ持った感性をより高いものに研ぎ澄ますことができ、それを活かした生き方が可能となるよう導く力があると言われています。

日常の中で生じた問題に対して、それを解決していこうという意欲を湧き立たせ、それによって生じるストレスを軽減する働きがあるそうです。

切り傷やすり傷を治し、炎症を抑えて皮膚細胞の活性化と再生力を促す力があると言われています。

[251]
プルースタイト
（Proustite）「淡紅銀鉱」

成分：Ag_3AsS_3
硬さ：2〜2.5
産地：ドイツ

パイラルガイライト（Pyrargyrite）「濃紅銀鉱」と共に、低温の銀鉱床の上部の晶洞中などに産出します。

六方晶系（菱面体晶系）に属する六方柱状の微小で、その一端が菱面体で終わる結晶体で発見されることが多く、その他には塊状や粒状、緻密な晶癖をもつものもあります。

色は、濃紅銀鉱と共に濃紅色を示し、そのために、これらはルビー・シルバー・オア（ruby silver ore）「紅銀鉱」と総称されます。しかし、その色も、年月を経ると次第に暗くなってしまいます。条痕も紅色。

半透明または透明で、金剛光沢かやや金属光沢をもち、菱面体に明瞭な劈開があって、断口は貝殻状から不平坦状を示します。

名称は、フランスの科学者、J.L.Proustの名前にちなんで命名されました。

大地の浄化、清純、悠然を表す鉱物とされています。

穏やかさの中にもきちんとした自己主張ができるようになり、それを礼儀と折り目の正しさをもって表現するために、多くの

人々の共感を得ることができるようになると言われています。

巡ってきた幸運の機会を逃すことなく、その手につかめるよう導く力があるそうです。

内分泌腺の働きを助けて、発育や生殖にかかわる様々なホルモンの分泌を活発にする働きがあるとされています。

[252]
ブルーレース・アゲート
（Blue lace agate）

成分：SiO_2
硬さ：6.5〜7
産地：南アフリカ共和国

潜晶質石英で、ごく細かい結晶が集合して、ブドウ状または腎臓状の半透明石として岩石の空隙中に層状に沈殿したり、また、その崩壊によって生じた砂礫中などから産出されるものをカルセドニー（Chalcedony）「玉髄」と言います。

そのカルセドニーの中でも、珪酸沈殿の状態で、組織に粗密が生じて縞模様になったものをアゲート（Agate）「瑪瑙」と呼んでいます。この縞模様は、水溶液中から周期的に沈殿していくためにできるとされています。

このブルーレース・アゲートは、そのアゲートの中でも淡青色で美しいレース模様の縞目を示すものを言い、アフリカのナミビア南部が主産地とされています。

持つ人の魂に直接働きかける力がある鉱物とされ、心の混乱を解き放って高ぶった感情を鎮める効果があると言われています。

穏やかで平和な気持ちを持ち続けることが可能となり、人付き合いが良くなって友人を増やし、交友関係を豊かなものにすることができるとされています。

歩行に障害をもたらす病気の治療に用いられたり、体液のバランスを保つ時に使用されたそうです。

[253]
ブルッカイト
（Brookite）「板チタン石」

成分：TiO_2
硬さ：5.5〜6
産地：U.S.A.

アナテース（Anatase）「鋭錐石」、ルチル（Rutile）「金紅石」とは同質異像鉱物で、アルプス型の鉱脈中に、アデュラリア（Adularia）「氷長石」、クォーツ（Quartz）「石英」、ヘマタイト（Hematite）「赤鉄鉱」、アルバイト（Albite）「曹長石」などと共産します。その他では、熱

水変質を受けた片麻岩、片岩、火成岩の副成分として、また、稀には接触鉱床中や熱水鉱脈中からも発見されることがあります。

斜方晶系の板状や柱状結晶のみで産出し、金剛光沢ないしは金属光沢をもち、小片は透明、暗褐色ないし黒色のものは薄い裂片のみ透明となります。

色は、褐色や帯黄褐色、帯赤褐色、暗褐色、黒色のものなどがあり、条痕は白色、灰色、黄色を示します。

名称は、イギリスの鉱物学者H.T.Brookeの名前にちなんで命名されました。

一貫した信念、他人からの信頼を説く鉱物とされています。

持つ人の考え方を支持し、いかなる状況下でも変えることなく守り通していけば、必ず良い結果となるよう導く力があると言われています。

洞察力も高まるそうです。

心筋の機能を正常化し、循環器系統の不調を改善する力があるとされています。

[254]
プレナイト
(Prehnite)「ブドウ石」

成分：$Ca_2Al_2Si_3O_{10}(OH)_2$
硬さ：6〜6.5
産地：オーストラリア

アルミニウム珪酸塩鉱物の一つで、玄武岩質溶岩の割れ目や空洞中に、ゼオライト（Zeolite）「沸石」やペクトライト（Pectolite）「曹珪灰石」、カルサイト（Calcite）「方解石」などと共産します。

斜方晶系に属する板状結晶体や微小結晶体で発見されるものはごく稀で、通常は腎臓状やブドウ状の集合体や塊状で見ることができます。

色は、淡緑色や濃緑色、黄色、帯黄緑色のものなどが多く産出する他、灰色や白色、無色のものなどがあり、条痕は無色です。

透明から半透明で、ガラス光沢ないし絹糸光沢をもち、劈開は一方向に完全で、断口は不平坦状を示します。

名称は、その産出状態がブドウ状集合を呈することから日本名が、英名は、この鉱物の最初の発見者のオランダのPrehn大佐の名前にちなんで各々命名されました。

根気強さ、首尾一貫した意志を表す鉱物とされています。

頭脳を明晰にして理性と感情のバランスが上手に取れるようになり、沢山寄せられてくる情報の中から、本当に今必要なものだけを選択できるよう促す力があると言われています。

物事の真実が見抜けるよう導く力があると伝えられています。

膀胱にかかわる不調を改善する力があるとされる他に、膵臓、胆のうの病気の治療にも用いられたようです。

[255]
フローライト
（Fluorite）「螢石」

成分：CaF_2
硬さ：4
産地：中国

ハロゲン化鉱物の一つで、熱水鉱脈や温泉地帯に生成します。トルマリン（Tourmaline）「電気石」を伴ったクォーツ（Quartz）「石英」の結晶上をはじめとして、広く産出が認められています。

等軸晶系の正六面体や正八面体、立方体やその集合体として発見され、八面体の方向に完全な劈開があるために、よくそれを利用して割った八面体が普及しています。

色は、無色や緑色、紫色、ピンク色、黄色のものなどがあり、同一結晶中で色が帯状に異なる「帯状構造」を現すものもあります。

透明ないし半透明でガラス光沢をもち、火中に投じると螢光を放ちます。

よく溶鉱炉の融剤に利用されるため、英名はラテン語の流れるの意味のfluereに由来し、日本名は、紫外線を当てると光を発する螢光現象が見られることから命名されました。

古代エジプトでは、彫像やスカラベにこの鉱物が用いられ、古代中国や古代ローマでも、彫刻の素材として広く使用されたそうです。

また、18世紀にはこの石を粉末にして水に溶かしたものを、薬として服用したと言われています。

集中力を増してストレスを軽減し、意識をより高次元に導く働きがあるとされています。

古くは腎臓病の治療薬として用いられたとされ、他には新陳代謝を活発にする働きがあると言われています。

[256]
ブロシャンタイト
（Brochantite）「ブロシャン銅鉱」

成分：$Cu_4^{2+}(SO_4)(OH)_6$
硬さ：3.5〜4
産地：U.S.A.

銅鉱床の酸化帯に生成する硫酸塩鉱物の一つ。

単斜晶系に属する針状結晶が放射状の集合体で発見されることが多く、その他には皮殻状や腎臓状の塊で産出することもあります。

色は、エメラルド・グリーン色ないし緑黒色で、条痕は淡緑色を示します。透明ないし不透明で、ガラス光沢をもちます。

劈開は一方向に完全で、断口は不平坦状ないし貝殻状となります。

マラカイト（Malachite）「孔雀石」とは共産もし、形状、性格なども酷似しますが、塩酸で発泡しない方がこの鉱物ですので区別ができます。

名称ですが、フランスの地質学者であるA.J.F.M.Brochantの名前にちなんで命名されました。

昔は、食べ物などが腐らないように貯蔵の際に用いられていたとされる鉱物。

直感力が働いて、自分にとってマイナスとなるものには自然と拒否反応が起こるよう促す力があると言われています。

潜在的に持っている動物的感覚が引き出され、ダメージを受けた所を自分で癒す方法が見つかるよう導く力があるそうです。

脾臓の不調を改善する治療薬として用いられたようで、他には体内の毒素を排除する働きもあると言われています。

[257]
ヘウランダイト
（Heulandite）「輝沸石」

成分：$(Na,Ca)_{2-3}Al_3(Al,Si)_2Si_{13}O_{36}\cdot 12H_2O$
硬さ：3.5～4
産地：ブラジル

ゼオライト（Zeolite）「沸石」の一種で、鉱脈の鉱石として、玄武岩の気孔に生成します。

単斜晶系（擬斜方晶系）に属するb面に平たい柱状の結晶体で見られることが多く、他には球状や粒状で発見されることもあります。

色は、含有された鉄分の作用によって赤褐色を示すものが多く、その他には無色や白色、淡緑色、帯黄色のものなどがあり、条痕は無色です。

透明ないし半透明で、加熱すると膨張して白色になり、最後には熔融して白色水滴状または糸状となります。

名称は、側卓面に沿って完全な劈開があり、その劈開面に強い真珠光沢があるために日本名は輝沸石となり、英名は、イギリスの鉱物収集家、H.Heulandの名前にちなんで名付けられました。

持つ人に有益となる情報が集まりやすくなり、また、無くしてしまったものを見つける手助けとなる鉱物とされています。

霊性を高めて予知能力を養い、昔の言い伝えなどから得た知恵を使って、今起こっている問題を解決できるよう導く力があると言われています。

腎臓、膀胱の不調を改善して、空腹感を抑圧する力があるとされています。

[258]
ペクトライト
（Pectolite）「曹珪灰石」

成分：$NaCa_2Si_3O_8(OH)$
硬さ：4.5〜5
産地：U.S.A.

　玄武岩質の溶岩の空洞に、ヘウランダイト（Heulandite）「輝沸石」やフィリプサイト（Phillipsite）「灰十字沸石」、カバザイト（Chabazite）「菱沸石」などの沸石鉱物と一緒に生成します。

　三斜晶系の柱状結晶や針状結晶が放射状に集合したもので産出することが多く、他には繊維状や粒状の塊で発見されることもあります。

　色は、無色や白色、灰色、淡黄色のものなどがあり、また、マンガンを微量に含有した作用でピンク色になったものなどがあります。他には、ドミニカで産出する青色のものがあり、これは、時にシャトヤンシーを示して美しく、現地ではラリマー（Larimar）の愛称で珍重されています。条痕は白。

　半透明で、ガラス光沢および絹糸光沢をもち、劈開は完全で、断口は不平坦状を示します。

　名称は、ギリシャ語で凝結したという意味のpektosに由来します。

　怒りや嫉み、束縛などの感情を鎮めて、愛に満ちた穏やかで温かみのある優しい気持ちになるよう導く力があるとされています。

　自己を深く見つめることによって、内側に隠されていた本質に気付き、それを上手に引き出せるよう促す力があると言われています。

　持つ人を幸福感で満たしてくれるそうです。

　細胞組織の再生を促し、足に関する不調を改善する力があるとされています。

[259]
ベスビアナイト
（Vesuvianite）「ベスブ石」

成分：$Ca_{10}Mg_2Al_4(SiO_4)_5(Si_2O_7)_2(OH)_4$
硬さ：6.5
産地：カナダ

　アイドクレース（Idoclase）の別名をもつ鉱物で、接触変成作用を受けて変質した不純物を含む石灰岩中に生成します。また、霞石閃長石などの火成岩中に産するものもあります。ダイオプサイド（Diopside）「透輝石」やガーネット（Garnet）「柘榴石」、カルサイト（Calcite）「方解石」など、他の多くの鉱物と共産します。

　正方晶系の短柱状や錐状の結晶をつくる他に、塊状や粒状、円柱状、緻密な晶癖をもつものもあります。

色は、黄緑色や黄褐色のものが多く、他には褐色や緑色のもの、クロム分を含有して紫紅色になったものなどがあります。また、含有した銅の作用で青色になったものをシプライン（Cyprine）と言い、硼素を含んだものはシベリアのビリュイ川に出るビリュアイト（Viluite）となります。

透明から半透明で、ガラス光沢から樹脂光沢をもち、劈開はなく、断口は不平坦状から貝殻状を示します。

名称は、1795年にこの鉱物が最初に発見されたイタリアのベスビアス火山の名前にちなんで命名されました。

邪悪なものを追い祓い、吉報をもたらすとされる鉱物。

心が平安と慈愛に満たされて、無条件の愛をもって周りの人々と接することができるよう導く力があると言われています。

何事に対しても、謙虚な心と感謝の気持ちで対処するよう促す力があるそうです。

心臓や肝臓を浄化、強化する働きがあり、また、視力を回復させる力があるとも言われています。

[260] ベタファイト
（Betafite）「ベタフォ石」

成分：$(Ca,Na,U)_2(Ti,Nb,Ta)_2O_6(OH)$
硬さ：4〜5.5
産地：カナダ

強放射能性の希元素鉱物で、花崗岩質ペグマタイト中に他の稀土鉱物と共に産出します。

等軸晶系に属した八面体結晶や十二面体結晶で発見されることがほとんどです。

色は、褐色から黒褐色のものまであり、少量の鉛を含有すると黄色（「サミレシー石」Samiresite）に、チタンを含むと黒色となります。

ガラス光沢またはやや金属光沢をもち、断口は貝殻状となります。

比重は3.7〜5で、H_2Oに富むものは低く、Pbを含むものは高くなります。

上に表した成分の他にも、少量のPb、Th、Fe_3、Sn、Fe_2、稀土を含むことがあります。

名称は、この鉱物が、マダガスカルのBetafo地区から産出することにちなんで名付けられました。

古くから、注意力が必要な時に用いられたとされる鉱物。

心の動揺を抑えて精神の鎮静化を促し、平衡で安定した状態に保つ働きがあると言われています。

乱れた感情のもつれを解き放ち、静かで平和な気持ちに導く力があるそうです。

内分泌腺の働きを活発にし、各種のホルモンを血液や体液内にスムーズに分泌するよう促す力があると言われています。

[261]
ヘッソナイト
(Hessonite)「ヘッソン石」

成分：$Ca_3Al_2(SiO_4)_3$
硬さ：6.5～7.5
産地：マダガスカル共和国

グロッシュラーライト（Grossularite）「灰ばん柘榴石」の透明種の褐色のものを言います。

一般的には、いろいろな変成岩中に生成します。

等軸晶系の十二面体結晶で見られ、これは鉄分が多くなると結晶面が多くなる傾向によるもので、時には破片状や礫状で見ることができます。

色は、先に述べた褐色が代表的なものですが、その他にも帯褐黄色やオレンジ色、帯褐橙色、また、赤味の強いものはシナモン・ストーン、赤橙色のものはヒヤシンスなどと、古い呼び名が残っているものもあります。条痕は白色です。

透明石でガラス光沢をもち、劈開はありません。断口は、不平坦状ないし貝殻状を示します。

名称は、ギリシャ語でもっと少ないの意味のhessonに由来します。これは何かと比較して、硬度が低い、あるいは産出量が少ないからかも知れません。

古くから、世界各地の様々な民族に「身を守り優れた治療力をもつ石」として珍重され、古代ギリシャや古代ローマでは、この鉱物を材料としてカメオやインタリオ、カボションなどを作り、宝飾品としても使用していたようです。

貞節、忠実を貫き、肉体と精神の間に安定したつながりを保つ働きがあると言われています。

血液の流れをスムーズにして各臓器の活性化を図り、細胞組織の再生を促す力があると伝えられています。

[262]
ヘテロサイト
(Heterosite)

成分：$Fe^{3+}PO_4$
硬さ：4～4.5
産地：U.S.A.

トリフィライト（Triphylite）$LiFe^{2+}PO_4$と、リシオフィライト（Lithiophilite）$LiMn^{2+}PO_4$の酸化によってできる二次鉱物です。

斜方晶系に属しますが、結晶体で見られることはまずなく、常に塊状で産出します。

色は、濃紅色や帯赤紫色、赤紫色、褐色のものがあります。

劈開は一方向に良好で、断口は不平坦で

すが、その新しい破面には光沢があります。
　硬度が4から4.5と脆く、やや半透明か不透明石となります。
　成分のうち、鉄分の方がマンガンより多いものがヘテロサイトとなり、反対にマンガンの方が鉄分より多いものはパープライト（Purpurite）「紫鉱」となります。

　過去との決別、輝く未来を表す鉱物とされています。
　新しい一歩を踏み出す勇気を与えてその行動を見守り、妨害するものから身を守る力があると言われています。
　洞察力、直感力が高まって、安全な進路を選択できるようになり、向かった目標に短期間で到達できるよう導く力があるとされています。

　心臓を強化して、身体の細胞や組織に酸素や栄養を行きわたらせる働きがあると言われています。

[263]
ペトリファイド・ウッド
（Petrified wood）「珪化木」

成分：本来の樹木の組織によって異なります。
硬さ：本来の樹木の組織によって異なります。
産地：U.S.A.

　地下に埋もれた樹木に、地中の珪酸分を含んだ水分が浸透して置換され、なおかつ樹木の組織はそのまま残されたもののことで、いわば木の化石で、ウッド・ストーン（Wood stone）とも言われています。
　これらの中で、瑪瑙化したものをシリシファイド・ウッド（Silicified wood）、オパール化したものをオパライズド・ウッド（Opalised wood）などと呼んでいます。
　いずれにしても、いろいろな色のものがあり、日本にも産出しますが、特にオパライズド・ウッドについては、国東半島のものが赤色、緑色、白色、黄褐色とカラフルで美しい模様があり、「別府オパール」と称してオパール（Opal）「蛋白石」の一種とみなされています。
　名称は、この産地では最も有名な、アメリカ、アリゾナ州のペトリファイド・フォレスト国立公園にちなんで命名されました。
　博愛、真心、希望、無邪気を説く鉱物とされています。固い意志と決断力を養い、一度決めた道を迷うことなく進めるよう導く力があると言われています。
　脊柱を正常な状態に保つ力があるとされる他に、耳や肌の不調を改善する働きがあると言われています。

[264]
ベニトアイト
（Benitoite）「ベニト石」

成分：BaTiSi$_3$O$_9$
硬さ：6.5
産地：U.S.A.

バリウムとチタンの珪酸塩鉱物で、ネプチュナイト（Neptunite）「海王石」、ナトロライト（Natrolite）「ソーダ沸石」などに伴って、蛇紋岩や片岩中に生成します。

六方晶系の三角半面像結晶体で発見されることが多く、色は、サファイア（Sapphire）「青玉」と間違われそうなブルー色のものの他には、淡青色や灰黒色、無色のものなどがあり、条痕は無色です。

透明ないし不透明で、ガラス光沢をもち、複屈折と多色性が大きいのもこの鉱物の特徴とされています。

そして、もう一つの特性としては、螢光を発することです（紫外線下では鮮やかなブルー色となります）。

名称は、この鉱物の良質なものが産出するアメリカのカリフォルニア州San Benito郡の地名にちなんで命名されました。

1906年に最初に発見された当時は、その青い結晶が、探鉱家たちからサファイアではないかと間違われた鉱物とされています。

考え方に柔軟さが加わり、思考がより明晰になって、もうひとまわり大きな度量の持ち主となるよう促す力があると言われています。

意識を高いところにまで導き、それを持続させるよう働きかける力があるそうです。

動脈にかかわる各組織を強化して、血液の流れを正常に保つ働きがあるとされています。

[265]
ヘマタイト
（Hematite）「赤鉄鉱」

成分：α-Fe$_2$O$_3$
硬さ：5〜6
産地：U.S.A.

最も重要な鉄鉱石で、塩化鉄が炭酸石灰または水蒸気と反応して生じた接触鉱床中や火山の噴気孔、緑泥石銅鉱脈などに産出します。

六方晶系菱形半面像に属して、結晶面が明らかで光輝の強いものをSpecularite「鏡鉄鉱」、薄板状の集合したものをMicaceous Hematite「雲母鉄鉱」、腎臓状のものをKidney ore「腎臓鉄鉱」、鉛筆状の個体に分かれやすいものをPencil ore「鉛筆鉄鉱」、魚卵状のものをOolitic iron ore、赤色土状のものをRed ocher「代しゃ石」と言います。

色は、黒色や鋼灰色、赤褐色、血赤色、帯褐色のものなどがあり、条痕は赤褐色です。

不透明で金属光沢をもち、劈開はなく、断口は不平坦ないし貝殻状を示します。

名称は、この鉱物の切断、研磨の際に真っ赤な切粉を出すことから、ギリシャ語で血の意味のhemaに由来します。

紀元前900年のアッシリア帝国では宝石として用いられ、また、古代エジプトでは身

を守る護符として使用されていたようです。また、一説には戦いの神マルスと結び付けられ、「勝利に導く石」として兵士が戦場におもむく際に用いられたと言われています。

自信と勇気をもたらし、生命力を活発にする働きがあるとされています。

古くは出血や炎症、月経不順などの治療に用いられたとされ、その他には、貧血や静電気による不調を改善する力があると伝えられています。

[266]
ヘミモルファイト
（Hemimorphite）「異極鉱」

成分：$Zn_4Si_2O_7(OH)_2 \cdot H_2O$
硬さ：4.5〜5
産地：メキシコ

亜鉛鉱床の酸化帯に産出する珪酸塩鉱物のために、カラミン（Calamine）「珪酸亜鉛鉱」の別名をもちます。

斜方晶系の卓状結晶体や小柱状結晶体などでよく見られ、その他には扇状集合体などで発見されることもあります。

色は、白色や無色、淡青色、帯緑色、帯黄色、灰色、褐色のものなどがあり、条痕は無色です。

鈍いガラス光沢ないし絹糸光沢を放つ、透明ないし半透明石で、一方向に完全な劈開があります。断口は、不平坦状から貝殻状を示します。

この鉱物とスミソナイト（Smithsonite）「菱亜鉛鉱」$ZnCO_3$との混合物を、ガルマイ（Galmei）と言います。

名称は、この鉱物の結晶の形にちなみ、つまり柱板状の結晶の片方が尖っていて、もう片方は平らになっている上下が不ぞろいのものをHemimorphism「異極晶」ということから名付けられました。

古くは「悪霊を祓う石」として崇められたとされる鉱物。

向上心と勤勉さをもって行動することができるようになり、温情と優しさで満たされた人生が送れるよう導く力があると言われています。

邪悪なものから身を守る効果もあるそうです。

古代では、中毒の際の治療薬として使用されたようで、他には脂肪の代謝をスムーズにして、神経組織を活性化する働きがあると言われています。

[267]
ヘリオドール
（Heliodor）

成分：$Be_3Al_2Si_6O_{18}$
硬さ：7.5〜8
産地：ロシア

　ベリル（Beryl）「緑柱石」の黄色のものを言っていましたが、今ではイエロー・ベリル（Yellow Beryl）、ゴールデン・ベリル（Golden Beryl）とも呼んで、黄緑色のものも含めています。
　ペグマタイト中などに、クォーツ（Quartz）「石英」とよく共産します。
　六方晶系の長柱状結晶体や短柱状結晶体で発見されます。
　黄色や黄緑色に着色される原因は、微量に混入された鉄元素によるもので、その鉄イオンの結晶構造中の位置によって発色も微妙に違ってきます。条痕は白色。
　透明ないし半透明で、ガラス光沢をもちます。
　劈開は不明瞭で、断口は不平坦状から貝殻状となります。
　名称は、この鉱物が示す色から、ギリシャ語で太陽の意味をもつ接頭語のhelioに由来すると言われています。

　人間とのかかわりはとても古い鉱物で、おそらく有史以前には発見されていたようですが、ヘリオドールと命名されたのは、1910年に南西アフリカでそれが産出した時だと言われています。
　古代エジプトや古代ギリシャでは「神からの贈り物の石」として崇められ、希望や忍耐を招く強力な護符として用いたと伝えられています。
　直感力や洞察力も養うそうです。

　肝臓、膀胱、胸腺の病気の治療に用いられたとされ、他には内分泌腺の働きを正常に保つ力があると言われています。

[268]
ペリドット
（Peridot）「橄欖石」

成分：$(Mg,Fe)_2SiO_4$
硬さ：6.5〜7
産地：アフガニスタン

　ペリドットは宝石名で、鉱物学ではオリビン（Olivine）といいます。詳しくは、オリビンもグループ名で、その中にはフォルステライト（Forsterite）「苦土橄欖石」Mg_2SiO_4やファイアライト（Fayalite）「鉄橄欖石」$Fe^{2+}SiO_4$があり、宝石用石は通常、12〜15％のFeの含有があります。
　火成岩の成分やその接触鉱物として産出します。
　斜方晶系の扁平結晶体で発見されることもありますが、多くは塊状や粒状、砂状などで見られます。
　色は、含有された微量のニッケル分や鉄分の作用によって、黄緑色や緑色、帯褐緑色などを示し、条痕は無色です。
　透明から半透明でガラス光沢をもち、劈開は不完全で、断口は貝殻状となります。
　名称は、よく似た色の石のエピドート（Epidote）「緑れん石」のギリシャ語源のepidotosの異綴語ではないかと考えられています。

　古くは3500年前に紅海のセント・ジョ

ン島（エジプト）から発見された鉱物で、当時はトパゾス（topazos）と呼ばれていたそうです。

古代エジプトでは、この石の中に見られる黄金色を国家の象徴の太陽神に見立てて崇めたとされ、また、一説には金と一緒にしたものを護符とすると、夜の恐怖を取り除いて悪霊から身を守る効果があると言われていました。

豊かな知恵と分別で夫婦の和合を図り、また、ストレスを軽減して内的に美しく輝かせる力があると伝えられています。

古くは痔の治療薬に用いられたとされ、他には肝臓や脾臓などの不調を改善して筋肉を強化する力があると言われています。

....

[269]
ベリル
（Beryl）「緑柱石」

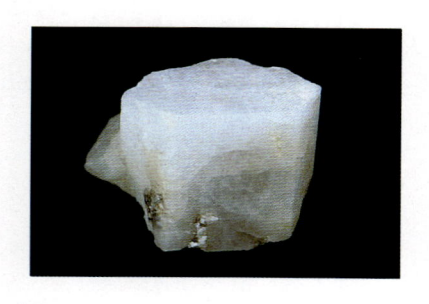

成分：$Be_3Al_2Si_6O_{18}$
硬さ：7.5〜8
産地：オーストラリア

ベリリウムの原料としても使用されるベリリウム鉱物で、主にペグマタイト中や花崗岩中、一部の広域変成岩中などに生成します。

六方晶系の長柱状結晶体や短柱状結晶体などで見られ、他には塊状や緻密、円柱状の晶癖をもつものもあります。

透明ないし半透明で、ガラス光沢をもち、劈開は不明瞭で、断口は貝殻状ないし不平坦状を示します。

混入されている微量の元素によって、様々な色のものとその呼び名があり、主なものは以下の通りです。

水青色	鉄分の作用 による発色	アクアマリン （Aquamarine）
緑色	クロムの作用 による発色	エメラルド （Emerald）
無色	セシウムを 含有している	ゴシュナイト （Goshenite）
黄色	鉄分の作用 による発色	ヘリオドール （Heliodor）
ピンク色	マンガンの作用 による発色	モルガナイト （Morganite）
赤色	マンガンの作用 による発色	レッド・ベリル （Red beryl）

また、これらの詳しいことは各項で述べてありますのでご覧ください。

ベリルの語源はラテン語のベリルス（Beryllus ――実際の語源は、ギリシャ、ラテン以外の外来語源と思われます――）ですが、それがどの鉱物の名前だったかははっきりしません。ただ、「拡大鏡」の意味に用いられ、ある文献に「この石に手を加えて凸面にも凹面にもすることができる」とあり、この言葉がドイツ語では、メガネの意味のブリレ（Brille）に変化したと言われています。

持つ人に富と名誉を与えて洞察力を高め、優れた統率者の地位を保守するよう導く力があると言われています。

視力を良くして眼病を治し、肝臓の不調を改善する他、体内の毒素を排除する力があるとされています。

[270]
ベリロナイト
（Beryllonite）

成分：$NaBePO_4$
硬さ：5.5〜6
産地：ブラジル

ペグマタイト中に産出する鉱物。

斜方晶系の短柱状結晶や板状結晶などで発見されることが多く、また、時には双晶で見られることもあります。

色は、無色や白色、淡黄色などのものがあり、カット石に適する結晶と白色不透明石とは別々に産出します。

多くの結晶は、平行状液体インクルージョンやキャビティー（隙間）を内包しています。

劈開は、一方向に完全、一方向に良好で、ガラス光沢を放ち、劈開面は絹糸光沢を示します。

アメリカのメーン州のみの産出となります。

名称は、成分中にベリリウムを含むところからBeryllonite となりました。

希望、克服を表す鉱物とされています。

交友関係を円滑に保ち、多少の意見の食い違いが生まれた時にも、相手の意思に近づき、お互いを尊重しながら問題が解決できるよう導く力があると言われています。

洞察力を高める働きもあるそうです。

脳下垂体の働きを良くして、各種のホルモンの分泌を活発にする力があると言われています。

[271]
ベルゼライト
（Berzeliite）「ベルチェリウス鉱」

成分：$(Ca,Na)_3(Mg,Mn^{2+})_2(AsO_4)_3$
硬さ：4.5〜5
産地：スウェーデン

マグネシウム、二価のマンガン、カルシウム、ソジウムを成分とする砒酸塩鉱物。

ハウスマンナイト（Hausmannite）「ハウスマン鉱」やテフロイト（Tephroite）「テフロ石」、ロードナイト（Rhodonite）「バラ輝石」、および他の鉱物に関連して石灰岩スカルン中に産出します。

等軸晶系に属した偏形半面像の結晶体で発見されることもありますが、多くは塊状や丸みを帯びた粒状などで産出します。なお、結晶学的にはガーネット（Garnet）「柘榴石」と同じ形、同じ構造となります。

色は、黄色や蜜黄色、橙黄色、黄赤色などで、含有されているマンガンの分量が多いものほど赤色が濃くなります。

半透明から透明で、樹脂光沢をもちます。

劈開はなく、断口は貝殻状を示します。

名称はスウェーデンの化学者、J.J.Berzeliusの名前にちなんで命名されました。

持ち前の感性により磨きをかけ、高度なものへと導く力があるとされています。

新しい情報をキャッチする能力が備わり、それらの中から自身のプラスとなるものだけをピックアップして行動に移すことができるよう促す力があると言われています。

芸術性を高める力もあるそうです。

神経組織の活性化を促し、運動能力を高める働きがあると言われています。

[272]
ベルチェライト
（Berthierite）「ベルチェ鉱」

成分：$FeSb_2S_4$
硬さ：2～3
産地：カナダ

スティブナイト（Stibnite）「輝安鉱」と同じくアンチモニーの鉱石で、花崗岩を横切る白色の石英脈中などに、そのスティブナイトと共産することが多い鉱物。

斜方晶系の繊維状結晶の集合体で発見されることが多く、その他には塊状や粒状で見られることもあります。

色は暗鋼灰色で、条痕は褐黒色となります。

不透明石で金属光沢をもち、劈開は一方向に不明瞭です。

このベルチェライトとスティブナイトとは、結晶などの形状や産状、性質などがとてもよく似ているのですが、化学的にはKOH（腐蝕試験の試薬、苛性カリ40％溶液）によって識別でき、反射光でもベルチェライトは白色より帯紅灰白色の反射多色性が明瞭な上に、異方性も偏光色が異なりますので識別できます。

決断力を強めたい時に用いると効果的とされる鉱物。

未知なることへの恐怖心を取り除き、自己の目標を定めて、それに向かって前進していけるよう促す力があると言われています。

勇気と叡智を授けてくれるそうです。

ホルモンバランスを正常に保って、それに伴う様々な不調を改善する働きがあるとされています。

[273]
ヘルデライト
（Herderite）「ヘルデル石」

成分：$CaBe(PO_4)F$
硬さ：5～5.5
産地：ブラジル

花崗岩質のペグマタイトに生成する、リン酸塩鉱物の一つ。

単斜晶系に属した柱状や卓状の結晶体やそれらの群晶で見られる他、繊維状の集合体で発見されることもあります。

色は、無色や淡黄色、ピンク色、帯緑白色、緑色のものなどがあり、産地別ではアメリカのメーン州産のものは無色と淡黄色結晶体で、また、ブラジル産のものは無色、ピンク色、緑色などで産出します。

透明ないし半透明でガラス光沢をもち、劈開は不良で、断口はやや貝殻状を示します。

紫外線を当てると、淡緑色や鮮紫色の螢光を発するものもあります。

名称は、ドイツの鉱山主、S.A.W.von Herderの名前にちなんで命名されました。

統率力と行動力を養い、隠されていた能力を引き出す力があるとされる鉱物。

困難な状況においても強い指導者となれるよう働きかけて、論理に添った活動で多くの支持を得ることができるようになると言われています。

血液の循環を良くして体内に酸素を行きわたらせる働きがある他、胆のうの不調を改善する力があるとされています。

....

[274]
ホーク・アイ
（Hawk's eye）「鷹目石」

成分：$Na_2(Mg,Fe^{2+})_3(Al,Fe^{3+})_2Si_8O_{22}(OH)_2$
硬さ：7
産地：南アフリカ共和国

アンフィボール（Amphibole）「角閃石」の一種のクロシドライト（Crocidolite）「青石綿」が一部珪酸によって置換されて、繊維質のクォーツ（Quartz）「石英」となったものを言います。

広域変成岩中、石英片岩中などに、タイガー・アイ（Tiger's eye）「虎目石」と一緒に産出します。

単斜晶系に属する、細かくてしなやかな繊維状の結晶のクロシドライトが平行に混入したもので、これをカボション・カットすると光線の反応で鷹の目のように見えるところから名称も付きました。

色は、クロシドライト本来の灰青色で、絹糸光沢ないし無光沢の不透明石です。

ちなみに、この鉱物とよく一緒に産出されるタイガー・アイは、クロシドライトの変質で鉄分が水酸化鉄、すなわちリモナイト（Limonite）「褐鉄鉱」となって黄褐色を示すものを言います。

古くは「決断と前進を意味する石」として、広く護符などに使用されたと言われる鉱物。

知性と叡智を授けて心眼を開くのを助け、邪悪なものを跳ね返して金運、健康運などを良くする力があると伝えられています。

行動力にも恵まれるそうです。

神経にかかわる不調を改善する力があるとされる他に、毛髪の成長を促進する働きもあると言われています。

[275]
ボーナイト
（Bornite）「斑銅鉱」

成分：Cu_5FeS_4
硬さ：3
産地：U.S.A.

ピーコック・オアーの名前でも知られ、銅鉱脈の酸化帯中に含まれています。

熱水鉱脈で、クォーツ（Quartz）「石英」やチャルコパイライト（Chalcopyrite）「黄銅鉱」、ガレーナ（Galena）「方鉛鉱」と一緒に生成され、また、火成岩中に生成することもあります。

斜方晶系（擬等軸晶系）の斜方十二面体などの結晶体で見られることもありますが、多くは塊状や粒状で産出します。

色は、新鮮な時は銅赤色をしていますが、空気に触れると、表面で化学成分の分離が起こって帯紫虹色に変色します。条痕は灰黒色。

不透明石で、金属光沢をもちます。

名称ですが、オーストリアの地質学者、I.Bornの名前にちなんで命名されました。

生産、行動、前進、進歩を意味する鉱物とされています。

前向きの活動に取り組む際に「お守り」として身に着けると効果があると言われています。

理性や知性を高める働きがあり、また、それらを統合して最高の状態となるよう導く力があるそうです。

優れた治療薬として用いられた機会が多く、特に体内のミネラルバランスを保つ働きがあると言われています。

[276]
ホーンブレンド
（Hornblende）「角閃石」

成分：$Ca_2(Fe^{2+},Mg)_4Al(Si_7Al)O_{22}(OH,F)_2$
硬さ：5.5〜6
産地：イタリア

アンフィボール（Amphibole）「角閃石」グループ63種の中では最もポピュラーに産出する鉱物で、造岩鉱物の重要な一つとされています。

火成岩の造岩鉱物として産出し、角閃片岩や角閃片麻岩などの変成岩中にも変成鉱物として含まれています。

単斜晶系の柱状結晶体で見られ、面が六角形の双晶をなすことがあります。他には塊状や緻密、粒状、円柱状のものもあります。

色は、緑色や帯緑褐色、黒色で、条痕は白色ないし灰色を示します。

透明から不透明のものまであり、ガラス

光沢をもちます。

劈開は、約56°で交互する二方向に完全で、割ると劈開面がピカリと閃き、角が目立つ結晶なので、名前も角閃石となりました。

ここに挙げたものは、グループ中で最も普通に見られる角閃石のために「普通角閃石」と呼ばれています。

古代のアフリカ原住民などが、セレモニーの時に、より霊性を高めるために使用した鉱物と伝えられています。

持つ人の洞察力、直感力を高めて、思慮深い温情あふれる優しい気持ちに導く力があるとされています。

目的に向かって、努力していこうという意欲を湧き立たせる働きがあると言われています。

カルシウム分の吸収作用を高める働きがある他に、体内における抵抗力を強化する力があるとされています。

・・・・・・・・・・・・・・・・・・・・・・・・・・・・・・

[277]
ボレアイト
（Boleite）「ボレオ石」

成分：$Pb_{26}Ag_{10}Cu^{2+}_{24}Cl_{62}(OH)_{48} \cdot 3H_2O$
硬さ：3〜3.5
産地：メキシコ

銅、鉛鉱床の第二次生鉱物として、白色粘土中に、アングレサイト（Anglesite）「硫酸鉛鉱」、セルサイト（Cerussite）「白鉛鉱」、ジプサム（Gypsum）「石膏」などに伴われて産出します。

正方晶系（偽等軸晶系）の三個の結晶がC軸に平行に組み合い、各結晶の底面が六面体の面のように見えるもので発見されることが多く、他にも偽六面体や偽八面体、偽斜十二面体のものなどでも見うけられます。

色は濃い藍色で、条痕は緑色を帯びた青色を示します。

透明ないし不透明で、ガラス光沢をもちます。

劈開は、一方向に完全で、一方向には良好です。

名称は、産地のカリフォルニア半島（メキシコ）のBoleoに由来します。

直感力、洞察力を高めたい人が持つには最良の鉱物とされています。

数多く寄せられてくる情報の中から、自分にとって必要と思われるものは取り上げ、不必要なものは排除するという選別能力が備わるようになると言われています。

昔は、喉にかかわる不調の改善に用いられたとされ、他には細菌などが体内に侵入するのを防ぐ力があるとされていました。

[278]
マーカサイト
（Marcasite）「白鉄鉱」

成分：FeS_2
硬さ：6〜6.5
産地：フランス

　硫化鉱物の一つで、その代表的なものとされるパイライト（Pyrite）「黄鉄鉱」とは同質異像です。この両者の生成は条件によって異なり、高温で酸性の場合にはパイライトとなり、低温でアルカリ性の場合にはこの鉱物となります。よくこの鉱物が、ほとんど常に地表に近い硫化鉱床の酸化帯のみに産するのは、酸性下降水から二次的に沈殿することが多いからです。
　斜方晶系の板状結晶の集合体や針状結晶の放射球状の集合体などで産出します。
　色は、パイライトよりは淡い真ちゅう黄色ですが、空気中の水分と反応すると、次第に表面は濃色となっていきます。条痕は黒緑色。
　強い金属光沢を放つ不透明石で、劈開はありますが程度は弱く、断口は不平坦状を示します。

　『アラビア鉱物書』ではマルカシーサー（Markasita）と呼んで、「灰化した少量のこの石を壺に入れて硫黄と一緒にすると、それは金を純化する」と記述されています。

　冷静、明察、英知、沈着を表し、古い概念の殻を破って、光り輝く未来に向かって飛び立つ勇気を与えてくれると言われています。
　自己の内側に隠された本質を上手に引き出すよう導く力があるとされています。

　体内にタンパク質を補給して細胞の再生を促す力があるとされ、他には肺の不調を改善する力もあると言われています。

....

[279]
マーキュリー
（Mercury）「水銀」

成分：Hg
硬さ：液体
産地：U.S.A.

　天然に液体として産する唯一の金属元素で、常温では小滴となっていますが、−39℃で初めて固化して菱面体に結晶します。
　火道の周辺でシンナバー（Cinnabar）「辰砂」の中に生成します。
　比較的産出の稀な鉱物ですが、北海道のイトムカ鉱山では粒状安山岩中の割れ目に含辰砂水銀石英脈をなし、その晶洞には、辰砂が小さく結晶して水銀が付着していることもあります。
　色は淡い銀白色で、条痕は生じません。

不透明で金属光沢をもちます。
劈開、断口ともありません。
　名称は、この鉱物が固体、液体、気体と姿を変えることにちなんで、同じく変幻自在に天上界、地上界、地下界を往来することができるとされたローマ神話上の神の名Mercuriusに由来します。

　『アラビア鉱物書』やテオフラストスは、キュトス・アルギュロス（chytos argyros）と呼んでその激しい性質を認識し、特にシンナバーの薬効が注目されるようになるとディオスコリデスはヒュドラルギュロス（hydrargyros）と表して、様々な効能を述べています。また、パラケルススは、この水銀と硫黄、塩を指して三原質とし、「万物はこの三原質をもとにして成り立つ」と記述しています。
　病害虫を退治して豊饒を約束する大地をもたらすとされ、財運、金運も高める力があると言われています。

　古くは消毒作用が認められるとされ、他には止血や膿疱の治療薬として使われていたそうです。

・・・・・・・・・・・・・・・・・・・・・・・・・・・・・・

[280]
マイクロクリン
（Microcline）「微斜長石」

成分：$KAlSi_3O_8$
硬さ：6〜6.5
産地：U.S.A.

　フェルドスパー（Feldspar）「長石」グループ中でも、カリウムを主成分とするポタシウム・フェルドスパー（Potassium feldspar）「カリ長石」に属する鉱物。
　火成岩、とくに花崗岩やペグマタイト、閃長岩中に生成します。
　同じグループ中のオーソクレース（Orthoclase）「正長石」の単斜晶系に対して、第三軸の傾斜がとても小さい三斜晶系に属しているために、微斜長石の日本名となりました。
　主に四角柱状結晶体で見られ、他には塊状で発見されることもあります。
　色は、白色や無色、淡褐色のものなどがあり、また、微量の鉛を含んで青緑色になったものがアマゾナイト（Amazonite）「天河石」で、この鉱物中では唯一の宝石種となっています。条痕は白色。
　透明から半透明で、ガラス光沢か真珠光沢をもち、劈開は二方向に完全で、断口は不平坦状を示します。

　明晰な思考、思慮分別、論理性を表す鉱物とされています。
　苦痛、不安、イラつきの感情を除去し、霊性を高めるよう導く力があると言われています。
　情緒を安定させて、何事にも愛をもって対処できるよう促す力もあるそうです。

　古くは出産を軽くする働きがあると言われ、その他には血管の病気の治療にも用いられたとされています。

[281]
マイクロライト
（Microlite）「微晶石」

成分：$(Ca,Na)_2Ta_2O_6(O,OH,F)$
硬さ：5〜5.5
産地：U.S.A.

　ペグマタイト鉱床の第一次生鉱物として産出します。
　等軸晶系に属した八面体結晶で発見されることが多く、また、時としては塊状や粒状などで見られることもあります。
　色は、淡黄色や黄色、褐色、橙赤色、緑色のものなどがあります。
　ガラス光沢ないし樹脂光沢を示して、大多数は不透明石ですが、中には透明度の高いものもあります。
　劈開は八面体方向に明瞭で、断口はやや貝殻状ないし不平坦状となります。
　いずれにしても結晶が小さいために、大きなカット石を得ることは困難とされています。

　寛容、柔軟さ、富裕を象徴する鉱物とされています。
　落ち着いた思考と直感的な洞察力の両方を持ち合わせ、物事の変革や改革にも的確な方法で対処して、最良の結果を得ることができるよう導く力があると言われています。
　おおらかな気持ちが保持できるそうです。

心臓および動脈を強化する力があるとされ、他には体中の水分を保持して細胞質の再生を促す働きがあると言われています。

....

[282]
マグネサイト
（Magnesite）「菱苦土石」

成分：$MgCO_3$
硬さ：3.5〜4.5
産地：オーストラリア

　この鉱物は、蛇紋岩、橄欖岩、ダン橄欖岩などのマグネシウムに富んだ岩石が、炭酸を含んだ水に作用されて変質してできたり、石灰岩がマグネシウムを含む溶液によって交代してできたものなど様々な成因、産状があります。
　六方晶系に属しますが明瞭な結晶は稀で、見られる時は菱面体の結晶で、通常は塊状をなしたり、粒状ないし細粒状、あるいは甚だ緻密で陶器に類するもの、土状ないし多少白堊質のもの、葉片状または粗い繊維状のものなどがあります。
　色は、純粋な結晶は無色透明ですが、白色、灰白色、帯黄色ないし褐色など、各種の色となるものもあります。条痕は白色。
　透明から半透明で、ガラス光沢かにぶい光沢をもちます。
　菱面体面に完全な劈開があり、断口は貝

殻状から不平坦状を示します。

　名称は、この鉱物の主成分となる元素Mgの語源となった、ギリシャ語で「マグネシアの石」の意味のマグネーシア・リトスに由来します。

　静けさ、平穏、純粋、英知を説く鉱物とされています。

　今まで気付かなかったいろいろな方面に目を向けることができるようになり、その各々の利点を見つけ出して発展させるよう導く力があると言われています。

　無限の可能性を授けてくれるそうです。

　心筋を強化して血液の循環を良くする働きがあるとされ、また、様々な病気によるストレスを解消する力もあると言われています。

---

[283]
マグネタイト
（Magnetite）「磁鉄鉱」

成分：$Fe^{2+}Fe_2^{3+}O_4$
硬さ：5.5〜6.5
産地：スペイン

　スピネル（Spinel）「尖晶石」グループに属する鉄鉱石の一種で、強い磁性をもちます。

　ほとんどすべての火成岩中に広く分布し、また、塩化第一鉄を炭酸石灰と共に水中に熱しても生じやすいので、主として深成岩に伴った接触鉱床や高温鉱脈にも産します。また、磁鉄鉱を含んだ岩石や鉱床が風化分解して水に洗われると、砂礫中に集中して砂鉄となります。

　等軸晶系に属した八面体などに結晶しますが、多くは塊状や粒状などで産出します。

　色は、条痕ともに黒色で、金属光沢のある不透明石です。

　この鉱物がラブラドライト（Labradorite）「曹灰長石」中に方向性をもって配列する針状インクルージョンでは、いわゆるラブラドレッセンスを示します。

　名称は、磁石の意味のMagnetに由来します。

　古くから「神聖な石」と崇められ、古代ギリシャのアレキサンダー大王は、悪霊を撃退するために、兵士たちにこの鉱物を持たせたと伝えられています。

　耐久力、内面に秘めた強さ、不屈を表し、悲しみや怒り、恐れなどの感情を消し去る働きがあると言われています。

　思考を明晰にして集中力を増し、意識を高いところにまで導く力があるとされています。

　昔から肝臓病の治療の際に使用したとされ、他には貧血などの血液の病気や背骨のずれを治す時にも用いられたと言われています。

[284]
マスコバイト
（Muscovite）「白雲母」

成分：$KAl_2(Si_3Al)O_{10}(OH,F)_2$
硬さ：2.5〜3
産地：スウェーデン

マイカ（Mica）「雲母」グループ中の一種で、花崗岩のような酸性の火成岩か片岩や片麻岩のような変成岩中に生成し、特に雲母片岩中には多く含まれています。

単斜晶系の卓状の偽六角形の結晶をつくる他、薄片状や鱗片状、緻密な塊状などの晶癖をもちます。

色は、無色や白色、赤褐色、ピンク色、黄色赤色、紫色のものなどがあり、緑色のものは、フックサイト（Fucksite）「クロム雲母」と呼ばれています。条痕は無色。

透明から半透明で、ガラス光沢ないし真珠光沢をもち、底面に完全な劈開があって断口は不平坦状を示します。

名称は、かつてこの鉱物の、ウラル産のものがモスクワを経由して、西欧に輸出されたことにちなんで命名されました。

静観、励み、変わらぬ思いを意味する鉱物とされています。

緊張や束縛から解放された自由な発想ができ、斬新で魅力あふれる思考となるよう導く力があると言われています。

心身のバランスを保って安定させ、邪悪なものから身を守る力があるとされています。

細胞の再生を促して新陳代謝を活発にし、肝臓や膵臓の不調を改善する働きがあると言われています。

[285]
マラカイト
（Malachite）「孔雀石」

成分：$Cu_2^{2+}(CO_3)(OH)_2$
硬さ：3.5〜4
産地：ザイール

含水酸基炭酸銅で、銅鉱床、その他の金属鉱床の酸化帯に見られる鉱物。

単斜晶系の針状結晶で産出することもありますが、多くは塊状で、微結晶の集合配列からできる濃淡の縞目模様を示したり、粒状や土状などで発見されることもあります。

色は、条痕ともに緑色で、塊状ではガラス光沢、結晶では金剛光沢を放ちます。

劈開は一方向に完全で、結晶体は透明石、塊状は不透明石となり、断口はやや貝殻状から不平坦状を示します。

この鉱物は、紀元前4000年頃から採掘が始められ、鮮緑色の顔料として古代エジプトで使われたと言われています。

名称は、日本名がその模様が孔雀の羽根

のようなところから、英名は、その緑色がよく似ているギリシャ語でゼニアオイのmalacheに由来します。

古代エジプトでは先の顔料と同様に、粉末にして最初のアイシャドーを作り、かの絶世の美女クレオパトラも使用したと伝えられています。これは、化粧の意味ばかりでなく、洞察力、想像力も養う力があるとされていました。その他にも彫刻物や宝飾品などに用いられ、エジプト以外の他の国々でも、日用品や宮殿の壁など多岐にわたってこの鉱物が使用されたと言われています。

ストレスや緊張を和らげ、安眠を促す効果があり、邪悪なものから身を守る力もあるとされています。

リウマチによる関節の痛みを和らげる働きがあるとされ、他には解毒作用を促し、眼病や皮膚病の症状を改善する力もあると言われています。

....

[286]
ミニウム
(Minium)「鉛丹」

成分：$Pb_2^{2+}Pb^{4+}O_4$
硬さ：2〜3
産地：オーストラリア

セルサイト（Cerussite）「白鉛鉱」やガレーナ（Galena）「方鉛鉱」が変質して、鉛鉱床の二次鉱物として産出する鉱物。

この変質作用は高温で早く進み、従って坑内火災で生成されることもあります。この鉱物の有名な産地オーストラリアのブロークン・ヒル産のものは、この例通りに生成されたものです。

正方晶系に属しますが、肉眼で認められるような結晶はまだ知られていません。

色は独特の朱赤色を示して、これは水銀鉱物のシンナバー（Cinnabar）「辰砂」と共に、昔から朱色の顔料として用いられてきました。この鉱物の色の方がシンナバーと比べて、ややオレンジ色がかって明るいので、光明丹とも呼ばれています。

この鉱物の特徴は、熱すると黒色となり、冷えるとまた赤色に戻ることです。

調和、恩恵、慈しみを象徴する鉱物とされています。

勇気と行動力に恵まれて、優れた統率者となるよう導く力があると言われています。

持つ人により一層の跳躍を促し、困難に打ち勝って予想以上の成果が得られるよう養う力があるとされています。

動脈の病気の治療に用いられた他に、脳にかかわる器官の不調を改善する働きがあると言われています。

[287]
ミメタイト
(Mimetite)「ミメット鉱」

成分：$Pb_5(AsO_4)_3Cl$
硬さ：3.5〜4
産地：ナミビア

アパタイト（Apatite）「燐灰石」グループに属する鉛の鉱物で、循環する熱水によって変質した鉛鉱床の酸化帯に、パイロモルファイト（Pyromorphite）「緑鉛鉱」やバナディナイト（Vanadinite）「バナジン鉛鉱」、ガレーナ（Galena）「方鉛鉱」、アングレサイト（Anglesite）「硫酸鉛鉱」などと共産します。

パイロモルファイトに似た六方晶系の六角柱状結晶や皮殻状結晶をつくり、また、細い針状やブドウ状の集合体で発見されることもあります。

色は黄色のものが多く、時にはオレンジ色や褐色、白色のものなどがあり、条痕は白色を示します。

透明から半透明で、ガラス光沢ないし樹脂光沢があり、劈開はなく、断口はやや貝殻状から不平坦状となります。

名称は、産状、形状、性質がパイロモルファイトに酷似することから、ギリシャ語で偽物の意味のmimetesに由来します。

古くは、「奇行を制して身の安全を守る石」として崇められたとされる鉱物。

周りの人の意見に振り回されることのない、しっかりとした概念が持てるようになり、人生における正しい方向性が見い出せるよう導く力があると言われています。

筋肉組織や循環器、副腎、喉、脳の病気の治療に用いられたようです。

[288]
ミラーライト
(Millerite)「針ニッケル鉱」

成分：NiS
硬さ：3〜3.5
産地：ドイツ

ニッケル鉱の中では珍しく、その日本名の通りの針状が代表的な姿とされている鉱物で、他のニッケル鉱物を交代して形成されることが多く、石灰岩や苦灰岩、蛇紋岩、炭酸塩鉱物などの鉱脈中に生成します。

六方晶系の細かい針状結晶体が放射状に集合したものや、その針が平行に密集して塊状になったものなどで発見されます。

色は真ちゅう黄色で、条痕は帯緑黒色を示します。

不透明で金属光沢をもつ鉱物で、針状結晶体が放射状のものは菊花のように、塊状のものはパイライトのようにも見られます。

劈開は、60°で交わる二方向に完全で、断口は不平坦状となります。

名称は、「ミラーの指数」の考案者としても知られるW.H.Millerの名前にちなんで命名されました。

無心になりたい人が持つには最良の鉱物とされています。

邪気を祓って醜悪なものや不正から身を守り、直感力を高めて豊かな感性に恵まれるよう導く力があると言われています。

英知と聡明さを与えて物事の真理を追求する力を授け、精神的疲労の回復も図れるそうです。

細胞の再生を促して肌をなめらかにする動きがあり、また、運動能力を増強する力もあると言われています。

[289]
ミラライト
(Milarite)「ミラー石」

成分：$KCa_2AlBe_2Si_{12}O_{30} \cdot O \cdot 5H_2O$
硬さ：5.5〜6
産地：ナミビア

原産地がスイスの緑色石のみとされていた稀少産の珪酸塩鉱物ですが、1968年にはメキシコからも黄色石が発見されました。

アルプス型鉱物脈およびペグマタイト中に生成します。

六方晶系に属する柱状の結晶や卓状の結晶をつくることが多く、その他には粒状の晶癖をもつものもあります。

色は、無色や淡緑色、帯黄色、帯黄緑色、帯褐色のものなどがあり、条痕は白色です。

透明から半透明で、ガラス光沢をもっています。

劈開はなく、断口は貝殻状ないし不平坦状を示します。

名称は、産地であるスイスのVal Giulを誤ってVal Milarと称したために、その誤った産地名が鉱物名となってしまいました。

優しさ、愛らしさ、安らぎを表す鉱物とされています。

心の内側に隠されていたおおらかさや純粋さを引き出し、それによって今までギクシャクしていた人間関係も潤滑になるよう促す力があると言われています。

直感力も高まるそうです。

耳、鼻、喉、血管、食道にかかわる病気の治療に用いられた他に、ストレスによる胃痛の改善にも使用されたそうです。

[290]
ミルキー・クォーツ
(Milky quartz)「乳石英」

成分：SiO_2
硬さ：7
産地：ブラジル

　内部が不純で、乳白色半透明もしくは透明の結晶質のクォーツ（Quartz）「石英」を言います。
　ペグマタイト中や熱水性石英脈中などから産出され、六方晶系の柱状結晶や塊状などで発見されます。
　また、この石にはしばしばスター効果の見られるものがあります。石英中にルチル（Rutile）「金紅石」の針状結晶のインクルージョンが配列的に分布するものを正しい石取りでカットすると、点光源によって四条あるいは六条の光を発する効果をもちます。この現象をアステリズム（星彩効果）と言い、反射光線によってこの効果を示す場合をダイアステリズムと呼んでいます。なお、この石の場合は、エピアステリズムよりダイアステリズムの方が明瞭なことが多いようです。

　持つ人を、絹のような繊細で優しい気持ちにする鉱物と言われています。
　感情に落ち着きを与えて寛大さも備わり、自身とそれを取り巻く環境をも含めて心温かい愛情あふれたものに変えていくことができると伝えられています。
　あらゆる物事に調和を生み出す力があるとされています。

　心臓や肺、腎臓の病気の治療に用いられた他に、体内の不純物を排除する働きもあると言われています。

[291]
ムーンストーン
（Moonstone）「月長石」

成分：$KAlSi_3O_8$
硬さ：6〜6.5
産地：インド

　無色や白色の半透明のフェルドスパー（Feldspar）「長石」で、オーソクレース（Orthoclase）「正長石」の一種ですが、アルバイト（Albite）「曹長石」、その他のプラジオクレース（Plagioclase）「斜長石」に属するものもあり、また、オーソクレースの一種のアデュラリア（Adularia）「氷長石」に属するものもあります。
　単斜晶系の微晶が薄板状に無数に並列していて、これを研磨すると、光の回折、干渉作用で淡青乳状や真珠のような閃光を放って、ことに底面に直角な方向から見ると青い光が秋の月のようなので、この名称が付いたとされています。
　朝鮮産のものは粗面岩中の斑晶として、セイロン産のものは風化した花崗岩中に産出します。
　色は、先にあげた色の他にも、帯橙桃色、淡灰緑色、淡灰色のものなどがあります。
　名称は、ギリシャ語で月の意味のSeleneに由来します。

　プリニウスの『博物誌』ではセレーニテ

ス（Selenites）、アルベルトゥスの『鉱物書』ではシレニテス（Silenites）と記述され、それぞれに「この石は月の満ち欠けに従って、その形も大きくなったり小さくなったりする」と著されています。

身に付けると未来にある予知能力をもたらし、また、暗い夜道を照らして旅の安全を守り、この石を口に含んで願をかけると叶う、とも言われていました。

古代インドでも月が宿る「聖なる石」として崇拝され、また、昔の農夫たちは、豊饒を祈ってこの石を農具などに下げたと伝えられています。

肺や気管支の病気の治療に用いられた他に、出産を軽く済ませる力もあると言われています。

[292]
メソライト
（Mesolite）「中沸石」

成分：$Na_2Ca_2Al_6Si_9O_{30}\cdot 8H_2O$
硬さ：5
産地：南アフリカ共和国

ゼオライト（Zeolite）「沸石」グループ中の一種で、主成分の陽イオンがナトリウムのナトロライト（Natrolite）「ソーダ沸石」、カルシウムのスコレサイト（Scolecite）「スコレス沸石」に対して、両方をほぼ半々に含んでいます。

比較的珪酸分の少ない、玄武岩などからよく産出します。

単斜晶系（擬斜方晶系）の、先端が4個の三角形の面で終わる直方柱状結晶体でよく発見され、放射状に集合したものや、双晶、または塊状で見ることができます。

色は無色や白色で、通常は不透明ですが、時として半透明や透明石となって美しい絹糸光沢をもつものもあります。

劈開は完全で、断口は不平坦状を示します。

結晶が繊維状に集合したものをファセット・カットすると、キャッツ・アイ石となるものもあります。

名称は、ギリシャ語で中間の意味のmesosに由来します。

内面に秘めた神聖を象徴する鉱物とされています。

意識を肉体から精神界へと移行することができるようになり、また、その間の感じ方を記憶にとどめておけるよう導く力があると言われています。

自己を発展させる効果もあるそうです。

血液にかかわる病気の治療に用いられた他には、切り傷や擦り傷などの傷口から細菌の侵入を防ぐ力があると言われています。

[293]
メテオライト
(Meteorite)「隕石」

成分：混合物により異なります。
硬さ：混合物により異なります。
産地：混合物により異なります。

宇宙空間から、この地球上に飛来到達した固体物質で、鉱物の集合体のことを言います。

その集合体中からは、約50種類の鉱物が発見されましたが、その内の十数種が地球上では未発見のもののために、その成因については特定はされていません。

種類としては、「鉄質」、「石質」エコンドライト（Achondrite）、コンドライト（Chondrite）、「石鉄質」パラサイト（Pallasite）などがあります。

上の写真のものは鉄質隕石で、ナミビアのギベオン（Gibeon）で1836年に発見されたものです。主成分は鉄（Fe）とニッケル（Ni）で、硬度は9と硬く、表面を研磨して薬品処理すると、ウィッドマンシュテッテン構造（Widmanstätten pattern）と呼ばれる美しい結晶パターンが見られます。鉄質隕石はNiの含有量によって、ヘキサヘドライト（Hexahedrite）、オクタヘドライト（Octahedrite）、エタクサイト（Ataxite）の三種に分類されますが、これはオクタヘドライトに属します。

パラサイトについては、その項をご覧ください。

名称は、ギリシャ語で大気中の現象の意味のmeteoronに由来します。

古くから様々な種族の人々に「神聖なる石」として崇拝されたと言われ、イスラム教のメッカの中心に安置されている聖石もメテオライトだと伝えられています。

地球以外の惑星から発せられる、永遠、理想を表すとされる情報を受け取り、それを解読して自然の理念に基づいた思考となるよう導く力があるとされています。

霊力を高める働きもあるそうです。

熱病および伝染病の蔓延を防ぎ、循環器、血液、腎臓の不調を改善して、目と視力を強化する力があると言われています。

[294]
モス・アゲート
(Moss agate)「苔瑪瑙」

成分：SiO_2＋内包している鉱物の成分
硬さ：7
産地：インド

モカ・アゲート（Mocha agate）、モコア

ス（Mocoas）とも呼ばれ、主としてクローライト（Chlorite）「緑泥石」や酸化マンガンによる苔状や樹枝状、草葉状のインクルージョンを含むアゲート（Agate）「瑪瑙」、カルセドニー（Chalcedony）「玉髄」類を総称していいます。

　アゲートやカルセドニーが、珪酸を多量に含む溶液が様々な岩石の空洞中に沈殿して生成される際に、クローライトやマンガン分が水溶液の形で亀裂中に浸透して美しい模様を示します。

　色は、含有する鉱物の成分によって緑色や黒色、褐色などで、模様も先に述べたものの他にも骨格状や網目状、シダ状、木の葉状のものなどがあり、中には風景画的なものもあって、これをランドスケープ・アゲート（Landscape agate）と呼んでいます。

　古代の農耕民族の間では、豊作をもたらし富と平和に満ちた、安定した状態に導く力のある石として崇められたと伝えられています。

　感情の乱れを調節する能力が備わり、また、自我に固執することなく周りの人たちとも上手にコミュニケーションが図れるよう促す力があると言われています。

　持つ人を清涼な気分にするそうです。

　古くは解毒剤として用いられていたようで、他には肝臓や脾臓の病気の治療薬としても使用されていたようです。

[295]
モットラマイト
（Mottramite）「モットラム鉱」

成分：$PbCu^{2+}(VO_4)(OH)$
硬さ：3～3.5
産地：ナミビア

　鉱床の酸化帯に、バナジナイト（Vanadinite）「褐鉛鉱」、ミメタイト（Mimetite）「黄鉛鉱」、セルサイト（Cerussite）「白鉛鉱」などに伴って産出する二次鉱物。

　斜方晶系の錐状や柱状、板状などの結晶体で発見されることもありますが、多くは晶洞に連晶で皮殻状をなしたものや、鐘乳状、粒状、緻密な塊などで見ることができます。

　色は、褐赤色や黒褐色が一般的ですが、橙黄色や深赤褐色、時には草緑色やヒワ緑色など様々な色のものがあります。

　透明度の高いものから不透明なものまであり、脂肪光沢を示します。

　名称は、イングランドの産地Mottramの地名にちなんで命名されました。

　持続力のある行動をとりたい時に持つと良いとされる鉱物。

　一歩一歩着実に前進しようという意欲と根気強さを養い、人生に対して正直さと辛抱強い意志で対処できるよう導く力があると言われています。

持つ人に満足感や充実感をもたらす力があるとされています。

古くは不眠症の治療に用いられたとされ、他には生活の変化時の体調不良の改善にも使用されたと言われています。

[296]
モナザイト
（Monazite）「モナズ石」

成分：$(Nd,La,Ce,Th)PO_4$
硬さ：5～5.5
産地：ブラジル

　花崗岩質、片麻岩質変成岩の副成分として広く分布する、希土類元素を含んだ燐酸塩鉱物。
　単斜晶系に属する扁平な結晶や柱状結晶体で産出することが多く、他には塊状や粒状で発見されることもあります。
　色は、褐色や帯黄褐色、帯緑褐色、ピンク色、黄色のものなどの他に、時にはほとんど無色のものなども見うけられます。条痕は白色。
　透明ないし半透明で、樹脂光沢やガラス光沢、金剛光沢をもち、劈開は明瞭で、断口は貝殻状から不平坦状を示します。
　ほんのわずかですが、ウランやトリウムを含んでいるため、放射能をもっています。

名称は、ファセット石としてはごく稀少品なことから、ギリシャ語で孤独でいるの意味のmonazeinに由来します。

　憂鬱の解消に効果を発揮する鉱物とされています。
　持つ人の苦痛や不安、困惑、怒りの感情を和らげ、困難に打ち勝つ力を授けると言われています。
　自己の内側に隠れている心の重荷を解き放って、自由で快活な思考となるよう導く力があるそうです。

　潰瘍の傷口を治す力があるとされ、他には血液にかかわる病気や足の不調を改善する働きがあると言われています。

[297]
モリブデナイト
（Molybdenite）「輝水鉛鉱」

成分：MoS_2
硬さ：1～1.5
産地：U.S.A.

　モリブデン「水鉛」のほとんど唯一の鉱石で、日本も主産地の一つとされています。
　花崗岩質岩漿の揮発分と密接な関係をもち、多くは接触鉱床、ペグマタイト脈およびそれらに関係の深い石英脈中に生成します。

六方晶系に属した六角板状結晶や短柱状結晶をつくり、その末端は次第に細くなっています。その他には葉片状や鱗片状、粒状の晶癖をもつものもあります。

色は鉛灰色で脂感があり、グラファイト（Graphite）「石墨」と似ていますが、条痕が緑灰色の点で区別ができます。

不透明で、底面に完全な劈開があり、その新鮮な劈開面は強い金属光沢をもちます。断口は不平坦状を示します。

硬度が1～1.5と非常に軟らかく、小刀で簡単に切れてしまいます。

名称は、モリブデン石であることを示しています。

古くは、あらゆる行動の「勝利者」になれる石として崇拝されていたようです。

根気強い意志を与えて、一度取り組んだら問題解決まで放り出したりしないよう導く力があると言われています。

自信と勇敢さを授ける力があるとされています。

血管組織の再生を促し、体内の免疫力を高めてウィルスによる感染を防ぐ力があると言われています。

[298]
モルガナイト
（Morganite）「モルガン石」

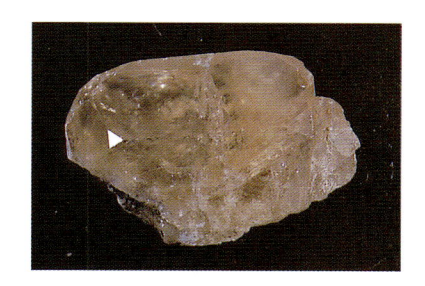

成分：$Be_3Al_2Si_6O_{18}$
硬さ：7.5～8
産地：ブラジル

ベリル（Beryl）「緑柱石」のピンク色、淡赤紫色のものを言います。

ペグマタイトや花崗岩、一部の広域変成岩中に、クォーツ（Quartz）「石英」などを伴って産出します。

六方晶系に属した六角柱状の結晶体で見られる他には、塊状や緻密、円柱状の晶癖をもつものもあります。

この鉱物がピンク色を示すのは、含有されたマンガンの作用によるもので、他にも微量のセシウムを成分としているために、他のベリル類よりも屈折率、比重が高くなっています。条痕は白色。

透明ないし半透明でガラス光沢をもち、劈開は不明瞭で、断口は不平坦状から貝殻状を示します。

この鉱物は、ローズ・ベリル、ボロビエバイトなどの別名があります。

名称は、宝石学のクンツ博士が、宝石愛好家のJ.P.Morganの名前にちなんで命名しました。

愛情、清純、優美を象徴する鉱物とされています。

独自に養われた洞察力と鋭い直感力で、物事の真実性を見極める力を養うと言われています。

思いやりの気持ちと知恵を与え、思考を明晰にして無意識的な恐怖心を解消する力があるそうです。

古くは心臓と肺の病気の治療に用いられたとされ、他には呼吸器系の不調を改善する力があると言われています。

[299]
モルダバイト
（Moldavite）

成分：SiO_2（＋Al_2O_3）
硬さ：5～6
産地：旧チェコスロバキア

　かつては隕石だと思われていましたが、現在では巨大な隕石が地球に衝突した際に、地球の物質がとけて空中に飛び散り、それが急激に冷やされてガラス状になった、テクタイト（Tektite）の一種であることが明らかになりました。
　テクタイトは黒色で半透明ですが、このモルダバイトは緑色や帯緑褐色、褐色などの透明石で、ガラス光沢を放ちます。
　小円盤状や流線形状、球状、塊状などがあり、その形を一部利用して、彫刻品やカボション・カットしたものなどが宝飾品として珍重されています。
　起源は約1500万年前と言われています。
　名称は、旧チェコスロバキアのブルタバ川（ドイツ語名はモルダウ川）付近で最初に発見されたことに由来します。
　古くから様々な種族の人々に「神聖なる石」として崇拝され、儀式上の道具や装飾品などに用いられ、かのアーサー王の伝説で有名な『聖杯』はモルダバイトではなかったのかと言われています。
　また、今から300年ほど前よりヨーロッパの国々では、愛情の証としてこの石を恋人に贈り、幸運を祈願したと伝えられています。地球以外の惑星から発せられる永遠、理想を表すとされる情報を受け取り、それを解読して自然の理念に基づいた思考となるよう導く力があるとされています。

　循環器系組織細胞に酸素や栄養物を供給する働きがあり、視力を回復させて体内の毒素を一掃する力があると言われています。

....

[300]
モルデナイト
（Mordenite）「モルデン沸石」

成分：$(Ca,Na_2,K_2)Al_2Si_{10}O_{24}\cdot 7H_2O$
硬さ：4～5
産地：U.S.A.

　ゼオライト（Zeolite）「沸石」グループの中でも、毛状のものの代表格とされる鉱物。
　安山岩や流紋岩など、珪酸の多い岩石中から産出し、その比率も81～84％と、ゼオライト・グループの中では一番珪酸を多く含むものとされています。よく、カルセドニー（Chalcedony）「玉髄」やヘウランダイト（Heulandite）「輝沸石」と共産します。
　斜方晶系に属する結晶が、毛状や針状で発見されます。
　色は、無色や白色淡紅色のものなどがあ

り、劈開は一方向に完全です。
　この鉱物は沸石岩になる場合もあり、金属イオンを交換して水を吸着する性質を利用したいろいろな用途に用いられています。
　名称は、この鉱物の産地のカナダのモルデン（Morden）にちなんで命名されました。

　古くから「霊的能力を授ける石」として、神事の際に用いられたとされる鉱物。
　自我の強さを改善して協調性を持ち、人間関係を潤滑にするよう導く力があると言われています。
　敵がい心や怒りの感情を鎮め、穏やかで寛容な思考を保つよう働きかける力があるそうです。

　肺の病気の治療や、毒素を体外に排出するための血液の酸素供給を促すのに用いられたと言われています。

....

[301]
ユークレース
（Euclase）

成分：$BeAlSiO_4(OH)$
硬さ：6.5〜7.5
産地：ブラジル

　ベリリウム珪酸塩鉱物の一つで、主に、花崗岩ペグマタイト中に生成し、その他に沖積砂鉱床に産するものもあります。
　単斜晶系に属する柱状や卓状の結晶をつくります。
　色は、無色や黄色、単青色、青色、淡緑色、紫色、白色のものなどがあり、条痕は白色です。
　透明ないし半透明で、結晶面はガラス光沢をもちます。
　一方向に完全な劈開があり、断口は貝殻状を示します。
　産出するほとんどのものは無色透明で、色のあるものは稀少産とされ、色石で1〜2カラット以上のものは非常に少なくなります。また、カット石はてりは良いのですが、劈開性が強いために、カットには十分な注意が必要です。
　名称は、容易に劈開することから、ギリシャ語で容易の意味のeuと割れるの意味のklasisに由来します。

　綿密な調査、潔癖、清浄を説く鉱物とされています。
　知性を高めたい人が持つと効果的とされ、論理的で洞察力に満ちた考えと行動で、物事に対処できるよう導く力があると言われています。

　傷口からの雑菌の侵入を防ぐ力があり、また、化膿による腫れをひかせる働きがあると言われています。

[302]
ユーディアライト
(Eudialyte)「ユーディアル石」

成分：$Na_4(Ca,Ce)_2(Fe^{2+},Mn^{2+},Y)ZrSi_8O_{22}(OH,Cl)_2$
硬さ：5〜5.5
産地：カナダ

　ジルコニウム、希土類、塩素を含有する珪酸塩鉱物の一つで、疎粒の珪酸の酸性および中性の火成岩中に生成します。
　六方晶系に属する卓状か菱面体、または柱状の結晶体をつくります。
　色は、帯黄褐色や帯赤褐色、淡紅色のものなどがあり、条痕は無色です。
　半透明で、ガラス光沢およびにぶい光沢をもちます。
　劈開はなく、断口は不平坦状を示します。
　1819年にF.Stromeyerによって評されました。
　名称は、この鉱物が酸の中で溶けやすいことから、ギリシャ語で容易（eu）に溶解するという意味の言葉に由来します。

　コラ半島の原住民の間では、祖先が外敵から民族を守るために戦った時に流された勇士の血がこの石になったという伝説が残されています。
　無意識のうちに宇宙の秩序や法則が理解できるようになり、また、自然の流れに身をゆだねることが一番良いということが認識できるよう導く力があると言われています。

　古くは眼病の治療に用いられたとされ、また、痛みを伴う打撲の手当てにも使用されたそうです。

[303]
ユナカイト
(Unakite)

成分：混合物により異なります。
硬さ：6.5〜7
産地：U.S.A.

　エピドート（Epidote）「緑れん石」、フェルドスパー（Feldspar）「長石」、クォーツ（Quartz）「石英」などが集合した岩石。塊状岩石で産出します。
　色は、エピドートの部分は黄緑色、フェルドスパーの部分はピンク色、クォーツの部分は白色となり、他にチューライト（Chlorite）「緑泥石」を含有すると濃緑色となります。
　不透明石で光沢も鈍く、劈開はありません。
　断口は不平坦状を示し、長、短波には変化はありません（含有鉱物によって、一部は螢光します）。
　名称は、原産地（アメリカ、ノースカロライナ州のUnaka山地）の地名にちなんで命名されました。

心に受けた傷を癒し、恐怖心や罪悪感を取り除く力がある鉱物とされています。

将来への希望を抱かせ、それに向かって前進していこうという意欲を湧き立たせる働きがあると言われています。

起きてしまった問題の原因を探ることができるよう導く力があるそうです。

内分泌器官の働きを助けて、肌をみずみずしく保つよう促す力があると言われています。

[304] ラウモンタイト
（Laumontite）「濁沸石」

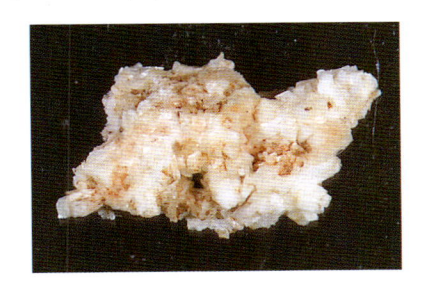

成分：$CaAl_2Si_4O_{12}・4H_2O$
硬さ：3.5〜4
産地：カナダ

ゼオライト（Zeolite）「沸石」グループ中の一種で、玄武岩や安山岩、その他の多くの岩石中の空洞に生成し、また、金属鉱脈、特に銅鉱脈の脈石をなします。

単斜晶系の柱状で両端が斜めに切れた形の結晶をつくり、他には塊状や繊維状、円柱状、放射状のものもあります。

色は、白色や黄色、灰色などの濁ったものが多く、空中に放置すると一部が脱水してより白濁し、ついには粉末となってしまいます。条痕は無色。

透明から不透明で、ガラス光沢ないし真珠光沢をもちます。

劈開は三方向に完全で、断口は不平坦状を示します。一分子の水分を失ったものをβレオンハルダイト（βLeonhardite）「βレオンハルド沸石」と言います。

名称ですが、フランスの鉱物学者である、F.P.N.G.Laumontの名前にちなんで命名されました。

充足感、至福、知恵、安らぎを意味する鉱物とされています。

自分自身を深く見つめることによって潜在的に秘められている才能が見い出され、これを発揮して喜びと自信にあふれた毎日を送ることができるよう導く力があると言われています。

身の周りの環境を美しく整える働きがあるそうです。

頭痛、扁桃痛などの痛みを和らげ、筋肉構造、聴力にかかわる器官の不調を改善する力があると言われています。

[305] ラズーライト
（Lazulite）「天藍石」

成分：Mg Al$_2$(PO$_4$)$_2$(OH)$_2$
硬さ：5.5～6
産地：カナダ

　燐酸塩鉱物の一種で、石英脈や花崗岩質ペグマタイト、メタ珪岩や変成岩などに生成します。ペグマタイトの場合はアンダリュサイト（Andalusite）「紅柱石」やルチル（Rutile）「金紅石」と、変成岩の場合はクォーツ（Quartz）「石英」やガーネット（Garnet）「柘榴石」、カヤナイト（Kyanite）「藍晶石」などとそれぞれ共産します。

　三斜晶系の鋭錐状や柱状の結晶体で見られることが多く、他には塊状や粒状、緻密な晶癖をもつものもあります。

　色は、青色や淡青色、濃青色、藍色のものなどがあり、条痕は白色を示します。

　透明ないし不透明で、ガラス光沢からにぶい光沢をもちます。

　劈開は不明瞭で、断口は不平坦状から多片状となります。

　名称は、ラテン語で青色の意味のlazurに由来します。

　古代の戦士たちは、直感力や洞察力を増強するために、この鉱物を「お守り石」として使用していたと伝えられています。

　現在は「天国の石」と呼ばれ、瞑想時に用いると宇宙からの純粋なエネルギーがもたらされて、まるで神々との意思の疎通が図られたような気分になれるよう導く力があると言われています。

　新陳代謝を活発にして体の免疫力をつけ、また、骨や歯を強化する働きがあるとされています。

[306]
ラズライト
（Lazurite）「青金石」

成分：(Na,Ca)$_{7-8}$(Al,Si)$_{12}$(O,S)$_{24}$[(SO$_4$),Cl$_2$,(OH)$_2$]
硬さ：5～5.5
産地：アフガニスタン

　代表的な珪酸塩鉱物で、ソーダライト（Sodalite）「方ソーダ石」グループに属します。

　熱変性を受けた石灰岩中に生成し、その場合、アウィン（Hauyn）「藍方石」やソーダライト、パイライト（Pyrite）「黄鉄鉱」などとよく共存が見られます。他にも、ダイオプサイド（Diopside）「透輝石」、ホーンブレンド（Hornblende）「普通角閃石」などを伴うことがあります。

　等軸晶系の緻密な塊状や粒状で発見されることが多く、また、稀には十二面体や八面体、六面体の結晶をつくることもあります。

　色は、群青色や天青色、緑青色、空色、紺青色のものなどがあり、条痕は淡青色を示します。

　半透明でにぶい光沢をもち、劈開はなく、断口は不平坦状となります。

　名称は、ラテン語で青色の意味のlazurに由来します。

　古代世界のいたるところで、装飾品や護符としてはもとより、多くの薬効が認められる石として、崇拝され続けた鉱物と言わ

れています。

　健康、清浄、信仰心を表し、洞察力、直感力を強化して霊性を高める働きがあるとされています。

　知性と知恵を授けて決断力を高め、宇宙の普遍的原理を象徴していると伝えられています。

　視力の回復を図って循環器系の不調を改善し、また、皮膚にかかわる病気を治す働きがあると言われています。

[307] ラドラマイト
（Ludlamite）「ラドラム鉄鉱」

成分：$(Fe^{2+}, Mg, Mn^{2+})_3(PO_4)_2 \cdot 4H_2O$
硬さ：3.5
産地：U.S.A.

　銅、その他の金属鉱床や燐ペグマタイトの酸化帯中の隙間に、同じ燐酸塩鉱物のビビアンナイト（Vivianite）「藍鉄鉱」またはパイライト（Pyrite）「黄鉄鉱」、シデライト（Siderite）「菱鉄鉱」などと共産します。

　単斜晶系の六角板状や小板状の結晶体が平行集合体や皮殻状集合体などをなし、また、塊状や粒状などで発見されたりもします。

　色は、輝緑色や青リンゴ色、鮮緑色、暗緑色のものなどがあり、条痕は淡緑白色を示します。

　劈開は、板状の結晶面に平行に完全で、そのために真珠光沢を放ちます。

　名称は、発見者の友人のH.Ludlamの名前にちなんで命名されたそうです。

　「自然」「あるがまま」を貫きたい人が持つと良い鉱物とされています。

　個人の持つ本質が一番で、たとえ無理に変えたとしても、その反動が必ず起こるということに気付かせる力があると言われています。

　その人の生まれつきの才能を養成し、より高度なものへと育て上げる力があるそうです。

　細胞組織の再生力を促し、目、歯、筋肉組織などの不調を改善する働きがあるとされています。

[308] ラピス・ラズリ
（Lapis lazuli）「瑠璃」

成分：$(Na,Ca)_{7-8}(Al,Si)_{12}(O,S)_{24}[(SO_4),Cl_2,(OH)_2]$
硬さ：5〜5.5
産地：アフガニスタン

　ラズライト（Lazurite）「青金石」の宝石名で、古来から世界中の人々に珍重され続

けてきた鉱物。また、「群青」「空青」と称された、紺青色の貴重な絵の具でもありました。

熱変成を受けた石灰岩中に生成し、よくパイライト（Pyrite）「黄鉄鉱」やドロマイト（Dolomite）「苦灰石」と共産します。

等軸晶系の十二面体か八面体、六面体の結晶をつくりますがごく稀で、多くは塊状や緻密な晶癖をもちます。

色は、特有の紺青色のものの他には、天青色や緑青色、菫青色のものなどがあり、条痕は淡青色となります。

半透明でにぶい光沢をもち、劈開はなく、断口は不平坦状を示します。

名称は、ペルシャ語で青色の意味のlazwardと、石の意味のlapisに由来します。

この鉱物は、メソポタミアのウルの墓群からの出土品に見られることから、5000年から6000年の歴史をもつ最も古い石の一つとされ、世界各地のいたるところで「聖なる石」として用いられてきたと言われています。特にエジプトでは、普遍的な真理を象徴する最高の力を秘めた護符として、また、多くの薬効が認められる石として崇められたとされています。

日本でも、瑠璃石と呼ばれて、昔から水晶と同様に「幸運のお守り石」として広く人々に愛好され、その効能も多岐にわたって認められているそうです。

視力を回復させ、心臓と脈拍の安定を促し、また、甲状腺の不調を改善する力があると言われています。

[309]
ラブラドライト
（Labradorite）「曹灰長石」

成分：$(Ca,Na)(Si,Al)_4O_8$
硬さ：6〜6.5
産地：マダガスカル共和国

フェルドスパー（Feldspar）「長石」の系列のプラジオクレース（Plagioclase）「斜長石」の一種で、変成岩の重要な構成要素となり、中性岩や塩基性岩によく見られます。

三斜晶系の微小結晶からなる塊状で産出し、他には粒状や緻密な晶癖をもつものもあります。

色は、無色やピンク色、オレンジ色、青色のものなどがあり、特に青灰色のものは、この鉱物特有の二つの劈開面の方向に閃光を放つ効果のあるラブラドレッセンスを示します。この効果の原因は、層状組織の光の干渉とマグネタイト（Magnetite）「磁鉄鉱」のインクルージョンによって生じる光の効果の相乗作用によるものです。条痕は白色。

半透明でガラス光沢をもち、劈開は完全で、断口は不平坦状ないし貝殻状を示します。

フィンランドのユレマ地方で産出するこの鉱物は、スペクトルの虹色を示すことから、スペクトロライト（Spectrolite）とも呼ばれています。

名称は、この鉱物が最初に発見されたカナダのラブラドル半島にちなんで命名されました。

この鉱物の放つ冷光は、銀河系の他の惑星から、地球上でこの鉱物を持つ人に発せられた情報だと言われ、それは直感力、洞察力として表れ、認識されるそうです。

月、太陽を象徴して根気強い実行力を養い、信念を貫けるよう導く力があると言われています。

肺をはじめ、呼吸器系の働きを活発にし、血液と神経系統に活力を与える力があるとされています。

・・・・・・・・・・・・・・・・・・・・・・・・・・・・・・・・・

[310] ラリマー
（Larimar）

成分：$NaCa_2Si_3O_8(OH)$
硬さ：4.5～5
産地：ドミニカ共和国

ドミニカ共和国産の、青く美しいペクトライト（Pectolite）「曹珪灰石」を言う現地名。
玄武岩質の溶岩の空洞に、ヘウランダイト（Heulandite）「輝沸石」やフィリプサイト（Phillipsite）「灰十字沸石」、アナルシム（Analcime）「方沸石」などの沸石鉱物と共産します。

三斜晶系に属した針状結晶体が放射状に集合したものや、繊維状構造からシャトヤンシーを示すものなどがあり、また、よくブドウ状でも発見されることがあります。

色は、青色や帯緑色、明るいブルーなどのものがあり、条痕は白色を示します。

半透明で、ガラス光沢ないし絹糸光沢をもち、劈開は一方向に完全で、断口は不平坦状となります。

カボション・カットすると美しいカット石になりますが、硬度のわりにはこの石には粘り気があり、研磨するのには高度な技術を必要とします。

愛と平和を表す鉱物とされています。
心の奥に隠された怒りの感情を鎮め、自己の間違った観念の束縛から解放されるように力を与えてくれると言われています。

持つ人に変わらぬ平穏と友情を授け、いたわりの気持ちをもって物事に対処できるよう導く力があるとされています。

骨折やひびの治療に用いられた他に、不眠症や神経の病気、毛髪のトラブルを改善する力もあると言われています。

・・・・・・・・・・・・・・・・・・・・・・・・・・・・・・・・・

[311] リアルガー
（Realgar）「鶏冠石」

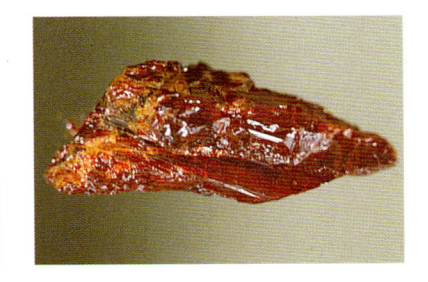

成分：AsS
硬さ：1.5〜2
産地：中国

中国では、赤いこの鉱物を雄黄とし、黄色のオーピメント（Orpiment）「石黄」を雌黄としました（両者とも砒素の硫化物）。

熱水鉱脈と温泉地帯に生成し、オーピメントやスティーブナイト（Stibnite）「輝安鉱」、シルバー（Silver）「自然銀」などの鉱石と共産することがあります。

単斜晶系の短柱状で、条線を示す結晶で見られることが多く、他には塊状や緻密、粒状の集合体のものなどもあります。

色は、明るい赤または橙赤色で、条痕は橙黄色から橙赤色まであります。

透明または不透明で、樹脂光沢か油脂光沢をもちます。

劈開は柱と平行に完全で、断口は貝殻状を示します。

名称は、アラビア語で鉱山の粉末の意味のrahj-al-gharに由来します。

古くは紀元前1500年頃から、古代エジプト人は温泉の中からこの鉱物を発見し、それを砕いてオレンジ色の顔料を作り出したとされています。

また、紀元前4世紀から1世紀にわたる古代ギリシャのアリストテレスやテオフラストス、ディオスコリデスらの著書には「アルセニコン」として記述されています。

目的達成に向けての強い意志と思考を育み、向上心と独創性を高める力があると言われています。

感情の乱れを調整して、傷ついた心を癒す働きもあるそうです。

古くは蛇毒を消す作用があるとされ、他には殺菌や感染症の予防効果もあると言われています。

[312]
リディコタイト
（Liddicoatite）「リディコート電気石」

成分：$Ca(Li,Al)_3Al_6(BO_3)_3Si_6O_{18}(O,OH,F)_4$
硬さ：7〜7.5
産地：マダガスカル

11種類あるトルマリン（Tourmaline）「電気石」グループ中の一種で、ナトリウム分が少なく、カルシウム分の含有の多いものを言います。エルバイト（Elbaite）「リチア電気石」とは成分が連続的に変化し、場合によっては一個の結晶の中に両方の領域があることもあります。

ペグマタイト中に六方晶系の柱状結晶体で産出します。

色は、紅色や緑色、褐色など様々ありますが、時にはその色柄が一本の結晶中で内側に向かって変化したものもあり、特に六角形の中に三角形の模様（メルセデスマーク）のものは人気があります。条痕は無色。

透明ないし不透明でガラス光沢をもち、劈開はなく、断口は不平坦状から貝殻状を示します。

名称は、アメリカの宝石学者のR.T.Liddicoatの名前にちなんで名付けられました。

優れた保護力のもと、あらゆる危険から身を守り、大地からの活力を受けて、自己の深い部分を見つめ直すことができるよう導く力があるとされています。

肉体と精神、感情の調整を図り、これらを提携、浄化しながら、より高度なものへと引き上げる力があると言われています。

大脳の組織細胞の再生を促して活性化させ、また、循環や消化、吸収などにかかわる器官の不調を改善する力があるとされています。

---

[313]
リナライト
（Linarite）「青鉛鉱」

成分：$PbCu^{2+}(SO_4)(OH)_2$
硬さ：2.5
産地：U.S.A.

鉛と銅の硫酸塩鉱物で、可溶性塩類の水溶液と他の物質との反応によって生じる鉱物。従って、鉛と銅を含んだ鉱床に産出し、時にはマラカイト（Malachite）「孔雀石」を伴って、緑泥化した灰緑色安山岩の表面に放射繊維状の皮殻をなしたりします。

単斜晶系に結晶しますが、結晶体で見られる大多数のものは微小結晶です。

色は、この鉱物の特徴とされる濃青色の他には、青色のものもよく見ることができます。条痕は淡青色。

ガラス光沢ないし、やや金剛光沢をもつ透明または不透明石。

劈開は一方向に完全で、断口は貝殻状を示します。

閉管中に熱すると脱水して黒くなり、稀硝酸に溶かすと硫酸鉛を分離します。

名称は、主産地のスペインのLinaresの地名にちなんで命名されました。

思慮深さ、霊性の強化を意味する鉱物とされています。

感情を安定させて平静心をもたらし、緊張やストレスを和らげる働きがあると言われています。

目標に向かっての前進を促す力があり、適切に使用すると、仕事の場面で理知的で論理性のある性格が生かせるよう導く力があるとされています。

細胞の組織化を正常にして遺伝性疾患を防ぎ、筋肉の不調や副腎、生殖腺にかかわる不調を改善する力があると言われています。

---

[314]
リヒターライト
（Richterite）「リヒター閃石」

成分：$Na_2Ca(Mg,Fe^{2+})_5Si_8O_{22}(OH)_2$
硬さ：5～6
産地：カナダ

　MgO、CaO、MnOおよびアルカリの酸化物を含有するアンフィボール（Amphibole）「角閃石」の一種。
　花崗岩に貫かれた粘板岩、砂岩、千枚珪岩、塊状チャートの互層中にできたマンガン鉱床に、特殊のペグマタイト的な鉱石を形作ります。
　単斜晶系に属する柱状結晶体で発見される他、繊維状や塊状などでも見ることができます。
　色は、褐色や緑色、黄色、バラ紅色などのものがあり、条痕は淡黄色です。
　透明ないし半透明で、新しい面はガラス光沢をもち、劈開は完全で、断口は不平坦状を示します。
　名称は、ドイツの鉱物学者、T.Richterの名前にちなんで命名されました。

　より自分らしさを主張して、なおかつ、それを周りの人に正しく理解してもらえるよう働きかける力があるとされています。
　純粋で、恒久的な力に満たされ、理想とする環境の中に身を置けるよう導く力があると言われています。
　自信に満ちた行動が取れるそうです。

　古くはチフスの治療に用いられたとされ、他には肺および気管支にかかわる器官の不調を改善する働きがあると言われています。

[315]
リモナイト
（Limonite）「褐鉄鉱」

成分：$\gamma\text{-}Fe^{3+}O(OH)$
硬さ：5～5.5
産地：ブラジル

　従来、このリモナイトと称されるものは、レピドクロサイト（Lepidocrocite）「鱗鉄鉱」とゲーサイト（Goethite）「針鉄鉱」のいずれかなのですが、この両者は産出状態も共生関係も全く同様で、また、これらは相伴って産出することもあって、二つを区別するのは困難とされています。
　通常は結晶せずに、ブドウ状の繊維構造や塊状、魚卵状、鍾乳状、腎臓状などで見られる他には、多孔質塊状や粉末状をなすこともあり、また、この鉱物が、草の根の周囲に皮殻状に沈積したものなどがあります。
　色は、黄色や褐色、黒色、黒褐色、黄土色のものなどがあり、条痕は黄褐色です。
　半透明ないし不透明で、ガラス光沢からにぶい光沢まであり、劈開はなく、断口は不平坦状を示します。
　名称は、ギリシャ語で草地の意味のleimōnに由来します。

　包容、再生、復活を説く鉱物とされています。
　持つ人の個性を大切にしながら、周りの

状況に合わせる適応性が養われると言われています。

人生の中での変革の時、変化に伴う怒りやストレス、困惑などを消去して、その人を保護する力があるそうです。

古くは解毒剤として用いられていたようで、他には鉄分などの消化吸収を助けて肝臓の働きを活発にする力があると言われています。

....

[316]
ルチル
（Rutile）「金紅石」

成分：TiO_2
硬さ：6〜6.5
産地：ブラジル

二酸化チタン鉱物の一つで、アナテース（Anatase）「鋭錐鉱」、ブルッカイト（Brookite）「板チタン石」とは同質異像鉱物です。

花崗岩ペグマタイトやこれに類似した石英脈中に、アナテースやブルッカイト等と共産します。

正方晶系に属する結晶が柱状となることが多く、また、双晶をなしたり、時には針状でロック・クリスタル（Rock crystal）「水晶」の中に入ることもあり、これをルチル入り水晶と呼んでいます。また、その針状結晶の平行集合体が二回双晶したものが内包されると、いわゆるスターが出る原因となり、その代表的なものはミャンマー産のスター・ルビーです。

色は、黒色や暗褐色、帯褐赤色、青色、紫色、帯緑色のものなどがあり、条痕は淡褐色から黄色までを示します。

透明と不透明のものがあり、やや金属光沢と金剛光沢をもち、劈開は明瞭で、断口は貝殻状から不平坦状となります。

名称は、ラテン語で黄金色とか、輝いているの意味のrutilusに由来します。

ビーナスの髪、愛の矢を象徴する鉱物とされています。

洞察力や直感力、霊力が高まり、物事の真実を見分ける力が養われると言われています。

地球以外の他の惑星から送られてくるメッセージを受け取り、正しく理解できるよう促す力があるそうです。

古くは気管支の痛みを和らげる時に用いられたとされ、他には咳を抑える働きもあると言われます。

....

[317]
ルビー
（Ruby）「紅玉」

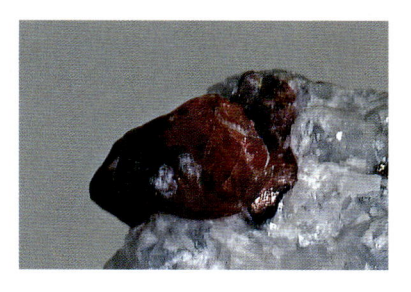

成分：Al_2O_3
硬さ：9
産地：アフガニスタン

　酸化アルミニウム鉱物のコランダム（Corundum）「鋼玉」のうちで赤色のものを言います。
　霞石閃長石や接触鉱床または変質岩中など、高温で変成作用を受けた岩石中に産出します。
　六方晶系に属した六角柱状または板状、両錐状、菱面体の結晶をつくります。
　この鉱物の示す赤色は、含有された酸化クロムの作用によるもので、条痕は白色となります。
　透明ないし半透明でガラス光沢を放ち、劈開はありませんが、底面と菱面体方向に裂開があり、断口は貝殻状を示します。
　また、この鉱物の中にはスターの出るものもあり、これは内部にルチル（Rutile）「金紅石」の微小結晶が含まれているために生じたスター効果によるものです。
　名称は、ラテン語で赤の意味のrubeusに由来します。

　テオフラストスの『石について』ではアンスラックス（anthrax）、マルボドゥスの『石について』ではカルブンクルス（carbunculus）と呼ばれ、どちらも「燃える石炭」という意味で、当時はガーネットやスピネルなども含んだ赤い硬い石を指していました。いずれにしても、この鉱物の示す真っ赤な色を不滅の炎に例えて、不死身の力を授け、情熱や深い愛情に恵まれると記述されています。
　論争や議論での成功を収め、戦場においては敵を破る「お守り石」として崇め用いられたと伝えられています。

心臓を強化して血液の循環を良くし、低血圧症を改善する力があるとされています。発熱を抑える効果もあるそうです。

[318]
レーリンガイト
（Löllingite）「砒鉄鉱」

成分：$FeAs_2$
硬さ：5〜5.5
産地：スペイン

　レーリンガイト・グループ中の一種で、砒素と鉄の化合物です。他にもこのグループには、レーリンガイトのFeをCoに置換したサフロライト（Safflorite）「サフロ鉱」やFeがNiに置き換わったランメルスベルガイト（Rammelsbergite）「ランメルスベルグ鉱」などがあります。
　斜方晶系の柱状の結晶体で見られ、側面には縦に条線があります。
　色は、銀白色や銀色、鋼灰色などのものがあり、条痕は銀灰色を示します。
　劈開は二方向に明瞭です。
　名称は、1845年にこの鉱物が最初に発見されたオーストラリアのLölling地方の地名にちなんで命名されました。

　不快な感情を鎮めて、心地よい気分で過ごせるよう育む力があるとされています。

身に迫る危険を察知する力があり、強力な保護力を働かせて、より安全なところへ導く力があると言われています。
物事の裏側に隠されている本質を見抜けるようになるそうです。

熱病や伝染病の治療に用いられた他に、喉にかかわる器官の不調を改善する力もあると言われています。

[319] レグランダイト
（Legrandite）

成分：$Zn_2(AsO_4)(OH)・H_2O$
硬さ：5
産地：メキシコ

砒酸塩鉱物の一つで、水砒亜鉛鉱に通常関連して、固く、緻密な石灰岩マトリクス中の空洞中に産出します。
単斜晶系の板柱状の結晶体や放射状、塊状などで発見されます。
色は、無色や淡黄色、黄色、帯褐色のものなどがあります。
ガラス光沢のある透明ないし半透明石で、劈開はなく、その断口は不平坦状を示します。
宝石種としては、メキシコが唯一の産地ですが、そこでも1カラット以上の透明カット石を得るのは稀とされています。
名称は、1930年に最初にこの鉱物を採取したベルギー人の鉱山マネージャーLegrandの名前にちなんで命名されました。

古代のアズテック（Aztecs）民族が、戦いの際の儀式に用いたとされる鉱物。
公正、清廉、正義を表し、個人的な小さい枠にはまった考え方から、スケールの大きなものへと抜け出せるよう導く力があると言われています。
包容力を強める働きがあり、外部の侵入者から心身を保護する力があるとされています。

筋肉組織の配列を安定させ、痙攣の再発を防いで原因となる障害を取り除く力があると言われています。

[320] レッド・ベリル
（Red beryl）

成分：$Be_3Al_2Si_6O_{18}$
硬さ：7.5～8
産地：U.S.A.

ベリル（Beryl）「緑柱石」の赤色のものを言いますが、他のベリル類に比べると特殊で、産状も他のものは主にペグマタイト

中に産出しますが、この鉱物は流紋岩中に産し、産地もアメリカのユタ州のみと限られています。

六方晶系に属した短柱状の結晶体で発見されます。

この鉱物の示す赤色は、含有された微量のマンガンの作用による発色だとされています。条痕は白色。

透明または半透明でガラス光沢を放ち、劈開は不明瞭で、断口は貝殻状ないし不平坦状となります。

色は美しいのですが結晶が小さく、また、傷も多いことから、一般の宝石としてはあまり利用されていません。

なお、この鉱物をビクスバイト（Bixbite）と呼ぶことがありますが、同じ地区に産する「ビクスビ石」（Bixbyite）があり、混乱しますので使わない方が良いでしょう。

平等、公正、誠実を表す鉱物とされています。

持つ人の魂の奥深くにまで作用して、愛に満ちた清廉な心と機知の鋭い聡明さを与えてくれると言われています。

親切で善良な思考と、知恵や分別のある行動がとれるようになり、また、身の周りの環境を浄化する力もあるとされています。

心臓病の治療に用いられた他には、脳神経組織の再生を促す働きがあると言われています。

[321]
レピドクロサイト
（Lepidocrocite）「鱗鉄鉱」

成分：$\gamma\text{-Fe}^{3+}\text{O(OH)}$
硬さ：5〜5.5
産地：イギリス

ゲーサイト（Goethite）「針鉄鉱」と同成分で、同質異像鉱物です。この両者は、産出状態も全く同様で、ゲーサイトの皮殻状集合体の表面に、レピドクロサイトの微細な結晶が付着しているものなどがしばしば見られます。従って、これらの区別はなかなか難しく、そんな場合には、よくリモナイト（Limonite）「褐鉄鉱」を使用しています。

斜方晶系の扁平な鱗片状結晶体で発見され、また、繊維状や雲母状の塊で見られるものもあります。

色は、ルビー赤色や赤褐色、橙赤色、帯黄色、黒褐色、褐色のものなどがあり、条痕は橙色です。

やや金属光沢をもった半透明石で、劈開は完全で、断口は不平坦状を示します。

名称は、ギリシャ語で鱗の意味のlepidosと繊維の意味のkrokeに由来します。

古くは、「霊力を強める石」と崇拝されたと言われる鉱物。

直感力、洞察力を高めて、内面に秘められた予知能力も引き出すことができるよう

になるとされています。
　自尊心を持つと共に、前進、改善などの変化を引き起こし、持つ人の人生に多様性をもたらす力があると伝えられています。

　耳、鼻、口腔にかかわる病気の治療や、血液、心臓、肺、背骨の不調の改善に用いられたと言われています。

[322]
レピドライト
（Lepidolite）「リシア雲母、鱗雲母」

成分：$K(Li,Al)_3(Si,Al)_4O_{10}(F,OH)_2$
硬さ：2.5〜4
産地：ブラジル

　マイカ（Mica）「雲母」の一種で、花崗岩やペグマタイトのような酸性火成岩中に、エルバイト（Elbaite）「リチア電気石」やアンブリゴナイト（Amblygonite）「アンブリゴ石」、スポデューメン（Spodumene）「リシア輝石」などと共産します。
　単斜晶系に属する六角板状の結晶をつくることもありますがごく稀で、多くは鱗片状や中粒、細粒などの集合体で見られます。
　色は、含有されたリチウムの作用でピンク色や赤紫色、紫灰色などを示し、他には帯灰色や白色、無色のものなどがあり、条痕は無色です。

　透明から半透明で真珠光沢をもち、底面に甚しい劈開があって、板状に薄く剥離することを特徴とします。
　名称は、ギリシャ語で鱗の意味のlepidosに由来します。

　古くから「変革の石」と呼ばれ、新しい物事への挑戦の時に身体に付けていると、大きな抵抗もなく、すんなりと変わることができるとされています。
　肉体と精神、感情のバランスを保ってこれらを安定させ、豊かな創造力と楽天的な考え方で、自身の進路にある障害物も希望に変えられるよう導く力があると言われています。

　心臓部に働きかけて血液の循環を良くし、また、筋力の増強と安眠を促す効果があるとされています。

[323]
ローザサイト
（Rosasite）「亜鉛孔雀石」

成分：$(Cu^{2+},Zn)_2(CO_3)(OH)_2$
硬さ：4.5
産地：U.S.A.

　亜鉛銅鉱石の酸化によって生じる二次鉱物。銅の鉱物のマラカイト（Malachite）

「孔雀石」と亜鉛の鉱物のジンクローザサイト（Zincrosasite）「亜鉛ローザ石」との中間鉱物で、Zn：Cu比が2：3～1：2の範囲にあります。

単斜晶系に属した結晶が針状をなしたり、繊維状や球顆状になったものなどで発見されます。

色は、青緑色や緑色、天青色のものなどがありますが、その色調は、成分中の銅と亜鉛の量比によって微妙に違っています。

垂直な二方向に劈開があり、閉管では少し水を出して黒変します。

名称は、この鉱物の原産地のイタリア、サルジニア島のRosaの地名にちなんで命名されました。

宇宙の真理を追求する上で役立つとされる鉱物。

直感力や霊力を高める働きがあり、また、遠い過去の記憶や先人の教えなどから、物事の真実を理解することができるよう導く力があると言われています。

高ぶってしまった感情を鎮める効果もあるそうです。

耳、涙腺、腸の病気の治療に用いられた他に、肌をなめらかにする働きもあると言われています。

[324]
ローズ・クォーツ
（Rose quartz）「紅水晶」

成分：SiO_2
硬さ：7
産地：ブラジル

元来のローズ・クォーツとは、ピンク色またはローズ色のクォーツ（Quartz）「石英」のことです。塊状のものは各地のペグマタイト中から産出されますが、半透明ないし透明の六方晶系に属する結晶が六角柱状になった良質のものの産出地区は、ごく限られています。

ローズ色の原因はまだ特定されていませんが、内部に微小なルチル（Rutile）「金紅石」が含まれている場合が多く、また、それの針状組織の発達した原石をカボション・カットした時にはスターが見えて、いわゆるスター・ローズ・クォーツとなります。しかし、カット石としてよりもむしろ、置物などの彫刻用としての需要が多い石です。

透明ないし半透明でガラス光沢をもち、劈開はなく、断口は貝殻状から不平坦状を示します。

古くから彫刻材料として用いられ、古代ローマではカメオやインタリオの細工を施した印章に加工されたものや装飾品など、広い範囲の使用が認められています。

慈愛、優しさ、和やかさを象徴する鉱物とされています。

持つ人を柔らかな波動で包み、感情面での安定を促して、みずみずしい若さと健康を保つ力があると言われています。

美意識に作用する働きもあるそうです。

内分泌の働きを良くして肌のはりをもたせ、しわを減らし、また咳を抑える力もあると言われています。

---

[325]
ローディサイト
（Rhodizite）

成分：$(K,Cs)Al_4Be_4(B,Be)_{12}O_{28}$
硬さ：8.5
産地：マダガスカル

ペグマタイト鉱物で、ピンク・トルマリン（Pink tourmaline）とよく共生します。

斜方晶系または等軸晶系（擬晶）に属する十二面体あるいは四面体の結晶で発見されるほか、塊状などで見ることができます。

色は、無色や白色、帯黄白色、淡黄色、淡緑色、灰色、ピンク色のものなどがあります。

透明ないし半透明で、ガラス光沢や金剛光沢を放ちます。

マダガスカルから良質のものが産出し、淡色の緑色、黄色の透明石は、カット石となります。

名称は、吹管分析の際に赤い炎を出すため、ギリシャ語でバラの花のようになるという意味のrhodizeinに由来します。

1834年にG.Roseによって評されました。

時にはRhodiciteが使われることもあります。

「雨」にまつわる物語のある鉱物で、マダガスカルなどでは雨量をコントロールする儀式に用いたり、また、農産物の作業の時期などを占う石として使われてきました。

様々な角度から見ても非常にバランスのとれた鉱物で、使う人も選ばず、思考、感情、理性を上手に調和させるよう導く力があると言われています。

正常な遺伝子を育てて細胞質の再生を促し、体の各組織を活性化する働きがあるとされています。

---

[326]
ロードクロサイト
（Rhodochrosite）「菱マンガン鉱」

成分：$Mn^{2+}CO_3$
硬さ：3.5～4
産地：ペルー

重要な炭酸鉱物の一つで、カルサイト（Calcite）「方解石」とは類質同像です。

金属鉱脈の脈石をなしたり、局部的に濃集して炭酸マンガン鉱として利用されます。

六方晶系の菱面体に結晶するものが典型的ですが、六角の錐状などにもなり、また、層状や塊状でも見られます。

色は、美しいピンク色やローズ色、紅赤色などで、中南米、特にアルゼンチンが主産地のために、別名インカ・ローズとも呼ばれています。条痕は白色。

透明ないし不透明で、ガラス光沢か真珠光沢をもち、劈開は菱面体（三方向）に完全で、断口は不平坦状を示します。

名称は、ギリシャ語でバラの意味のrhodonと色の意味のchromに由来します。

アルゼンチンの遠い僻地に産出するこの鉱石は、古くからインカ人によって「ピンク色のバラ模様を呈した真珠」として大切にされてきたと伝えられています。

愛、夢、清浄を説く鉱物とされ、持つ人を豊かな愛情で包んで心に受けた傷を癒す働きがあると言われています。

バランスの調整にも最適な石で、自己の意識と宇宙、大地の力を提携させ、それらを浄化してより高度なものへと導く力があるとされています。

内分泌腺の働きを助けてホルモンのバランスを整え、また、鬱病の症状を改善する力もあると言われています。

[327]
ロードストーン
(Lodestone)「天然磁石」

成分：$Fe^{2+}Fe_2^{3+}O_4$
硬さ：5.5〜6.5
産地：U.S.A.

マグネタイト（magnetite）「磁鉄鉱」の強い磁性を示す変種を言います。

もともと、マグネタイトには強い磁性が見られますが、ごく普通のものは針や釘を吸着できるほど磁性が強くはありません。ところが、いろいろな条件が重なって影響を与え、磁場の方向がそろうと、磁力が強くなって方向磁石にも使えるほどの変種となり、これをロードストーンと言っています。外側に付着しているかのように見えるのは砂鉄と呼ばれているもので、これは岩石中にあった磁鉄鉱の結晶が風化分解されて集積されたものです。

等軸晶系の正八面体結晶で見られ、色は黒色で、金属光沢のある不透明石です。

基盤づくりをする上では不可欠だとされる鉱物。

どのような状況においても集中力をもって当たり、掲げた目標に向かって前進できるよう導く力があると言われています。

首尾一貫した概念に基づいた行動がとれ、進路にある障害物を取り除いて、安定した

ものにする力があるとされています。

　血液や血管の病気の治療に用いられた他に、炎症を抑えて皮膚の不調を改善する働きがあると言われています。

....

[328]
ロードナイト
（Rhodonite）「バラ輝石」

成分：$(Mn^{2+}, Fe^{2+}, Mg, Ca)SiO_3$
硬さ：5.5〜6.5
産地：ブラジル

　珪酸マンガン鉱物で、以前はパイロクシーン（Pyroxene）「輝石」グループに属するとされていたために、日本名をバラ輝石と言いました。その後違うと判明しましたが、今でもバラ輝石の名で普及しています。

　マンガンに富む変成岩や交代変成作用を受けた堆積岩であるスカルンや大理石、特に不純物を含む石灰岩中などに生成します。

　三斜晶系に属する丸みを帯びて稜のある大きな結晶体で発見されることもあり、また、緻密な塊状や粒状のものなどでも見ることができます。

　色は、普通淡紅色か深紅色ですが、帯褐赤色のものもあり、また、マンガンの多いものには黒い葉脈があります。条痕は白色です。

　不透明ないし半透明または透明で、結晶面はガラス光沢、劈開面は真珠光沢をもっています。

　二方向に完全な劈開があり、断口は貝殻状から不平坦状を示します。

　名称は、この鉱物の示す色から、ギリシャ語でバラの意味のrhodonに由来します。

　愛情あふれる良き人間関係を築きたい時に用いると効果的とされる鉱物。

　宇宙の永遠性と不変性に気付き、生まれ持った霊性をより高めて自己の意識と提携させ、より高いものへと導く力があると言われています。

　心身のバランスを保って不安や恐怖から心を解放し、潜在する能力を引き出す力があるそうです。

　細胞の再生を促す働きがあり、関節およびそれに伴う筋肉などの不調を改善する力もあると言われています。

....

[329]
ロック・クリスタル
（Rock crystal）「水晶」

成分：SiO_2
硬さ：7
産地：ブラジル

　クォーツ（Quartz）「石英」の無色透明な

ものを言います。

各種鉱脈の脈石として第一にあげられ、また、珪岩、ペグマタイト中に含まれたり、地表に最も広く分布したりしている鉱物。

水晶の主成分は珪酸（SiO_2）で、結晶は六方晶系に属して多くは六方柱と錐面との集形をなし、柱面には横の条線があります。また、これらが同集晶や双晶となったものもよく発見されます。

劈開は不完全で、断口は貝殻状を呈し、ガラス光沢を放ちます。

石英中でも、透明で最も純白な水晶は、古くは氷の化石化したものと信じられ、また、清流の源で結晶原石がよく発見されたことから「水精」と呼ばれ、それが語源だとされています。

プリニウスの『博物誌』をはじめ、古くからの文献には、クリュスタロス（krystalos）と記述され、「非常に冷たく凍った水の性質をもつもの」と著されていました。一方、ディオスコリデスは「太陽の光を集めて熱い炎をもたらす性質を併せもつ」とし、先のプリニウスも「水晶球を使って太陽の光を集めて焼灼する治療法が一番有効」と述べています。

古くから様々な地域の人々の間で、浄霊や祈祷、宗教的儀式などの際に用いられた鉱物ですが、上でも記したように、特に球に磨いたものは、洋の東西を問わず、護符や御神体、占いの道具として珍重されたと言われています。

潜在的能力を引き出してやる気や決断力を高め、創造力や洞察力、霊的能力、超能力などをパワーアップする働きがあるとされています。

細胞の再生を促して新陳代謝を活発にする力があるとされる他に、殺菌および解毒作用が強く、あらゆる病気の回復を助ける働きがあると言われています。

---

[330]
ワーダイト
(Wardite)「ワード石」

成分：$NaAl_3(PO_4)_2(OH)_4 \cdot 2H_2O$
硬さ：5
産地：ブラジル

地表近くの燐酸質の堆積物が礫岩状になったところなどから産出する鉱物。

正方晶系に属しますが、多くは円球状で、バリサイト（Variscite）「バリッシャー石」の空洞中に、結核質の皮殻状や粒状、塊状などで発見されます。

色は、無色や白色、淡緑色や青緑色のものなどがあります。

不透明および半透明石で、ガラス光沢を放ちます。

劈開は一、方向に完全です。

アメリカのユタ州が、産地としてはよく知られていますが、他にはカナダ、フランス、ブラジル、オーストラリアなどがあります。

名称は、アメリカのH.A.Wardの名前にちなんで命名されました。

持つ人の自尊心を高めながら、周りの状況に合わせる適応力も養われ、未知なるも

のへ挑戦していこうという意欲を持たせてくれる鉱物とされています。

自身にとって有益となる情報をキャッチする力があり、財運にも恵まれるよう導く力があると言われています。

表現力も豊かになるそうです。

胃にかかわる病気の治療に用いられた他に、体内に必要な栄養分を補給する働きがあるとされています。

[331]
ワーベライト
（Wavellite）「銀星石」

成分：$Al_3(PO_4)_2(OH,F)_3・5H_2O$
硬さ：3〜4
産地：U.S.A.

　燐酸、アルミニウム、水を主成分とする燐酸塩鉱物です。

　礬土質の低変成岩中の割れ目や、バナディナイト（Vanadinite）「褐鉛鉱」鉱床、燐鉱物鉱床などに産出します。また、稀には熱水鉱脈の最末期に沈殿することもあります。

　斜方晶系の柱状結晶体で発見されることもありますがごく稀で、普通は放射状繊維構造の半球や球顆状集合体で見られたり、皮殻状または鍾乳状、玉髄質の塊などで見ることができます。

　色は、無色や白色、緑色、黄色、褐色、青色など様々な色のものがあり、条痕は白色です。

　半透明で、真珠光沢および樹脂光沢に近いガラス光沢をもち、劈開は完全で、断口はやや貝殻状から不平坦状を示します。

　名称ですが、和名はこの鉱物が夜空に咲いた花火に似た模様を呈することから名付けられ、英名はこの鉱物を発見した英国の医師、W.Wavellの名前にちなんで命名されました。

　直感力、洞察力を養う鉱物とされています。
　構想が壮大になり、夢と目標を持って、いつでも前向きの姿勢で物事に挑戦していけるよう導く力があると言われています。
　恐怖心を取り除いて、際限のない欲望を阻止する力があり、内面に秘めた意志を強化する働きもあるそうです。

　血液の循環を良くして免疫力を高め、肌をなめらかにする効果もあると言われています。

あとがきに代えて

　先人が語った「石」についての言葉を、正しく伝える本を書きたいと思い続けたまま、随分と時間が過ぎてしまいました。
　と言いますのも、その資料となる文献が、日本はもとより世界中を見渡しても非常に少なく、ましてや日本語で読めるものとしては皆無に等しかったからです。
　それでも、足かけ10年の間に集めた、様々な民族の間で伝承され、語り継がれた神話や、数は少ないのですが「石」についての著述書などをもとにして、そろそろ一つにまとめてみようと考え始めていたちょうどその頃、偶然にも素晴らしい文献に出会うことができました。
　それは、国際自然医学会から発行されている、雑誌「自然医学」No.331からNo.383までに連載された、大槻真一郎氏（明治薬科大学名誉教授）発表による「宝石のオーラ」という著作でした。
　これは、古代ギリシャから中世ヨーロッパ、近代ルネッサンスまでの「石譜」を取り上げ、大槻先生およびその研究チームによって、古代ギリシャ語、ラテン語、アラビア語などの原典を、研究、解説、そして翻訳したものです。
　これまでにも、英訳からの重訳といった、いわゆる間接訳のものは、多少なりとも見ることができました。ところが、このような原文の古典的特色をそのまま表現した直接の翻訳ということになりますと、これはもう、いまだかつてなかった貴重な資料として、重要な意味を持つことになるのです。なぜなら、このような原典翻訳文献からは、その頃の歴史的背景はもとより、当時の人たちの心性やその示唆するものまでをも彷彿とさせる、本物の生気を感じ取ることができるからです。
　なお、このように優れた原典翻訳を著した大槻先生には、他にもたくさんの著作があり、例えば「ディオスコリデス薬物誌研究」（エンタープライズ社）や「プリニウス博物誌植物篇・植物薬剤篇」（八坂書房）、「パラケルスス：奇蹟の医書」（工作舎）や「ヒポクラテス全集」（エンタープライズ社）、そして「テオフラストス植物誌」（八坂書房）などは、本書の参考文献とさせていただきました。また、本書の「⑯中世後期からのヨーロッパ」中の〈化学元素の語源〉に関しては、同学社から1996年に出版された「記号・図説錬金術事典」より抜粋させていただきました。
　ところで、その他にも本書の編著にあたっては、数々の文献を参考にさせていた

だきました。それらの著書名を見ると、分野的にも実に様々で、また記されている内容も多岐にわたっています。例えば、ある本は「先達」についてを論じていたり、またあるものは「石」についてを著す本であったりと。とは言え、これらのすべての書物中からは、ある一つのキーワードを読み取ることができます。それは……「叡知」。ともあれ、これらの文献中で語られているのは、「先達が示す石の叡知」であり、そしてまた、それこそが、本書の主軸になっている、ということをここに付記させていただきます。

　最後になりましたが、つたなく無力な私に、このような本が成るようにとお力を貸してくださった大槻先生をはじめとするすべての方々に、深甚の感謝を捧げて、本書を閉じさせていただきます。

2000年3月
八川　シズエ

◆参考文献

「Rocks and Minerals」Simon & Schusters A Fireside Book
「Gemstones」Cally Hall Dorling Kindersley
「Rocks and Minerals」Chris Pellant Dorling Kindersley
「Mineral Names」Richard Scott Mitchell Van Noetrend Reinhold Company
「Glossary of Mineral Species 1999」M.Fleischer Joseph A. Mandarino
　　　　　　　　　　　　　　　　The Mineralogical Record Inc.
「Minerals Rocks and Fossils」W.R.Hamilton A.R.Woolley A.C.Bishop Henry Holt and Company
「Gemstones of the World」Walter Schumann N.A.G.Press Ltd.
「Ancient Jewellery」The Trustees of the British Museum
　　　　　　　　　　Published by British Museum Press 1992
「Gemstone Dictionary」Judithann H.David JP Van Hulle Affinity Press
「Creative Wellness」Michelle Lusson Warner Books
「Crystals」Page Bryant Sun Books
「Stone Power」Dorothee L.Mella Warner Books
「Stone Power Ⅱ」Dorothee L.Mella Brotherhood of Life
「The Teachings of The Masters of Perfection Roy E. Davis CSA Press
「Treasures from the Earth's Storehouse Juliet Brook Ballard ARE Press
「Healing Power of Color」Betty Wood Destiney Books
「Spiritual Values of Gem Stones 」Wally Richardson De Vorss & Co.
「Hidden Laws of the Earth」Juliet B.Ballard ARE Press
「鉱物概論」　原田準平　岩波全書
「原色鉱石図鑑」　木下亀城　保育社
「続原色鉱石図鑑」　木下亀城、湊秀雄　保育社
「宝石」　近山晶　同友館
「宝石宝飾大事典」　近山晶　近山晶宝石研究所
「楽しい鉱物図鑑」　堀秀道　草思社
「楽しい鉱物図鑑②」　堀秀道　草思社
「岩石学Ⅰ」　都城秋穂、久城育夫　共立全書
「岩石学Ⅱ」　都城秋穂、久城育夫　共立全書
「岩石学Ⅲ」　都城秋穂、久城育夫　共立全書
「宝石のはなし」　白水晴雄、青木義和　技報堂出版
「石のはなし」　白水晴雄　技報堂出版
「石ころの話」　R・V・ディートリック　滝上由美、滝上豊訳　地人選書
「岩石鉱物」　木下亀城、小川留太郎　保育社
「鉱物・岩石」　豊遙秋、青木正博　保育社
「フィールド版　鉱物図鑑」　松原聰　「丸善」

「フィールド版　続　鉱物図鑑」　松原聰　「丸善」
「岩石と鉱物」　R・F・シムス　舟木嘉法監修　同朋舎出版
「結晶と宝石」　R・F・シムス、R・R・ハーディング　同朋舎出版
「パラケルスス　自然の光」　Jolan Jacobi 編　大橋博司訳　人文書院
「哲学事典」　林達夫、野田又夫、久野収、山崎正一、串田孫一監修　平凡社
「ガレノス」　二宮陸雄著　平河出版社
「中世思想原典集成」　上智大学中世思想研究所編訳／監修　平凡社
「アリストテレス」　田中美知太郎編集責任　中央公論社
「聖女ヒルデガルドの生涯」　ゴットフリート修道士、テオーデリヒ修道士共著、
　　　　　　　　　　　　井村宏次監訳　久保博嗣訳　荒地出版社
「ギリシア文化史」　J・ブルクハルト　新井靖一訳　筑摩書房
「ケルト装飾的思考」　鶴岡真弓　筑摩書房
「ケルト・石の遺跡たち　アイルランドひとり旅」　堀淳一　筑摩書房
「古代ローマ」　アンナ・M・リベラティー、ファビオ・ブルボン　青柳正規監訳　新潮社
「古代ローマ文化誌」　C・フリーマン、J・F・ドリンクウォーター　小林正雄監訳
　　　　　　　　　　上田和子、野中春菜訳　原書房
「ロシア神話」　フェリックス・ギラン　小海永二訳　青土社
「アフリカ神話」　ジェフリー・パリンダー　松田幸雄訳　青土社
「オリエント神話」　ジョン・グレイ　森雅子訳　青土社
「ペルー・インカ神話」　ハロルド・オズボーン　田中梓訳　青土社
「ユダヤの神話・伝説」　デイヴィッド・ゴールドスタイン　秦剛平訳　青土社
「オセアニア神話」　ロズリン・ポイニヤント　豊田由貴夫訳　青土社
「ヨーロッパの神話・伝説」　ジャクリーン・シンプソン　橋本槇矩訳　青土社
「インド神話」　ヴェロニカ・イオンズ　酒井傳六訳　青土社
「北欧神話」　H・R・エリス・デイヴィッドソン　米原まり子、一井知子訳　青土社
「ケルト神話」　プロインシアス・マッカーナ　松田幸雄訳　青土社
「アボリジニ神話」　K・ラングロー・パーカー　松田幸雄訳　青土社
「ニュージーランド神話」　アントニー・アルパーズ　井上英明訳　青土社
「エジプト神話」　ヴェロニカ・イオンズ　酒井傳六訳　青土社
「中国の神話・伝説」　袁珂　鈴木博訳　青土社
「ローマ神話」　スチュアート・ペローン　中島健訳　青土社
「マヤ・アステカ神話」　アイリーン・ニコルソン　松田幸雄訳　青土社
「ペルシア神話」　ジョン・R・ヒネルズ　井本英一、奥西峻介訳　青土社
「アメリカインディアン神話」　C・バーランド　松田幸雄訳　青土社
「日本の神話・伝説」　吉田敦彦、古川のり子　青土社
「アメリカ先住民の神話・伝説」　R・アードス、A・オルティス
　　　　　　　　　　　　松浦俊輔、西脇和子、岡崎晴美訳　青土社
「ゲルマン神話」　ライナー・テッツナー　手嶋竹司訳　青土社
「ギリシア・ローマ神話辞典」　高津春繁　岩波書店

「文明の誕生」　江坂輝彌　大貫良夫　講談社
「古代のオリエント」　小川英雄　講談社
「ギリシア・ローマの栄光」　馬場恵二　講談社
「悠久のインド」　山崎利男　講談社
「中国史」　尾形勇、岸本美緒　山川出版
「大アルベルトゥスの秘法」　アルベルトゥス・マグヌス　立木鷹志編訳　河出書房新社
「沈黙の書・ヘルメス学の勝利」　リモジョン・ド・サンニディディエ　有田忠郎訳　白水社
「ギリシア哲学史」　加藤信朗　東京大学出版会
「文明のなかの科学」　村上陽一郎　青土社
「タオ自然学」　F・カプラー　吉福伸逸、田中三彦、島田裕巳、中山直子訳　工作舎
「自然科学概論」　小野周　朝倉書店
「アインシュタインと科学革命」　ルイス・S・フォイヤー　村上陽一郎　法政大学出版局
「プリニウスの博物誌」　中野定雄、中野里美、中野美代訳　雄山閣出版
「宝石Ⅰ　春山行夫の博物誌」　春山行夫　平凡社
「聖なる大地」　ブライアン・リー・モリノー　荒俣宏監修　月村澄枝訳　創元社
「鉱物　書物の王国」　高原英理監修　国書刊行会
「旧約聖書」　1955年改訳　日本聖書教会
「新約聖書」　1954年改訳　日本聖書教会
「聖書事典」　桑田秀延、手塚儀一郎　松本卓夫監修　日本基督教団出版局
「旧約聖書に聞く」　笹森建美　日本基督教団出版局

INDEX

50音順…………………254
アルファベット順……258

50音順

【ア行】

日本語	英語	漢字	頁
アイアン	Iron	鉄	30
アイオライト	Iolite	菫青石	30
アカンサイト	Acanthite	針銀鉱	31
アキシナイト	Axinite	斧石	32
アクアマリン	Aquamarine	藍玉	32
アクチノライト	Actinolite	緑閃石(陽起石)	33
アゲート	Agate	瑪瑙	34
アストロフィライト	Astrophyllite	星葉石	34
アズライト	Azurite	藍銅鉱	35
アタカマイト	Atacamite	アタカマ石	36
アダマイト	Adamite	アダム石	36
アデュラリア	Adularia	氷長石	37
アナテース	Anatase	鋭錐石	37
アナルシム	Analcime	方沸石	38
アニョライト	Anyolite		39
アパタイト	Apatite	燐灰石	39
アベンチュリン	Aventurine	砂金石	40
アホイト	Ajoite	アホー石	41
アポフィライト	Apophyllite	魚眼石	41
アマゾナイト	Amazonite	天河石	42
アメジスト	Amethyst	紫水晶	43
アラゴナイト	Aragonite	霰石	43
アラバスター	Alabaster	雪化石膏	44
アルゲンタイト	Argentite	輝銀鉱	45
アルセニック	Arsenic	砒	45
アルチナイト	Artinite	アルチニ石	46
アルバイト	Albite	曹長石	46
アルマンディン	Almandine	鉄ばん柘榴石	47
アレキサンドライト	Alexandrite	アレキサンドル石	48
アングレサイト	Anglesite	硫酸鉛鉱	48
アンソフィライト	Anthophyllite	直閃石	49
アンダリュサイト	Andalusite	紅柱石	50
アンチゴライト	Antigorite	板温石	50
アンチモニー	Antimony	自然アンチモン	51
アンデジン	Andesine	中性長石	52
アンドラダイト	Andradite	灰鉄柘榴石	52
アンナベルガイト	Annabergite	ニッケル華	53
アンバー	Amber	琥珀	54
アンハイドライト	Anhydrite	硬石膏	54
アンブリゴナイト	Amblygonite	アンブリゴ石	55
イオスフォライト	Eosphorite	曙光石	55
イルバイト	Ilvaite	珪灰鉄鉱	56
インデライト	Inderite	インデル石	57
ウィゼライト	Witherite	毒重石	57
ウォラストナイト	Wollastonite	珪灰石	58
ウバイト	Uvite	石灰苦土電気石	59
ウバロバイト	Uvarovite	灰格柘榴石	59
ウラニナイト	Uraninite	閃ウラン鉱	60
ウルフェナイト	Wulfenite	モリブデン鉛鉱	60
ウレクサイト	Ulexite	曹灰硼鉱	61
エジリン	Aegirine	錐輝石	62
エナルガイト	Enargite	硫砒銅鉱	62
エピドート	Epidote	緑れん石	63
エメラルド	Emerald	翠玉	64
エリスライト	Erythrite	コバルト華	64
エルバイト	Elbaite	リチア電気石	65
エンジェライト	Angelite		66
エンスタタイト	Enstatite	頑火輝石	66
オーガイト	Augite	普通輝石	67
オーケナイト	Okenite	オーケン石	68
オーゲライト	Augelite		68
オーソクレース	Orthoclase	正長石	69
オーピメント	Orpiment	石黄	69
オーリチャルサイト	Aurichalcite	水亜鉛銅鉱	70
オトゥーナイト	Autunite	燐灰ウラン鉱	71
オニクス	Onyx		71
オパール	Opal	蛋白石	72
オブシディアン	Obsidian	黒曜石	73
オリゴクレース	Oligoclase	灰曹長石	74
オリベナイト	Olivenite	オリーブ銅鉱	74

【カ行】

日本語	英語	漢字	頁
ガーネット	Garnet	柘榴石	75
カーネリアン	Carnelian	紅玉髄	76
カオリナイト	Kaolinite	高陵石	76
カコクセナイト	Cacoxenite	カコクセン石	77
カバザイト	Chabazite	菱沸石	78
カバンサイト	Cavansite	カバンシ石	78
カヤナイト	Kyanite	藍晶石	79
カルカンサイト	Chalcanthite	胆ばん	80
カルサイト	Calcite	方解石	80
カルセドニー	Chalcedony	玉髄	81
ガレーナ	Galena	方鉛鉱	82
カンクリナイト	Cancrinite	カンクリン石	82
キャシテライト	Cassiterite	錫石	83
キャストライト	Chiastolite	空晶石	84
キューブライト	Cuprite	赤銅鉱	84
クーケイト	Cookeite	クーク石	85

クオーツ	Quartz	石英	85
グラファイト	Graphite	石墨	86
クリーダイト	Creedite	クリード石	87
クリストバライト	Cristobalite	方珪石	88
クリソコーラ	Chrysocolla	珪孔雀石	88
クリソプレーズ	Chrysoprase		89
クリノベリル	Chrysoberyl	金緑石	90
クリノクロワ	Clinochlore	斜緑泥石	90
クリノゾイサイト	Clinozoisite	斜灰れん石	91
クローライト	Chlorite	緑泥石	92
クロコアイト	Crocoite	紅鉛鉱	92
グロッシュラーライト	Grossularite	灰ばん柘榴石	93
クロマイト	Chromite	クロム鉄鉱	94
クンツァイト	Kunzite		94
ゲーサイト	Goethite	針鉄鉱	95
ゲーレナイト	Gehlenite	ゲーレン石	96
ケルスータイト	Kaersutite	ケルスート閃石	96
コーパル	Copal		97
コーベライト	Covellite	銅藍	97
コーラル	Coral	珊瑚	98
ゴールド	Gold	金	99
コールマナイト	Colemanite	灰硼鉱	99
ゴシュナイト	Goshenite		100
コスモクロア	Kosmochlor		101
コッパー	Copper	銅	101
コニカルサイト	Conichalcite	粉銅鉱	102
コバルタイト	Cobaltite	輝コバルト鉱	103
コランダム	Corundum	鋼玉石	103
コルンバイト	Columbite	コルンブ石	104

【サ行】

サードオニクス	Sardonyx	赤縞瑪瑙	105
サーペンチン	Serpentine	蛇紋石	106
サニジン	Sanidine		106
サファイア	Sapphire	青玉	107
ザラタイト	Zaratite	翠ニッケル鉱	108
サルファー	Sulphur	硫黄	108
サンストーン	Sunstone	日長石	109
シアノトリカイト	Cyanotrichite	青針銅鉱	110
シェーライト	Scheelite	灰重石	110
ジェダイト	Jadeite	ヒスイ輝石、硬玉	111
ジェット	Jet	黒玉	112
シデライト	Siderite	菱鉄鉱	112
シトリン	Citrine	黄水晶	113
ジプサム	Gypsum	石膏	114
シャーレンブレンド	Schallenblende		114
ジャスパー	Jasper	碧玉	115

シャッタカイト	Shattuckite	シャッツク石	116
ジャパニーズ・ロー・ツイン・クォーツ			
	Japanese law twin quartz	日本式双晶	116
ジャメソナイト	Jamesonite	毛鉱	117
ショール	Schorl	鉄電気石	118
シリマナイト	Sillimanite	珪線石	118
ジルコン	Zircon	風信子石	119
シルバー	Silver	自然銀	120
ジンカイト	Zincite	紅亜鉛鉱	121
シンナバル	Cinnabar	辰砂	121
スキャポライト	Scapolite	柱石	122
スギライト	Sugilite	杉石	123
スコレサイト	Scolecite	スコレス沸石	123
スタウロライト	Staurolite	十字石	124
スタンナイト	Stannite	黄錫鉱	125
スティーブナイト	Stibnite	輝安鉱	125
スティルバイト	Stilbite	束沸石	126
ストロンチアナイト	Strontianite		
		ストロンチアン石	127
ズニアイト	Zunyite	ズニ石	127
スパーライト	Spurrite	スパー石	128
スピネル	Spinel	尖晶石	128
スファレライト	Sphalerite	閃亜鉛鉱	129
スフェーン	Sphene	くさび石	130
スペサルタイト	Spessartite	満ばん柘榴石	130
スポデューメン	Spodumene	リシア輝石	131
スミソナイト	Smithsonite	菱亜鉛鉱	132
スモーキー・クォーツ	Smoky quartz	煙水晶	132
セージニティック・クォーツ	Sagenitic quartz		
		針入り水晶	133
ゼオライト	Zeolite	沸石	134
セナルモンタイト	Senarmontite	方安石	134
ゼノタイム	Xenotime	燐酸イットリウム鉱	135
セプター・クォーツ	Sceptre quartz		136
セランダイト	Serandite	セラン石	136
セルサイト	Cerussite	白鉛鉱	137
セルレアイト	Ceruleite		138
セレスタイト	Celestite	天青石	138
セレナイト	Selenite	透石膏	139
ゾイサイト	Zoisite	ゆうれん石	140
ソーダライト	Sodalite	方ソーダ石	140
ソーマサイト	Thaumasite	ソーマス石	141

【タ行】

ターコイズ	Turquoise	トルコ石	142
ダイオプサイド	Diopside	透輝石	142
ダイオプテーゼ	Dioptase	翠銅鉱	143

タイガー・アイ	Tiger's eye	虎目石	144		パイラルガイライト	Pyrargyrite	濃紅銀鉱	171
ダイヤモンド	Diamond	金剛石	144		パイロープ	Pyrope	苦ばん柘榴石	172
ダトーライト	Datolite	ダトー石	145		パイロフィライト	Pyrophyllite	葉蝋石	173
タンザナイト	Tanzanite		146		パイロモルファイト	Pyromorphite	緑鉛鉱	173
タンタライト	Tantalite	タンタル石	146		パウエライト	Powellite	パウエル鉱	174
ダンブライト	Danburite	ダンブリ石	147		ハウスマンナイト	Hausmannite	ハウスマン石	175
チャルコパイライト	Chalcopyrite	黄銅鉱	148		ハウライト	Howlite	ハウ石	175
チャロアイト	Charoite		148		バスタマイト	Bustamite	バスタム石	176
チューライト	Thulite	桃れん石	149		バナディナイト	Vanadinite	褐鉛鉱	177
チルドレナイト	Childrenite	チルドレン石	150		パパゴアイト	Papagoite	パパゴ石	177
テクタイト	Tektite		150		バビングトナイト	Babingtonite	バビントン石	178
デクロワザイト	Descloizite	バナジン鉛鉱	151		パラサイト	Pallasite		178
テノライト	Tenorite	黒銅鉱	152		バリサイト	Variscite	バリッシャー石	179
テフロイト	Tephroite	テフロ石	152		パリサイト	Parisite	パリス石	180
テルリュウム	Tellurium	テルル	153		バレンチナイト	Valentinite	バレンチン石	180
デンドリチック・アゲート	Dendritic agate		154		ヒーズレウダイト	Heazlewoodite	ヒーズレウッド	181
デンドリチック・クオーツ	Dendritic quartz 樹枝入り水晶		154		ビクスバイト	Bixbyite	ビクスビ石	182
					ビスマス	Bismuth	蒼鉛	182
テナンタイト	Tennantite	四面砒銅鉱	155		ヒッデナイト	Hiddenite		183
トパーズ	Topaz	黄玉	156		ビビアナイト	Vivianite	藍鉄鉱	184
トムソナイト	Thomsonite	トムソン沸石	156		ヒューブネライト	Hubnerite	マンガン重石	184
ドメイカイト	Domeykite	砒銅鉱	157		ファイヤー・アゲート	Fire agate		185
ドラバイト	Dravite	苦土電気石	158		ファントム・クリスタル	Phantom crystal	山入水晶	186
トリフィライト	Triphylite	トリフィル石	158		フィリプサイト	Phillipsite	灰十字沸石	186
トルマリン	Tourmaline	電気石	159		ブーランジェライト	Boulangerite	ブーランジェ鉱	187
トレモライト	Tremolite	透角閃石	159		フェナサイト	Phenacite	フェナス石	187
ドロマイト	Dolomite	苦灰石（白雲石）	160		フォルステライト	Forsterite	苦土橄欖石	188
					フックサイト	Fuchsite	クロム雲母	189

【ナ行】

ナトロライト	Natrolite	ソーダ沸石	161		プライセイト	Priceite	プライス石	189
ニコライト	Niccolite	紅砒ニッケル鉱	161		ブラジリアナイト	Brazilianite		190
ネフェリーン	Nepheline	霞石	162		プラズマ	Plasma	濃緑玉髄	191
ネプチュナイト	Neptunite	海王石	163		プラチナ	Platinum	白金	191
ネフライト	Nephrite	軟玉	163		ブラッドストーン	Bloodstone	血石	192
					フランクリナイト	Franklinite	フランクリン鉄鉱	193

【ハ行】

ハーキマー・ダイヤモンド	Herkimer diamond		164		プランシェアイト	Plancheite	プランヘ石	193
パープライト	Purpurite	紫鉱	165		プルースタイト	Proustite	淡紅銀鉱	194
ハーモトーム	Harmotome	重十字沸石	165		ブルーレース・アゲート	Bluelace agate		195
ハーライト	Halite	岩塩	166		ブルッカイト	Brookite	板チタン石	195
バーライト	Barite	重晶石	167		プレナイト	Prehnite	ブドウ石	196
パール	Pearl	真珠	167		フローライト	Fluorite	螢石	197
バイオタイト	Biotite	黒雲母	168		ブロシャンタイト	Brochantite	ブロシャン銅鉱	197
ハイ・クォーツ	High quartz	高温水晶	169		ヘウランダイト	Heulandite	輝沸石	198
ハイドロジンサイト	Hydrozincite	水亜鉛鉱	169		ペクトライト	Pectolite	曹珪灰石	199
ハイパースシーン	Hypersthene	紫蘇輝石	170		ベスビアナイト	Vesuvianite	ベスブ石	199
パイライト	Pyrite	黄鉄鉱	171		ベタファイト	Betafite	ベタフォ石	200
					ヘッソナイト	Hessonite	ヘッソン石	201
					ヘテロサイト	Heterosite		201

ペトリファイド・ウッド	Petrified wood	珪化木	202
ベニトアイト	Benitoite	ベニト石	202
ヘマタイト	Hematite	赤鉄鉱	203
ヘミモルファイト	Hemimorphite	異極鉱	204
ヘリオドール	Heliodor		204
ペリドット	Peridot	橄欖石	205
ベリル	Beryl	緑柱石	206
ベリロナイト	Beryllonite		207
ベルゼライト	Berzeliite	ベルチェリウス鉱	207
ベルチェライト	Berthierite	ベルチェ鉱	208
ヘルデライト	Herderite	ヘルデル石	208
ホーク・アイ	Hawk's eye	鷹目石	209
ボーナイト	Bornite	斑銅鉱	210
ホーンブレンド	Hornblende	角閃石	210
ボレアイト	Boleite	ボレオ石	211

【マ行】

マーカサイト	Marcasite	白鉄鉱	212
マーキュリー	Mercury	水銀	212
マイクロクリン	Microcline	微斜長石	213
マイクロライト	Microlite	微晶石	214
マグネサイト	Magnesite	菱苦土石	214
マグネタイト	Magnetite	磁鉄鉱	215
マスコバイト	Muscovite	白雲母	216
マラカイト	Malachite	孔雀石	216
ミニウム	Minium	鉛丹	217
ミメタイト	Mimetite	ミメット鉱	218
ミラーライト	Millerite	針ニッケル鉱	218
ミラライト	Milarite	ミラー石	219
ミルキー・クォーツ	Milky quartz	乳石英	219
ムーンストーン	Moonstone	月長石	220
メソライト	Mesolite	中沸石	221
メテオライト	Meteorite	隕石	222
モス・アゲート	Moss agate	苔瑪瑙	222
モットラマイト	Mottramite	モットラム鉱	223
モナザイト	Monazite	モナズ石	224
モリブデナイト	Molybdenite	輝水鉛鉱	224
モルガナイト	Morganite	モルガン石	225
モルダバイト	Moldavite		226
モルデナイト	Mordenite	モルデン沸石	226

【ヤ行】

ユークレース	Euclase		227
ユーディアライト	Eudialyte	ユーディアル石	228
ユナカイト	Unakite		228

【ラ行】

ラウモンタイト	Laumontite	濁沸石	229
ラズーライト	Lazulite	天藍石	229
ラズライト	Lazurite	青金石	230
ラドラマイト	Ludlamite	ラドラム鉄鉱	231
ラピス・ラズリ	Lapis lazuli	瑠璃	231
ラブラドライト	Labradorite	曹灰長石	232
ラリマー	Larimar		233
リアルガー	Realgar	鶏冠石	233
リディコタイト	Liddicoatite	リディコート電気石	234
リナライト	Linarite	青鉛鉱	235
リヒターライト	Richterite	リヒター閃石	235
リモナイト	Limonite	褐鉄鉱	236
ルチル	Rutile	金紅石	237
ルビー	Ruby	紅玉	237
レーリンガイト	Löllingite	砒鉄鉱	238
レグランダイト	Legrandite		239
レッド・ベリル	Red beryl		239
レピドクロサイト	Lepidocrocite	鱗鉄鉱	240
レピドライト	Lepidolite	リシア雲母、鱗雲母	241
ローザサイト	Rosasite	亜鉛孔雀石	241
ローズ・クォーツ	Rose quartz	紅水晶	242
ローディサイト	Rhodizite		243
ロードクロサイト	Rhodochrosite	菱マンガン鉱	243
ロードストーン	Lodestone	天然磁石	244
ロードナイト	Rhodonite	バラ輝石	245
ロック・クリスタル	Rock crystal	水晶	245

【ワ行】

ワーダイト	Wardite	ワード石	246
ワーベライト	Wavellite	銀星石	247

アルファベット順

【A】

Acanthite　アカンサイト　針銀鉱　31
Actinolite　アクチノライト　緑閃石（陽起石）　33
Adamite　アダマイト　アダム石　36
Adularia　アデュラリア　氷長石　37
Aegirine　エジリン　錐輝石　62
Agate　アゲート　瑪瑙　34
Ajoite　アホイト　アホー石　41
Alabaster　アラバスター　雪花石膏　44
Albite　アルバイト　曹長石　46
Alexandrite　アレキサンドライト　アレキサンドル石　48
Almandine　アルマンディン　鉄ばん柘榴石　47
Amazonite　アマゾナイト　天河石　42
Amber　アンバー　琥珀　54
Amblygonite　アンブリゴナイト　アンブリゴ石　55
Amethyst　アメジスト　紫水晶　43
Analcime　アナルシム　方沸石　38
Anatase　アナテース　鋭錐石　37
Andalusite　アンダリュサイト　紅柱石　50
Andesine　アンデジン　中性長石　52
Andradite　アンドラダイト　灰鉄柘榴石　52
Angelite　エンジェライト　66
Anglesite　アングレサイト　硫酸鉛鉱　48
Anhydrite　アンハイドライト　硬石膏　54
Annabergite　アンナベルガイト　ニッケル華　53
Anthophyllite　アンソフィライト　直閃石　49
Antigorite　アンチゴライト　板温石　50
Antimony　アンチモニー　自然アンチモン　51
Anyolite　アニョライト　39
Apatite　アパタイト　燐灰石　39
Apophyllite　アポフィライト　魚眼石　41
Aquamarine　アクアマリン　藍玉　32
Aragonite　アラゴナイト　霰石　43
Argentite　アルゲンタイト　輝銀鉱　45
Artinite　アルチナイト　アルチニ石　46
Arsenic　アルセニック　砒　45
Astrophyllite　アストロフィライト　星葉石　34
Atacamite　アタカマイト　アタカマ石　36
Augelite　オーゲライト　68
Augite　オーガイト　普通輝石　67
Aurichalcite　オーリチャルサイト　水亜鉛銅鉱　70
Autunite　オトゥーナイト　燐灰ウラン鉱　71
Aventurine　アベンチュリン　砂金石　40
Axinite　アキシナイト　斧石　32
Azurite　アズライト　藍銅鉱　35

【B】

Babingtonite　バビングトナイト　バビントン石　178
Barite　バーライト　重晶石　167
Benitoite　ベニトアイト　ベニト石　202
Berthierite　ベルチェライト　ベルチェ鉱　208
Beryl　ベリル　緑柱石　206
Beryllonite　ベリロナイト　207
Berzeliite　ベルゼライト　ベルチェリウス鉱　207
Betafite　ベタファイト　ベタフォ石　200
Biotite　バイオタイト　黒雲母　168
Bismuth　ビスマス　蒼鉛　182
Bixbyite　ビクスバイト　ビクスビ石　182
Bloodstone　ブラッドストーン　血石　192
Bluelace agate　ブルーレース・アゲート　195
Boleite　ボレアイト　ボレオ石　211
Bornite　ボーナイト　斑銅鉱　210
Boulangerite　ブーランジェライト　ブーランジェ鉱　187
Brazilianite　ブラジリアナイト
Brochantite　ブロシャンタイト　ブロシャン銅鉱　197
Brookite　ブルッカイト　板チタン石　195
Bustamite　バスタマイト　バスタム石　176

【C】

Cacoxenite　カコクセナイト　カコクセン石　77
Calcite　カルサイト　方解石　80
Cancrinite　カンクリナイト　カンクリン石　82
Carnelian　カーネリアン　紅玉髄　76
Cassiterite　キャシテライト　錫石　83
Cavansite　カバンサイト　カバンシ石　78
Celestite　セレスタイト　天青石　138
Ceruleite　セルレアイト　138
Cerussite　セルサイト　白鉛鉱　137
Chabazite　カバザイト　菱沸石　78
Chalcanthite　カルカンサイト　胆ばん　80
Chalcedony　カルセドニー　玉髄　81
Chalcopyrite　チャルコパイライト　黄銅鉱　148
Charoite　チャロアイト　148
Chiastolite　キャストライト　空晶石　84
Childrenite　チルドレナイト　チルドレン石　150
Chlorite　クローライト　緑泥石　92
Chromite　クロマイト　クロム鉄鉱　94
Chrysoberyl　クリソベリル　金緑石　90
Chrysocolla　クリソコーラ　珪孔雀石　88
Chrysoprase　クリソプレーズ　89
Cinnabar　シンナバー　辰砂　121
Citrine　シトリン　黄水晶　113
Clinochlore　クリノクロワ　斜緑泥石　90
Clinozoisite　クリノゾイサイト　斜灰れん石　91
Cobaltite　コバルタイト　輝コバルト鉱　103

Colemanite	コールマナイト	灰硼鉱	99		Garnet	ガーネット	柘榴石	75
Columbite	コルンバイト	コルンブ石	104		Gehlenite	ゲーレナイト	ゲーレン石	96
Conichalcite	コニカルサイト	粉銅鉱	102		Goethite	ゲーサイト	針鉄鉱	95
Cookeite	クーケイト	クーク石	85		Gold	ゴールド	金	99
Copal	コーパル		97		Goshenite	ゴシュナイト		100
Copper	コッパー	銅	101		Graphite	グラファイト	石墨	86
Coral	コーラル	珊瑚	98		Grossularite	グロッシュラーライト	灰ばん柘榴石	93
Corundum	コランダム	鋼玉石	103		Gypsum	ジプサム	石膏	114
Covellite	コーベライト	銅藍	97					
Creedite	クリーダイト	クリード石	87		【H】			
Cristobalite	クリストバライト	方珪石	88		Halite	ハーライト	岩塩	166
Crocoite	クロコアイト	紅鉛鉱	92		Harmotome	ハーモトーム	重十字沸石	165
Cuprite	キュープライト	赤銅鉱	84		Hausmannite	ハウスマンナイト	ハウスマン鉱	175
Cyanotrichite	シアノトリカイト	青針銅鉱	110		Hawk's eye	ホーク・アイ	鷹目石	209
					Heazlewoodite	ヒーズレウダイト	ヒーズレウッド鉱	181
【D】					Heliodor	ヘリオドール		204
Danburite	ダンブライト	ダンブリ石	147		Hematite	ヘマタイト	赤鉄鉱	203
Datolite	ダトーライト	ダトー石	145		Hemimorphite	ヘミモルファイト	異極鉱	204
Dendritic agate	デンドリチック・アゲート		154		Herderite	ヘルデライト	ヘルデル石	208
Dendritic quartz	デンドリチック・クォーツ				Herkimer diamond	ハーキマー・ダイヤモンド		164
		樹枝入り水晶	154		Hessonite	ヘッソナイト	ヘッソン石	201
Descloizite	デクロワザイト	バナジン鉛鉱	151		Heterosite	ヘテロサイト		201
Diamond	ダイヤモンド	金剛石	144		Heulandite	ヘウランダイト	輝沸石	198
Diopside	ダイオプサイド	透輝石	142		Hiddenite	ヒッデナイト		183
Dioptase	ダイオプテーゼ	翠銅鉱	143		High quartz	ハイ・クォーツ	高温水晶	169
Dolomite	ドロマイト	苦灰石(白雲石)	160		Hornblende	ホーンブレンド	角閃石	210
Domeykite	ドメイカイト	砒銅鉱	157		Howlite	ハウライト	ハウ石	175
Dravite	ドラバイト	苦土電気石	158		Hubnerite	ヒューブネライト	マンガン重石	184
					Hydrozincite	ハイドロジンサイト	水亜鉛鉱	169
【E】					Hypersthene	ハイパースシーン	紫蘇輝石	170
Elbaite	エルバイト	リチア電気石	65					
Emerald	エメラルド	翠玉	64		【I】			
Enargite	エナルガイト	硫砒銅鉱	62		Ilvaite	イルバイト	珪灰鉄鉱	56
Enstatite	エンスタタイト	頑火輝石	66		Inderite	インデライト	インデル石	57
Eosphorite	イオスフォライト	曙光石	55		Iolite	アイオライト	菫青石	30
Epidote	エピドート	緑れん石	63		Iron	アイアン	鉄	30
Erythrite	エリスライト	コバルト華	64					
Euclase	ユークレース		227		【J】			
Eudialyte	ユーディアライト	ユーディアル石	228		Jadeite	ジェダイト	ヒスイ輝石、硬玉	111
					Jamesonite	ジャメソナイト	毛鉱	117
【F】					Japanese law twin quartz			
Fire agate	ファイヤー・アゲート		185			ジャパニーズ・ロー・ツイン・クォーツ	日本式双晶	116
Fluorite	フローライト	螢石	197		Jasper	ジャスパー	碧玉	115
Forsterite	フォルステライト	苦土橄欖石	188		Jet	ジェット	黒玉	112
Franklinite	フランクリナイト	フランクリン鉄鉱	193					
Fuchsite	フックサイト	クロム雲母	189		【K】			
					Kaersutite	ケルスータイト	ケルスート閃石	96
【G】					Kaolinite	カオリナイト	高陵石	76
Galena	ガレーナ	方鉛鉱	82		Kosmochlor	コスモクロア		101

Kunzite	クンツァイト		94
Kyanite	カヤナイト	藍晶石	79

【L】

Labradorite	ラブラドライト	曹灰長石	232
Lapis lazuli	ラピス・ラズリ	瑠璃	231
Larimar	ラリマー		233
Laumontite	ラウモンタイト	濁沸石	229
Lazulite	ラズーライト	天藍石	229
Lazurite	ラズライト	青金石	230
Legrandite	レグランダイト		239
Lepidocrocite	レピドクロサイト	鱗鉄鉱	240
Lepidolite	レピドライト	リシア雲母、鱗雲母	241
Liddicoatite	リディコタイト	リディコート電気石	234
Limonite	リモナイト	褐鉄鉱	236
Linarite	リナライト	青鉛鉱	235
Lodestone	ロードストーン	天然磁石	244
Löllingite	レーリンガイト	砒鉄鉱	238
Ludlamite	ラドラマイト	ラドラム鉄鉱	231

【M】

Magnesite	マグネサイト	菱苦土石	214
Magnetite	マグネタイト	磁鉄鉱	215
Malachite	マラカイト	孔雀石	216
Marcasite	マーカサイト	白鉄鉱	212
Mercury	マーキュリー	水銀	212
Mesolite	メソライト	中沸石	221
Meteorite	メテオライト	隕石	222
Microcline	マイクロクリン	微斜長石	213
Microlite	マイクロライト	微晶石	214
Milarite	ミラライト	ミラー石	219
Milky quartz	ミルキー・クォーツ	乳石英	219
Millerite	ミラーライト	針ニッケル鉱	218
Mimetite	ミメタイト	ミメット鉱	218
Minium	ミニウム	鉛丹	217
Moldavite	モルダバイト		226
Molybdenite	モリブデナイト	輝水鉛鉱	224
Monazite	モナザイト	モナズ石	224
Moonstone	ムーンストーン	月長石	220
Mordenite	モルデナイト	モルデン沸石	226
Morganite	モルガナイト	モルガン石	225
Moss agate	モス・アゲート	苔瑪瑙	222
Mottramite	モットラマイト	モットラム鉱	223
Muscovite	マスコバイト	白雲母	216

【N】

Natrolite	ナトロライト	ソーダ沸石	161
Nepheline	ネフェリーン	霞石	162
Nephrite	ネフライト	軟玉	163

Neptunite	ネプチュナイト	海王石	163
Niccolite	ニコライト	紅砒ニッケル鉱	161

【O】

Obsidian	オブシディアン	黒燿石	73
Okenite	オーケナイト	オーケン石	68
Oligoclase	オリゴクレース	灰曹長石	74
Olivenite	オリベナイト	オリーブ銅鉱	74
Onyx	オニクス		71
Opal	オパール	蛋白石	72
Orpiment	オーピメント	石黄	69
Orthoclase	オーソクレース	正長石	69

【P】

Pallasite	パラサイト		178
Papagoite	パパゴアイト	パパゴ石	177
Parisite	パリサイト	パリス石	180
Pearl	パール	真珠	167
Pectolite	ペクトライト	曹珪灰石	199
Peridot	ペリドット	橄欖石	205
Petrified wood	ペトリファイド・ウッド	珪化木	202
Phantom crystal	ファントム・クリスタル	山入水晶	186
Phenacite	フェナサイト	フェナス石	187
Phillipsite	フィリプサイト	灰十字沸石	186
Plancheite	プランシェアイト	プランヘ石	193
Plasma	プラズマ	濃緑玉髄	191
Platinum	プラチナ	白金	191
Powellite	パウエライト	パウエル鉱	174
Prehnite	プレナイト	ブドウ石	196
Priceite	プライセイト	プライス石	189
Proustite	プルースタイト	淡紅銀鉱	194
Purpurite	パープライト	紫鉱	165
Pyrargyrite	パイラルガイライト	濃紅銀鉱	171
Pyrite	パイライト	黄鉄鉱	171
Pyromorphite	パイロモルファイト	緑鉛鉱	173
Pyrope	パイロープ	苦ばん柘榴石	172
Pyrophyllite	パイロフィライト	葉蝋石	173

【Q】

Quartz	クォーツ	石英	85

【R】

Realgar	リアルガー	鶏冠石	233
Red beryl	レッド・ベリル		239
Rhodizite	ローディサイト		243
Rhodochrosite	ロードクロサイト	菱マンガン鉱	243
Rhodonite	ロードナイト	バラ輝石	245
Richterite	リヒターライト	リヒター閃石	235
Rock crystal	ロック・クリスタル	水晶	245

Rosasite　ローザサイト　亜鉛孔雀石　241
Rose quartz　ローズ・クォーツ　紅水晶　242
Ruby　ルビー　紅玉　237
Rutile　ルチル　金紅石　237

【S】

Sagenitic quartz　セージニティック・クォーツ
　　　　　　　　　　針入り水晶　133
Sanidine　サニジン　106
Sapphire　サファイア　青玉　107
Sardonyx　サードオニクス　赤縞瑪瑙　105
Scapolite　スキャポライト　柱石　122
Sceptre quartz　セプター・クォーツ　136
Schallenblende　シャーレンブレンド　114
Scheelite　シェーライト　灰重石　110
Schorl　ショール　鉄電気石　118
Scolecite　スコレサイト　スコレス沸石　123
Selenite　セレナイト　透石膏　139
Senarmontite　セナルモンタイト　方安鉱　134
Serandite　セランダイト　セラン石　136
Serpentine　サーペンチン　蛇紋石　106
Shattuckite　シャッタカイト　シャッツク石　116
Siderite　シデライト　菱鉄鉱　112
Sillimanite　シリマナイト　珪線石　118
Silver　シルバー　自然銀　120
Smithsonite　スミソナイト　菱亜鉛鉱　132
Smoky quartz　スモーキー・クォーツ　煙水晶　132
Sodalite　ソーダライト　方ソーダ石　140
Spessartite　スペサルタイト　満ばん柘榴石　130
Sphalerite　スファレライト　閃亜鉛鉱　129
Sphene　スフェーン　くさび石　130
Spinel　スピネル　尖晶石　128
Spodumene　スポデューメン　リシア輝石　131
Spurrite　スパーライト　スパー石　128
Stannite　スタンナイト　黄錫鉱　125
Staurolite　スタウロライト　十字石　124
Stibnite　スティーブナイト　輝安鉱　125
Stilbite　スティルバイト　束沸石　126
Strontianite　ストロンチアナイト　ストロンチアン石　127
Sugilite　スギライト　杉石　123
Sulphur　サルファー　硫黄　108
Sunstone　サンストーン　日長石　109

【T】

Tantalite　タンタライト　タンタル石　146
Tanzanite　タンザナイト　146
Tektite　テクタイト　150
Tellurium　テルリュウム　テルル　153
Tennantite　テナンタイト　四面砒銅鉱　155

Tenorite　テノライト　黒銅鉱　152
Tephroite　テフロイト　テフロ石　152
Thaumasite　ソーマサイト　ソーマス石　141
Thomsonite　トムソナイト　トムソン沸石　156
Thulite　チューライト　桃れん石　149
Tiger's eye　タイガー・アイ　虎目石　144
Topaz　トパーズ　黄玉　156
Tourmaline　トルマリン　電気石　159
Tremolite　トレモライト　透角閃石　159
Triphylite　トリフィライト　トリフィル石　158
Turquoise　ターコイズ　トルコ石　142

【U】

Ulexite　ウレクサイト　曹灰硼鉱　61
Unakite　ユナカイト　228
Uraninite　ウラニナイト　閃ウラン鉱　60
Uvarovite　ウバロバイト　灰格柘榴石　59
Uvite　ウバイト　石灰苦土電気石　59

【V】

Valentinite　バレンチナイト　バレンチン石　180
Vanadinite　バナディナイト　褐鉛鉱　177
Variscite　バリサイト　バリッシャー石　179
Vesuvianite　ベスビアナイト　ベスブ石　199
Vivianite　ビビアナイト　藍鉄鉱　184

【W】

Wardite　ワーダイト　ワード石　246
Wavellite　ワーベライト　銀星石　247
Witherite　ウィゼライト　毒重石　57
Wollastonite　ウォラストナイト　珪灰石　58
Wulfenite　ウルフェナイト　モリブデン鉛鉱　60

【X】

Xenctime　ゼノタイム　燐酸イットリウム鉱　135

【Z】

Zaratite　ザラタイト　翠ニッケル鉱　108
Zeolite　ゼオライト　沸石　134
Zincite　ジンカイト　紅亜鉛鉱　121
Zircon　ジルコン　風信子石　119
Zoisite　ゾイサイト　ゆうれん石　140
Zunyite　ズニアイト　ズニ石　127

著者紹介

八川シズエ（やがわ　しずえ）
鉱物研究家。「八川シズエ鉱物コレクション」代表

　1986年、当時はまだ一部の愛好者だけのものだった鉱物を、様々な層の人たちにも親しんでもらうことを提唱。以来これを「パワーストーン」と名付け、また難しいとされた鉱物学も、誰でも理解できるようにとわかりやすく解説するなど、執筆・講演活動を通じて広く鉱物の普及に努めている。

　その一方で2001年から4年間、早稲田大学の大学院理工学部に通い、再び鉱物学を研究するなど、まさに鉱物一辺倒といった毎日を過ごしている。

　著書に『ストーンパワーの秘密』（日本テレビ放送網出版）『ジェムストーン百科全書』（中央アート出版社）など多数。

※本書に掲載されているパワーストーンは、「八川シズエ鉱物コレクション」でご覧になれます。

■八川シズエ鉱物コレクション
☎ 03(3470)5181　　FAX 03(3470)5257

(SB-246)
パワーストーン百科全書

発　行	2000年5月20日　初版発行 2007年2月20日　8刷発行
著　者	八川シズエ
発行者	吉開狹手臣
発行所	CAP 中央アート出版社 〒101-0031 東京都千代田区東神田1丁目11番4号 電話（03）3861-2861（代表） 郵便振替　東京00180-5-66324 ● http://www.chuoart.co.jp E-mail : info@chuoart.co.jp
製版・印刷・製本	図書印刷株式会社
カバー・表紙印刷	図書印刷株式会社
装　幀	坂井泉

定価はカバーに表示してあります。
© Shizue Yagawa 2000

落丁・乱丁はおとりかえします。
ISBN978-4-88639-978-6